图1 八咏楼

图2 东阳卢宅一角

图3 浦江江南第一家

图4 武义某宅

图5 磐安古茶场

图6 婺州古子城某宅

图7 义乌方大宗祠内景

图8 义乌黄山八面厅庭廊

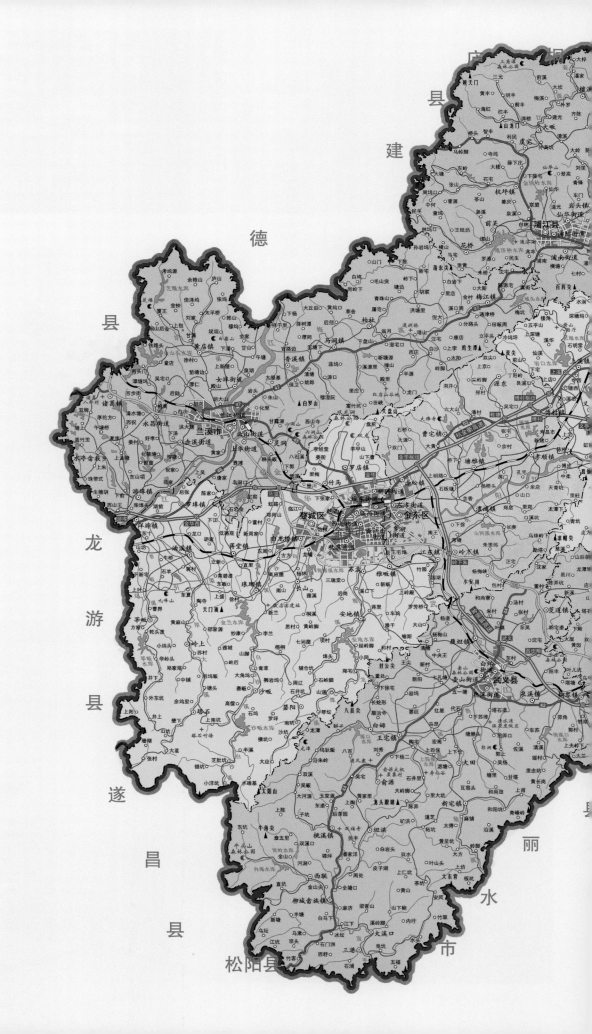

图 9　金华市（婺州）政区图

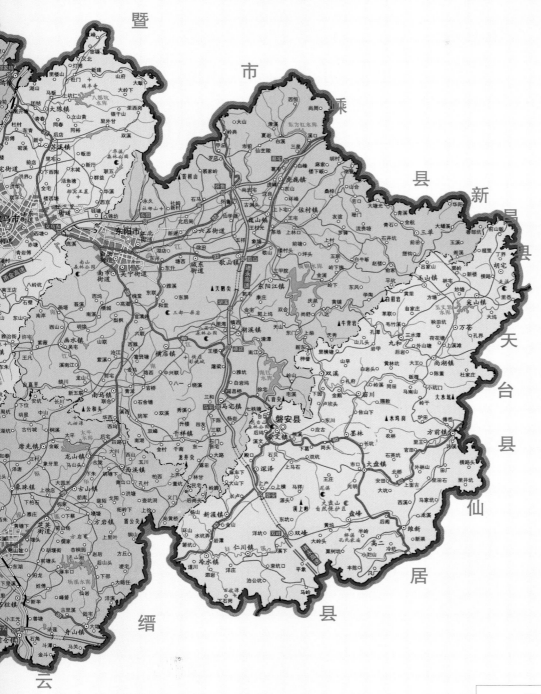

图 10　兰溪诸葛村乡会两魁

图 11　婺州传统民居外观

图 12　石楼

图 13　梁架

图 14　巷弄

图 15　厅廊

图 16　梯青阁

图 17　古林间大道

图 18　水口（桥、庙、树）

图 19　凉亭

图 20　山区古道

图 21　婺州通济桥

图 22　永康西津桥

图 23　戏台藻井

图 24　戏台

图 25　S 形牛腿

图 26　太师少师牛腿

图 27　四扇式槅扇窗

图 28　双扇式槅扇窗

图 29　槅窗花芯

图 30　仙鹤祥云、团寿门额雕

图 31 壁画

图 32 檐下墨画

图 33 浮桥

图 36 "披屋"

图 34 小石板桥

图 35 石雕柱础

图 37 兰溪诸葛村一角

图 38 普通民居院一角

图 40 东阳卢宅"中华第一大堂灯"

图 39 商字台门

图 41 水阁楼

中国民居营建技术丛书

王仲奋 著

婺州民居营建技术

中国建筑工业出版社

图书在版编目（CIP）数据

婺州民居营建技术/王仲奋著. —北京：中国建筑工业出版社，2013.10
（中国民居营建技术丛书）
ISBN 978-7-112-15704-4

Ⅰ.①婺… Ⅱ.①王… Ⅲ.①民居－建筑艺术－金华市　Ⅳ.①TU241.5

中国版本图书馆CIP数据核字（2013）第185170号

责任编辑：唐　旭　李东禧　吴　绫
责任校对：肖　剑　党　蕾

中国民居营建技术丛书
婺州民居营建技术
王仲奋　著
＊
中国建筑工业出版社出版、发行（北京西郊百万庄）
各地新华书店、建筑书店经销
北京嘉泰利德公司制版
北京中科印刷有限公司印刷
＊
开本：880×1230毫米　1/16　印张：$20\frac{1}{2}$　插页：4　字数：620千字
2014年1月第一版　2014年1月第一次印刷
定价：78.00元
ISBN 978-7-112-15704-4
　　　　（24199）

序

　　2011年党中央十七届六中全会《关于深化文化体制改革，推动社会主义文化大发展大繁荣若干重大问题的决定》文件，指出在对待历史文化遗产方面，强调要"建设优秀传统文化传承体系"，"优秀传统文化凝聚着中华民族自强不息的精神追求和历久弥新的精神财富，是发展社会主义先进文化的深厚基础，是建设中华民族共有精神家园的重要支撑"。

　　在建筑方面，我国拥有大量的极为丰富的优秀传统建筑文化遗产，其中，中国传统建筑的实践经验、创作理论、工艺技术和艺术精华值得我们总结、传承、发扬和借鉴运用。

　　我国优秀的传统建筑文化体系，可分为官式和民间两大体系，也可分为全国综合体系和各地区各民族横向组成体系，内容极其丰富。民间建筑中，民居建筑是最基础的、涉及广大老百姓的、最大量的、也是最丰富的一个建筑文化体系，其中，民居建筑的工艺技术、艺术精华是其中体系之一。

　　我国古代建筑遗产丰富，著名的和有价值的都已列入我国各级重点文物保护单位。广大的民间民居建筑和村镇，其优秀的、富有传统文化特色的实例，近十年来也逐步被重视并成为国家各级文物保护单位和优秀的历史文化名镇名村。

　　作为有建筑实体的物质文化遗产已得到重视，而作为非物质文化遗产，且是传统建筑组成的重要基础——民居营建技术还没有得到应有的重视。官方的古建筑营造技术，自宋、清以来还有古书记载，而民间的营造技术，主要靠匠人口传身教，史书更无记载。加上新中国成立60年以来，匠人年迈多病，不少老匠人已过世，他们的技术工艺由于后继乏人而濒于失传。为此，抢救民间民居建筑营建技术这项非物质文化遗产，已是刻不容缓和至关重要的一项任务。

　　古代建筑匠人大多是农民出身，农忙下田，农闲打工，时间长了，技艺成熟了，成为专职匠人。他们通常都在一定的地区打工，由于语言（方言）相通，地区的习俗和传统设计、施工惯例即行规相同，因而在一定地区内，建筑匠人就形成技术业务上，但没有组织形式的一种"组织"，称为"帮"。我们现在就要设法挖掘各地"帮"的营建技术，它具有一定的地方性、基层性、代表性，是民间建筑营建技术的重要组成内容。

　　历史上的三次大迁移，匠人随宗族南迁，分别到了南方各州，长期以来，匠人在州的范围内干活，比较固定，帮系营建技术也比较成熟。我们组织编写的"中国民居营建技术丛书"就是以"州"（地区）为单位，以州为单位组织编写的优点是：①由于在一定地区，其建筑材料、程序、组织、技术、工艺相通；②方言一致，地区内各地帮组织之间，因行规类同，易于互帮交流。因此，以州为单位组织编写是比较妥善恰当的。

我们按编写条件的成熟，先组织以五本书为试点，分别为南方汉族的五个州——江苏的苏州、扬州，浙江的婺州（现浙江金华市，唐宋时期曾为东阳府），福建的福州、泉州。

本丛书的主要内容和技术特点，除匠作工艺技术外，增加了民居民间建筑的择向选址和单体建筑的传统设计法，即总结民居民间建筑的规划、设计和施工三者的传统经验。

陆元鼎

2013 年 10 月

前　言

　　婺州是隋、唐、宋、元时期浙江省中部的一个州、府、路名。春秋战国时期为越国地，秦时属会稽郡，三国吴宝鼎元年（266年）分会稽郡之西部设东阳郡，治所设于长山（即今之金华，曾称金山），始辖长山（金华）、乌伤（义乌）、永康（含缙云部分）、吴宁（东阳）、丰安（浦江）、太末（龙游）、新安（柯城、衢县）、定阳（常山）、平昌（遂昌）等9县，后来又将吴郡之建德划入。南陈天嘉年间（560~565年）改东阳郡为金华郡。隋开皇九年（589年）废金华郡，十三年（593年）复置婺州（因此地按天文学讲是金星与婺女星争华之处，故名），大业三年（607年）又改婺州为东阳郡。唐武德四年（621年）复改东阳郡为婺州，两宋沿袭唐制，直到元至元十三年（1276年）改婺州为婺州路。至元十八年（1358年），明代开国之君朱元璋攻克婺州路后改称宁越府，至元二十年（1360年）又改名金华府，清沿明制。"中华民国"元年（1912年）废金华府，置金华道，辖原金华、衢州、严州三府所属之金华、兰溪、永康、武义、浦江、汤溪、东阳、义乌，衢县、龙游、江山、常山、遂昌、松阳、宣平，建德、寿昌、淳安、遂安等19个县。1949年新中国成立后改设金华专区，辖金华、兰溪、东阳、义乌、永康、武义、浦江、汤溪、磐安等9县。1950年后又将建德、寿昌、淳安、遂安、桐庐、分水、诸暨、衢县、龙游、江山、常山、遂昌、缙云、松阳、宣平等15个县先后划入、划出，最后又恢复新中国成立之初的辖区。

　　东阳郡、金华郡、婺州、婺州路、金华府、金华道、金华专区等名称，记载了婺州各历史时期的行政名称和辖区范围的变动。自公元266年设东阳郡至公元1949年改设金华专区的1683年中，以东阳郡冠名341年，以婺州冠名的年份达721年，曾辖浙江的中、西两部。此间，在文学上创建了以沈约（441—513）、吕祖谦（1137—1181）、王柏（1197—1274）、许谦等为代表的婺州学派（因婺州地处浙水以东，属浙东范围，故也称浙东学派），在全国颇具影响，誉称婺州为"小邹鲁"；南宋女词人李清照曾赞婺州为"水通南国三千里，气压江域十四州"；元末以后，虽以金华冠名，但用婺州冠名的遗风不减，如此后发展起来的，融昆腔、高腔、乱弹、滩黄、时调、徽腔于一体，流行于浙江中西部地区的地方戏仍称"婺州戏"，简称"婺剧"。原金华、衢州、严州三府地区的戏班子，无论是三合班（昆腔、高腔、乱弹组合）、二合半班（昆腔、乱弹、徽腔组合）还是单一的乱弹班等，统称"婺剧"社团，直沿至今。婺州的建筑文化是以"东阳帮"工匠为主力军创建的，以东阳清水白木雕装饰为特色，集三雕（木、石、砖雕）和塑、画于一体的"粉墙黛瓦马头墙，镂空牛腿浮雕廊；石库台门明塘院，陡砌砖墙冬瓜梁"建筑，成为独树一帜、自成体系的婺州民居建筑模式，成为河姆渡建筑文化、於越文化与儒道文化完美结合的东方住宅明珠——婺州民居建筑体系。

纵观婺州的历史沿革说明：婺州的概念不仅是今天的金华和金华市。婺州的地域范围、文化信仰、民俗风情、生产方式、居住形式、建筑体系等方面，都涵盖整个浙江中西部广大地区。婺州文学、婺州戏曲、婺州民居代表着浙江中西部文化，特别是民居建筑文化，更是浙江民居建筑文化的代表。其影响早在南宋开始就超越了州府、省的地域范围，先是跨足临安（杭州），继而远涉北京故宫和苏、皖、赣的部分地区。其作品大部分成了今天珍贵的国家、省、市、县级文物保护实体。

《婺州民居营建技术》以通俗易懂、去芜存菁、原汁原味、实例照片图文并茂的形式，全面记录以"东阳帮"工匠为主力军缔造的"婺州民居建筑体系"的建筑历史、建筑文化、建筑风格、建筑设计、建筑操作技术，是弘扬、传承、保护婺州传统民居建筑这枝非物质文化遗产奇葩的经典。

目 录

第十一章　窑作（砖瓦制作）

附录

概　述

民居是民间建筑的通称，是相对于皇家宫殿、王府、坛庙、陵寝、官府衙门等建筑而言。

传统民居是指民间的老式房子，是相对于清末洋务运动以来，从西方引入的西式建筑（婺州民间俗称"洋房子"）而言。

婺州传统民居建筑，是指浙江省旧婺州地区在20世纪50年代以前建造的传统式民间建筑，包括平民百姓的住宅、简朴披屋、宗族祠堂、厅堂、豪宅、庙宇楼阁、凉（路）亭、桥梁等。

婺州位于浙江省中部（北纬28°31′~29°41′，东经119°14′~120°46′），大部分地域在浙江（钱塘江）上游以东，故旧时属浙东。它东邻台州，南毗处州（今丽水市），西连衢州，北接严州（今杭州市建德）和越州（今绍兴市诸暨、嵊州）。春秋战国时属越国，三国时属吴之会稽郡，吴宝鼎元年（266年）由会稽郡中划出置东阳郡。隋开皇九年（589年）改东阳郡为婺州，元时改称婺州路，明清时期改称金华府，今为省辖金华市。清末以前下辖金华、兰溪、东阳、义乌、永康、武义、浦江、汤溪等邑，称"八婺"；今辖金东区、婺城区、兰溪、东阳、义乌、永康、武义、盘安、浦江等9个区县市。总面积1万余平方公里，总人口400余万。地势东高西低，南、东、北三面均为丘陵山区，主要山脉有括苍山余脉大盘山系、会稽山余脉东白山系、仙霞岭余脉龙门山、金华山和被誉为"浙东第一山"的方岩山等。山间茂林修竹，风景秀丽，盛产茶叶、水果、药材、火腿等。其西部属于浙江省最大的丘陵盆地——"金衢盆地"。境内的东阳江、武义江、金华江均由东向西流于此与衢江、兰江汇流，而后至梅城镇又与新安江汇合入富春江，水源充足，土地肥沃，是浙江省主要产粮区之一。交通自古四通八达，为浙中交通枢纽，地扼连接台、温、处、衢、严、杭、越各州和苏、皖、赣、闽及宁沪地区间的要道，故有"六山半水三分田，半分道路居民点"之说。

婺州属亚热带季风气候兼盆地气候，四季分明，空气湿润，光照充足，雨量充沛，年平均气温17.1摄氏度。一月份是最冷的一个月，平均气温5.1摄氏度；七月份是最热的一个月，平均气温29.3摄氏度。山区比盆地的气温约低2~3摄氏度，交季日期也相差3~5天。年均无霜期250天左右，年均降水量为1300~2000毫米，春夏之交有20多天的"梅雨"期，阴雨连绵，降水量占全年的35%以上。夏秋之间约有一个月左右的酷热干旱天气和台风、洪涝、雷雹等自然灾害天气。

婺州是北方士族移民（主要是冀、鲁、豫、晋等地）与本土乡民（土著人，也称山越人、於越山民之后裔）融合，共同和谐生存、生活的地域之一，境内共有汉、畲、回、蒙、满、藏、壮、苗、白、布衣、土家、高山、朝鲜族等

20多个民族。20世纪50年代前，流通语言基本保持原吴越语系婺州片的古老语音，保留着很多原汁原味的吴语（如附录［1］二），受北方语音语词的影响不大，许多语音无法用汉语拼音字母拼出，如东阳的语音就有28个辅音声母，47个韵母，8个声调，王、黄读音相同，吴、胡同音，隔、界（ga）同音，门、明同音，谈、塘、堂同音，间（geo）、江、光、钢、官、扛同音。婺州地区的方言很复杂，不仅州内各县不一，而且一县之内南北东西也不尽相同，但有一个共同点，都是各县周边相互影响，相互融合，与北方语音基本无关，如东阳南乡的千祥、南马一带受南邻永康的影响，方言中略带永康音，而永康复又受温州的影响，东北角的巍山佐村一带又分别带有嵊州新昌的音调。又以义乌的佛堂与近邻东阳的洪塘、许宅为例，义乌人认为佛堂方言带东阳人音腔，东阳人认为洪塘、许宅一带的口音像义乌音腔。老百姓说，这与喝的水有关，喝哪里的水就有哪里的口音。实际上并非如此，例如新中国成立后有成千上万的婺州人因上学、参军、工作来到了北方，都喝的是北方中原的水，但有的乡音改了，而且改得很彻底，有的则丝毫没有改。究其原因：前者是很少回家，周围没有同乡人，没有说家乡话的机会，非学北方话不可，久而久之就把乡音改了；后者多是常有机会回老家，周围同事中有同乡人，常有说家乡话的机会，所以改不了乡音或改不彻底。由此推理，可认为北方士族移民们不是集中来到婺州，而是零散或转迁而来，故到婺州后，为适应环境，在语言上不是同化土著乡民，而是入乡随俗，学习当地语言，融合于土著乡民之中。

婺州的方言虽然不同，但都没有远离吴越语系婺州片的基础语音，文字语词表白、住房、生活、生产、习俗基本相同。因为他们所处的地理气候环境基本相同，都以农耕为主，兼作手工艺，如永康人中打铁的多，义乌人中走村串户以鸡毛、猪鬃换糖的货郎担多，东阳人中泥水匠、木匠、雕花匠多。少数财主兼营火腿、茶叶、药材、建材、丝绸纺织品等生意。这一地区现存的传统建筑，其布局结构、装修风格、文化内涵大同小异，都体现了河姆渡建筑文化、於越文化和儒道文化的完美结合。这些建筑基本上都是以境内"东阳帮"工匠为主，按自成体系的东阳民居基本模式营造的，统属东阳民居建筑体系。因为东阳自有东阳郡以来一直属婺州辖区，所以我们把这些建筑统称为"婺州传统民居建筑体系"。这样，既真实反映了婺州地区的历史沿革，也体现了以东阳清水白木雕装修为特色的，独树一帜、自成体系的婺州传统民居建筑分布的广泛性。

婺州地区历代传承的社会美德是"有钱先买屋基竖屋，后买田地种谷"（说明营造是头等大事），"只给子孙留下房（或留间屋），不给子孙留下粮（或留箩谷）"，意思是长辈要为子孙后代准备好栖身的窠，至于口粮，要让子孙自己通过劳动去挣，不当寄生虫。把营造视为"行大事业"。文武官员衣锦还乡的第一件事是修建厅堂豪宅，那些没有一官半职的经商者发财后也不甘示弱，他们凭着腰缠万贯，在营造华堂时往往历时几年、十几年，对工匠的要求是"不求快，只求好，只要精，不要糙"，"只要雕得好，不怕费工料"，更有让雕花匠晚上看戏，看后把戏文情节动作画出小样，而后选好的雕，以此发泄对官府营造规制的不满：你不许我施斗栱彩绘，我就施满堂清水白木雕和墨画。由于这种反抗情绪和相互攀比、彼此超越思潮的出现，给工匠们提供了施展技能的用武之地，创造了为自己创牌子的机遇。屋主的财富和工匠的高超技艺相碰撞而迸发的火花，造就了许多当今已被列入国家级、省市级重点文物保护的精品之作，使以东阳清水白木雕装饰为特色，以二坡平脊二层楼为主，以粉墙黛瓦马头墙为基本外形，以木构件为骨架，集三雕（木、砖、石）、塑（灰塑、堆塑）、墨画和园林艺术于一体的婺州民居，点缀于蓝天白云之下，青山绿野之中，伴以那缕缕炊烟和骑牛吹草哨、哼着乡村小调的牧童，把天地人之间、动静态之间的自然和谐呈现得完美无缺，成为婺州大地上一道绚丽景观。

无论从建筑外观的气魄神韵、室内空间的敞宽高大还是从结构用材的灵活合理、装修装饰的艺术精湛看，婺州民居建筑都是独树一帜的。她既是浙中、浙西民居的代表，也是江南民居的佼佼者。正如20世纪60年代初，曾到东阳各地作过民居深度考察，并参与《浙江民居》写作的王其明教授、傅熹年院士和曾到东阳、义乌等地参观考察的原故宫博物院副院长单士元，国家文物局老专家罗哲文、杜仙洲先生等所说："这是一幅幅古诗画的原型"、"天然的雕刻艺术博物馆"、"进了婺州民居犹如进了雕刻艺术博物馆"、"无愧为东方住宅之明珠"。

婺州民居建筑在营建中，梁架、规模受官府"法式"、"工程做法"的制约较少，主要是为适应自己所处地域的自然环境、地理气候、历史文化、民俗传统、生活习惯、农耕生产需要和经济条件，遵循"因地制宜，就地取材"的原则建造起来的，普遍具有经济、实用、美观、舒适、方便、有利于防范和节省用地等优点。这些优良传统得于千年传承发展，应归功于历代匠师的口传心授，父子师徒的传承，是他们不断创新的结晶。这些匠师们多是贫苦出身，从小学艺，识字不多，文化不高，不能写不会画，故留给后人的没有经典著作（喻皓的《木经》也失传了），只有他们营造的佳作。这是我国传统建筑文化宝库中的无价之宝。但这些佳作主要是木构架建筑，不可能永久保存如新，总有一天要维修或重建，总有一天要损坏殆尽。到那时，我们的子孙后代就看不到我们曾经住过、用过的这些千年古董了。为了今后的维修、重建和我们的子孙在看不到这些实物之时，能看看它们的照片，了解了解祖先们是如何营建它们的，吾辈在古稀、耄耋之年，历经数载，顾不得严寒酷暑，翻山越岭，深入农村，走家串户寻访已是耄耋之年的老匠师、老艺人、知情老者，向他们请教，取经求宝，而后加以综合归纳写成此《婺州民居营建技术》，既告慰远在极乐世界的老匠师、老艺人，也尽吾辈应尽之责。愿此非物质文化遗产在婺州大地永放光辉，普照中华大地。

第一章　婺州传统民居建筑发展简史

　　婺州传统民居建筑，是由江南地区原始人类的巢居方式发展而来的，是干阑式建筑发展的最高阶段。从其榫卯结构及柱中销的应用看，它与余姚河姆渡建筑文化有同根共源的关系。2001年，在境内浦江县黄宅镇栝塘山上山文化遗址中发现了3排"万年柱洞"（距今约8600~11400年），每排11个洞，直径约40~50厘米，深约70~90厘米，分布成长约14米、宽约6米的矩形平面，其方向是坐西北朝向东南。这种建筑布局与河姆渡遗址的干阑建筑相类似，很可能就是河姆渡人同期人类或其先民的居所。因为婺州东部山区就是古越国的南部山区，这一地区的土著人，就是越王勾践时期为保存实力而回迁山区的於越山民后裔。他们传承发展了祖先的居住方式，后来，又把民间木雕艺术应用于建筑装修装饰，并吸收融合了儒、道诸家的道德文化理念，丰富了耕读孝忠、伦理道德教育的题材内容，最终形成了河姆渡建筑文化、於越文化与儒道诸家道德文化完美结合的，融木、砖、石三雕，塑和墨画等艺术于一炉的，独树一帜的婺州传统民居建筑体系，成了浙江传统民居的典型代表。它体现了婺州建筑发展的连续性、地域性、独立性和广泛性。

第一节　发展轨迹

　　将20世纪50年代，在婺州地区仍屡见不鲜的看青（瓜）窝棚、砖瓦窑的临时工棚和边缘山区百姓的住宅形式加以排列分析，不难发现婺州传统民居的发展轨迹是十分清晰的，大致可划分为7个时期11个阶段。

一、原始人类的巢（窠）居时期
　　这一时期可分为三个阶段（图1-1-1）。
　　第一阶段：是人类最早、最原始的阶段，此时还不能称之为住所，只能称其为窝或窠，就是用树枝、树叶在大树杈上搭个单身栖息之窝，比鸟窠大一点，多了一个用树枝、树叶支搭的防雨罩。

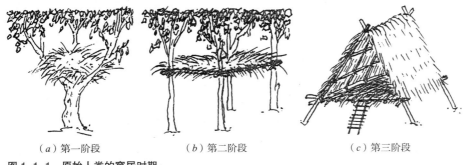

（a）第一阶段　　　　（b）第二阶段　　　　（c）第三阶段

图1-1-1　原始人类的窠居时期

第二阶段：利用相邻的 3~4 棵树作柱，在齐胸高处捆绑横木搭台，铺设树枝、树叶或茅草置窝棚而栖。此类窝棚比前者增大了面积，可供数人栖息。

第三阶段：用 4~6 根竹竿或木杆支搭成三角棚，在齐胸高处捆绑横木搭台，铺树枝、树叶或茅草，两坡顶用茅草覆盖。这一阶段除了重视防雨、防野兽及爬虫类的侵扰外，最大的进步是脱离了树干，摆脱了风吹树摇的不稳定感，可舒适安稳而栖（约为一万年前）。这种栖息形式在偏远山区仍被用于看青和看瓜窝棚。

二、河姆渡干阑式建筑时期

这一时期也可分为三个阶段（图 1-1-2）。

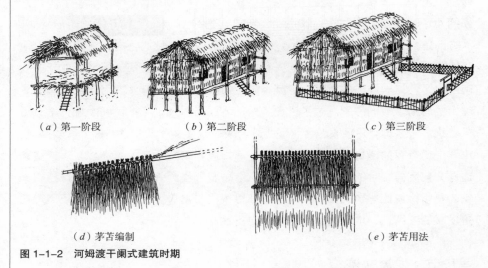

（a）第一阶段　　　　　（b）第二阶段　　　　　（c）第三阶段

（d）茅苫编制　　　　　　　　　　（e）茅苫用法

图 1-1-2　河姆渡干阑式建筑时期

第一阶段：将 4~6 根两人多高的竹、木杆栽埋于土中作立柱（古称柱跗），在距离地面约一人高之处绑扎横木搭台，用茅草铺垫成类似楼层的地铺，再在其上约一人高处用竹木杆绑扎人字顶架，用茅草设置两坡顶，用竹木棍绑制梯子以方便上下。这就是两坡顶楼屋的雏形。

第二阶段：在上一阶段的基础上，四周增加了用竹木和茅草苫制作的围挡，内围成室住人，外留檐廊走人，台下圈养牲畜。人们找到了为居所挡风保暖的措施，最早有了室、楼、廊的概念和墙的雏形（约为七八千年前的河姆渡文化时期）。这种建筑形式如今在婺州地区仍不罕见，一般用作临时性的工棚，如砖瓦窑棚，楼下是堆泥、制坯工作间，楼上住人。

第三阶段：在第二阶段的基础上，出现了竹、木篱笆围墙，有了院的概念，进一步增强了防卫意识和能力。

三、泥壁（竹夹泥墙）茅苫顶楼屋时期

这一时期是在顶部仍然沿用茅苫防雨的基础上，在楼上楼下四周除门窗部位外，全部用竹篾片或树枝荆条编成墙围，并在内外涂抹黄土泥，后来又增抹一层石灰膏，以此替代茅苫围挡；屋顶的茅苫编织工艺也大有改进，既增强了挡风、保温御寒、防雨防潮的效果，又开创了使用石灰、追求整洁美观的工艺美学之路。此类形式约始于汉前，唐宋元时期广泛采用，直至明、清时期仍普

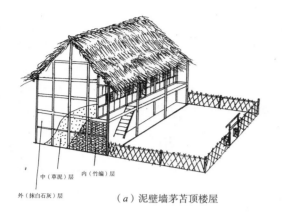

外（抹白灰）层
中（草泥）层
内（竹编）层

（a）泥壁墙茅苫顶楼屋

宋代

明代

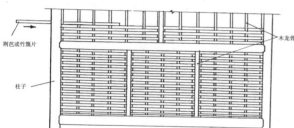

荆芭或竹篾片
木龙骨
柱子

（b）泥壁骨架

清代

（c）泥壁实例

图 1-1-3 泥壁墙茅苫顶楼屋时期

遍应用于内壁隔断墙和楼层的外墙。婺州工匠称其为"泥壁"（图 1-1-3）。

四、泥板墙茅苫顶楼屋时期

泥板墙就是用泥土（后来改进为采用三合土）为材料筑成的墙，婺州地区俗称"泥墙"，是用直径约 3 寸的木杆或厚约 2 寸的木板制成墙模（俗称"泥墙桶"），将黄泥土或三合土填于模中，而后分步夯实，层层垒筑至楼层或楼顶。后来，又在筑好的泥墙表面抹草筋泥或纸筋石灰膏，进一步增强了保温、防潮、防卫和耐久美观功能（图 1-1-4）。泥板墙据推测始于汉前，但直至 20 世纪 50 年代仍被广泛沿用。

茅苫
泥壁
泥（泥板）壁

图 1-1-4 泥板墙茅苫顶楼屋时期

五、泥板墙青瓦顶楼屋时期

这时期的重大发展是在上一时期的基础上，用黏土烧成的青瓦取代茅苫顶，进一步增强了防雨和防火功能，使建筑更加耐久，更加整齐美观。推测此类建筑普及于汉后期，直至 20 世纪 50 年代仍为普通百姓所沿用（图 1-1-5）。它的出现标志着建筑材料的更替创新、建筑工艺的改进、建筑寿命的提高进入了一个新时期。据推测，"穿斗式"大木构架在此时已形成。

（a）正侧面

（b）背后面

图 1-1-5 泥板墙青瓦顶楼屋时期

六、青砖墙青瓦顶楼屋时期

这一时期主要有两个贡献：一是出现了青砖墙，二是在青砖墙的外表面抹（刷）纸筋石灰膏（浆），以增强防雨、防潮性能，适应浙中、浙西地区多雨潮湿的环境需要。这一工艺的改进，既充分利用了青砖坚硬、抗压、耐久的优点，又弥补了青砖吸水性强，防潮性能差的缺点（图1-1-6）。

七、灿烂辉煌的鼎盛时期

这一时期的起讫年代，有学者认为可从南宋开始，也有人认为应从明初开始，还有人认为应从明代中期开始，直至20世纪50年代。笔者认为这些说法都没有错，问题在于对"鼎盛"二字的定位。婺州传统民居建筑最最灿烂的亮点，是把清水白木雕应用于建筑装修，这是独树一帜、别无分号的。上海同济大学周君言教授所著《明清民居木雕精粹》的出版说明中是这样评述的："浙江东阳、义乌等地的建筑木雕，宗承上古，起源于汉，盛行于明清，以其高超的刻技，多样的形式，朴茂清新，俗中见雅，素享盛名，历久不衰，从而早已越出了地域的范围而成为中国民间木雕艺术的经典之作，堪称一绝。"另外，《东阳县志》记载："唐冯宿、冯定府第冯家楼，雕饰精美"，又说："高楼画槛照耀入目，其下步廊几半里"。从这两则评述看，说它始于唐宋也不为过。从20世纪50年尚存在的宋、元、明、清、民国时期的建筑来看，其外形差异不大，都是粉墙黛瓦马头墙，石库台门明塘院；结构上，除所取材料尺寸、楼层比例稍有变化外，也没有太大差异（元代建筑，楼上楼下高度相当或楼上稍高于楼下，明代以后的建筑，楼下高度大于楼上。插柱式抬梁和剳牵的变形美化，在传为元代建筑遗风的兰溪长乐望云楼的梁架中已经成型，如图1-1-7）。差异最大的是木雕装修部分，总体讲：明初期的建筑雕饰面较少，雕刻工艺古朴；明中期至清中期是快速发展阶段，尤其是清乾隆、嘉庆、道光年间，木雕装修的普及程度、雕刻面量、题材内容、刀法工艺都有长足的发展和创新；清后期及民国年间，是雕刻工艺的飞跃创新阶段，在传统"雕花体"雕的基础上，创新发展了"画工体"雕，即用刻刀的技艺功夫，雕刻出书画家笔墨功夫的效果。因此，可以认为，婺州传统民居建筑发展的鼎盛时期应是明中叶至民国年间，而清中期至民国期间达到了顶峰。浙中、浙西现存的被列为国家级、省级和市县级文物的，基本都是此时期的精品佳作（图1-1-8）。文物古建界的泰斗、国家文物局老专家杜仙洲先生曾作一首非常形象、生动、通俗的七绝诗："粉墙黛瓦马头墙，石库台门四合房，碧纱隔扇船篷顶，镂空牛腿浮雕廊"来概括描述婺州传统民居（图1-1-8d）。

图1-1-6　青砖墙青瓦顶楼屋时期

图1-1-7　元末明初抬梁剳牵实例

（a）　　　　　　　　　　　（b）　　　　　　　　　　（c）　　　　　　　（d）

图1-1-8　灿烂辉煌的鼎盛时期

第二节　工匠行帮

　　古代官府建筑的营造通常由匠役制中的世袭匠户担任，若遇大型工程或特殊项目时，采取征召方式，募集民间有专长者参加施工，工竣各回各地。民间建筑的营建则不属此列，没有专门为之服务的匠户。民间营建是随人类社会活动形式的变化而发展的。远古时期是原始的氏族部落社会，营建住所时氏族总动员，当时的建筑都很简单粗陋，主要是绑扎、砍劈、编排作业，没有太高超的专业技能，也没有匠作之分。据考，在长期实践中发现有的人常能出些点子、想些窍门，所做的活漂亮，于是，凡有营建之类的事必定让他参加。后来发展到一家一户时，仍然传承着旧有遗风，一家建舍全族（村）上，那些有擅长者就成为必请者。最初依然不记酬劳，后来发展为以换工互助的方式作为报酬，例如今天你帮我建舍，明天我帮你种田，或者你帮我做衣裳，我帮你砍柴，各发挥各的特长，有的管饭，有的互不管饭或只管中午一餐。这种互助互补性的换工方式，婺州人称之为"便工"，一直延续至20世纪50年代。"便工"习俗的出现，促进了这些擅长者的专业化，形成了工匠。浙中、浙西百姓称这些本乡本土的专业工匠为"老司"，如木匠老司、泥水老司、雕花老司。这就是营建婺州传统民居建筑的骨干力量，习惯上又把他们划分为"本地帮"和"东阳帮"。

一、"本地帮"

　　也称"本土帮"或"本地老司"，就是本乡本土的工匠，一般指户籍在本县本乡的工匠，学徒制度不太严格或完全自学者均属之，故也有加"土"字称之，如"土木匠"。他们是本地普通民居建筑的营建和维护修缮者，他们都是本乡本土以农耕为主兼作建筑工匠的农民，农忙时务农，农闲时做工，一般不离开本地，只在周围十里八乡内做"生活"（婺州方言，即做工、工作、承揽工程、谋生之意），早出晚归，一日三餐由东家供应，午餐、晚餐一般有肉类荤菜和老酒（黄酒），工资通常按清工（日工）计算，一般约为2~4斤米一日。

二、"东阳帮"

　　东阳是个县名，自古以来属婺州所辖。"东阳帮"有两个含意：起始是指由东阳亦农亦工的乡民组成的，以建筑业为主的工匠行帮，是东阳工匠的代称，是婺州（东阳）传统民居建筑体系的缔造者，也是江南著名的建筑行帮。它形成于南宋京都临安建设时期，它与浙东"宁波帮"、江苏吴县"香山帮"（也有称苏州帮）是当时三足鼎立的建筑行帮。它和"本地帮"工匠一样，大都是农忙时节在家务农，农闲时节挑着铺盖工具外出做工（图1-2-1），也有长年在外乡做工的，到年底回家过年，回乡时都要带一些当地的土特产榛子、山核桃等干果或小面点（图1-2-2）分给村里的小孩吃，谓之分"回乡货"，过了正月十五元宵节后又三五结伴往外走。本地人俗称他们为"出门依"（相当今之"打工者"的称呼)，外埠人称他们为"东阳佬"、"东阳帮"。后来是泛指在浙中、浙西地区落户的东阳帮工匠后代及拜师于东阳帮的徒弟等，凡正式拜过东阳帮师傅为师的均属之，所以后来也称之为"金华帮"。

（a）鲁班画像

图 1-2-1　出门去

图 1-2-2　回乡货

（b）行跪拜礼

图 1-2-3　拜师礼仪

（一）"东阳帮"尊奉鲁般（班）为祖师

"东阳帮"尊称鲁班为"仙师"，遵循《鲁班经》的有关规制，营建中使用鲁班尺，因各地鲁班尺的现行长度不一，故又称"东阳鲁班尺"，以利区别。通常称东阳鲁班尺一尺为公制 28 厘米，而尺子的实际长度合公制 27.78 厘米，与周末期鲁班尺 27.72 厘米基本一致，与秦尺完全一致（秦尺一步为六尺，合公制 1.667 米，则每尺为 27.78 厘米）。学徒拜师仪式，要设香案，挂鲁班像，在师父的带领下先向鲁班仙师行跪拜礼，而后再向师父师母行礼（图 1-2-3）。

（二）"东阳帮"是营造浙中、浙西地区主要建筑的主力军

它的活动范围很广，足涉苏、皖、赣各省，但又相对集中，概括为：东起新昌、嵊州，西至婺源、徽州；南自处州（今之丽水市），北到杭、嘉、湖三州及沪宁地区。此范围内，规模较大、建筑艺术水平较高的，特别是那些有三雕、塑、画的寺庙、宗祠、厅堂、豪宅，目前已被列为国家级、省级和市县级文物保护单位的，基本都是"东阳帮"的杰作。明永乐皇帝迁都北京后，又征召东阳工匠进宫为宫廷制作宫灯、宫廷家具、陈设品和建筑装修。工艺精湛的"东阳帮"又为今天的北京故宫留下了许多传世佳作，成为建筑行的翘楚。

（三）"东阳帮"的行业组织——"老司班"

"东阳帮"没有固定的人员编制组织，只有灵活机动的组织——"老司班"，由"班头"（俗称"包头"、"包头伯"）依据所承接工程的规模、工期时限，随时组织少则几人、十几人，多则数百人的庞大队伍进行施工。木、瓦、石、雕、塑、画、油漆等工种齐全，可随时灵活调配。它在严州（即建德，今之新安江）、淳安、徽州、屯溪（今黄山市）、诸暨牌头、富阳、临安、圩潜（因东阳工匠在这里成家落户的很多，故有"小东阳"之称）、杭州的南星桥和艮山门、德清、湖州等地的水码头旁均设有联系客栈。客栈既是东阳佬的息脚点、集散地，又是业务联络处。"包头"（也有称"行老"、"带作师傅"）们一般都在客栈茶店接洽、承揽工程业务。

"东阳老司班"的基本成员，按其技术等级可分为：

包头（包头伯）——技艺精湛，善交人际，有一定威望和组织领导能力者，负责联系承揽工程，是老司班的总领导。

把作师傅（也叫掌墨师）——技术高超，有设计、组织施工能力，是老司班里的技术领导，相当于今之技术负责人、总工。

师傅——学徒已出师，能独立操作者。

半作——三年学徒期已满，但尚未出师者（半作期为四年，此期间工钱以

一半计）。

徒弟——三年学徒期未满者（此期间只管饭不给工钱，但师父常给点零用钱）。

蛮工——无技艺的零杂工（相当今之壮工，通常由当地农民中雇用）。

（四）"东阳帮"拜师学艺规矩

"东阳帮"有严格的拜师学艺制度，不经拜师学艺出身者无论你技能多高，也不能独自承揽工程，业主也不认可你。师傅带徒弟的对象首先是儿子，二是亲朋，三才是乡邻有志者。所以，拜师要先请"搭桥人"沟通，约定面试时间（一般都定在正月上半月，因其他时间师傅大都在外乡做活，不在本乡）。面试时要给师傅送见面礼，礼品一般为两个"斤头"包（"斤头"是东阳方言，即内装一斤左右的龙眼、荔枝、莲子、核桃、山粉、藕粉、红枣、白糖、红糖、糕点等营养滋补品，用纸包成长方形锥体包，封口处放一张印有"福"、"吉祥"、"如意"或商家老字号广告的红纸，然后用纸绳作十字捆扎，捆扎时，结一个环套便于手提的礼品包。纸包所用的纸张有草板粗纸和光亮细白纸两种，一般用白纸包装白糖、藕粉、山粉、糕点等品，用粗纸包装红糖、红枣、荔枝及核桃等，以示区分）。师傅经目测口试，同意收为徒弟，则收下"斤头"包，另择吉日举行拜师礼仪；若不同意，则托搭桥人退回"斤头"包。拜师仪式要设香案，挂鲁班仙师像，点燃香烛后，先拜鲁班仙师，再拜师傅，而后设宴请"拜师酒"。正式拜师后，则称师傅为"师父"，表示"一日为师，终身为父"的敬意。学制为"三年徒弟，四年半作"，半作期满方可出师，出师要设宴请"满师酒"。席间要先拜谢鲁班祖师，再谢师父、师娘。出师后，如技术精湛，并为同行所公认，则可成为"把作师（掌墨）"，但不可抢揽师父的"生活"（婺州方言，即工作、工程），否则，被视为"杀猢狲爷"，被同行唾弃。学徒期间，跟随师父生活，要为师父或师父家做些家务活，侍奉师父，如做饭、洗碗、倒尿壶、刷马桶，给师父端茶、点烟等，以此磨炼年轻徒弟的性子，培养勤俭朴素、吃苦耐劳的精神，坚定学徒的意志。经过磨炼，师父在教技术前，还要对徒弟进行道德行为规范的培养，端正学艺态度，告诉徒弟："手艺手艺，一靠师父，二靠自己"，"多锉出快锯，多做长材艺"，"耳听千遍，不如手过一遍"，"若要手艺好，脑子要灵巧"，"不怕人不请，只怕艺不精"，"补漏趁天晴，学艺趁年轻"，"窍门满地跑，就怕你不找"，"手艺行里无爹娘，只按要求无朋友"，"山外有山，楼外有楼，学艺无止境，一步一天地"，"树名气三十年难得，败门风一日一事"……同时严格要求徒弟："吃宴吃个味，不要吃得肚拖地"，"眠熟（睡觉）靠门边，挟菜挟盘沿"（挟菜时要挟面前盘子边沿的菜，不可挟远处盘子和盘子中间的菜，不可挑、不可翻，肉类菜每餐只可吃一块），吃饭时嘴不可发出声，小便要对准便桶沿［浙中、浙西地区农村风俗，家家户户都用木便桶（图1-2-4）积尿肥，并置于室内，撒尿时，若直冲便桶中间，则不仅会出声，还会翻滚出臭味，若撒向便桶内沿，尿顺流而下，则既无声也无味］。所以，东阳帮培养的工匠到任何地方做活，都受欢迎，不会被东家讨厌。

（五）"东阳帮"的工种排行

旧时建筑业的工种通常指泥水（瓦）匠、木匠、石匠、铁匠、瓦（窑）匠这五匠，都尊鲁班为祖师；但东阳帮的旧俗中，前四匠不承认瓦（窑）匠是鲁

图1-2-4 木便桶

班的弟子，不与之搭班。据传，瓦（窑）匠曾触犯师规，被鲁班赶出门第。前四匠又与烧炭匠结为帮，并按炭匠、铁匠、石匠、泥水匠、木匠之序排行。营建中实际参加的主要是泥水匠、木匠，其次是石匠，炭匠、铁匠并不直接参与，所以，立架上梁日宴请按石匠、泥水匠、木匠的顺序入席，石匠坐首席位，若席间又来了铁匠或炭匠，则应将首席位让与他们。行规说："木匠让泥水，泥水让石匠，石匠让铁匠，铁匠让烧炭。"这是规矩，人人遵守，但知其真实原因者甚少。其理由是：没有烧炭者烧的炭就生不了火，生不了火就打不了铁，铁匠打不成铁就没有石匠、泥水匠、木匠用的铁制工具，自然无法造屋，所以烧炭匠最应受尊重。这个不成文的行规，反映了社会协作与相互尊重，体现了"吃水不忘挖井人"的社会风尚。

（六）"东阳帮"声誉不衰的秘诀

素享盛名、历久不衰的"东阳帮"之所以能够在苏、浙、皖、赣等地区和北京皇宫的建筑界活跃六七百年，留下了许多传世精品，其原因是多方面的，但关键的秘诀是：

1. 东阳帮工匠传承了东阳人做事认真，为人诚朴，吃苦耐劳，自强不息的"土布衫、霉干菜"精神。他们"规矩严格作风好，心灵手巧技艺高；朴实认真诚为本，酬劳高低勿计较"的美德，在各地传为佳话，深得东家的赞赏。民间流传着"十坛霉干菜造厅堂"、"没花一分工钱造花厅"的说法，这都是对东阳帮的纯朴、不怕苦、不计较美德的赞誉。

2. 东阳帮富有进取求新精神。善于吸收兄弟行业的技艺诀窍，加以创新，为我所用，为自己不断创新、发展、提高技艺技巧创造条件，使自己在行业竞争中立于不败之地。例如木雕工艺从传统的"雕花体"雕，发展到创新的"画工体"雕，就是木雕艺人郭金局、杜云松师徒学习书画界用笔在纸上习字作画的笔墨功夫，加以创新，成了自己用刻刀在木板上书写作画的刻刀功夫，开创了木雕技艺的新纪元。

3. 东阳帮善于运用"科学与艺术在建筑上应是统一"的观点。独树一帜地把东阳民间的传统工艺"清水白木雕"应用于建筑装修装饰，从建筑外形、结构方面融于美学之中，成为东方民居建筑的一枝奇葩。东阳帮在造园艺术上运用"盆中天地"、"芥子纳须弥"等原则，突出了小中见大、渐入佳境、巧于借景、诗情画意，独具匠心地创造了诸如"气象廊"、"世外桃源"等神奇妙景。在木雕上，巧用材料的色泽、气味、吸水性的差异创造出"会变色的鱼"、"鸟不拉屎的斗栱"等妙作。

4. 东阳帮恪守古训，尊重信誉。东阳帮不忘以"技艺为本"、"让东家满意"和"树名气三十年难得，败门风一日一事"等古训警句教育师徒，告诫他们时刻记住继承传统，把握质量，爱护良好的名声与信誉。

第二章 婺州传统民居建筑特征

婺州传统民居建筑发展到顶峰时期的宏观特征，学者们习惯用"天然的雕刻艺术博物馆"、"古诗画的真实原型"、"不愧是东方住宅之明珠"和类似"粉墙黛瓦马头墙，木雕槅扇冬瓜梁；石库台门明塘院，镂空牛腿浮雕廊"的诗句来概括、描述。较为具体地讲，可归纳如下。

第一节　综合特征

一、营建规制　自成体系

中国自商周至明清，历朝历代对营造都有严格的规制，都明确规定："庶民庐舍不过三间五架，不得施斗栱，饰彩绘"。但婺州地区的传统民居，除了"披屋"（非正式的附属建筑），凡是正式建筑几乎都是大开间、大间深的七架二层楼屋，厅堂、豪宅更有9~11架外加挑檐仔桁的，间深达3~3.6丈（图2-1-1）。其形式规制、平面布局、梁架结构、构件名称、举架设计等，既不同于宋代的《营造法式》和清代的《工程做法》等官式做法，也不同于近邻苏州地区的《营造法原》做法（图2-1-2）。虽然都使用鲁班尺，

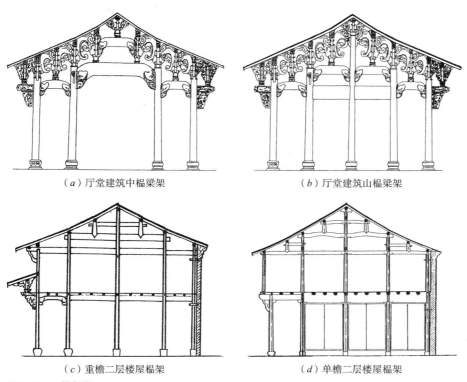

（a）厅堂建筑中榀梁架　　　　　　　（b）厅堂建筑山榀梁架

（c）重檐二层楼屋榀架　　　　　　　（d）单檐二层楼屋榀架

图2-1-1　梁架图

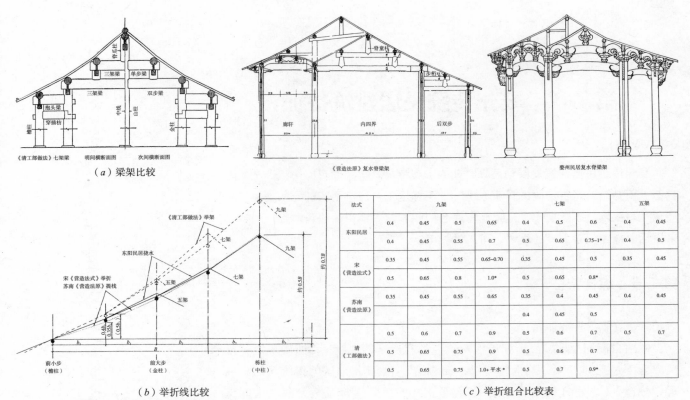

（a）梁架比较

（b）举折线比较

（c）举折组合比较表

法式	九架				七架			五架	
东阳民居	0.4	0.45	0.5	0.65	0.4	0.5	0.6	0.4	0.45
	0.4	0.45	0.55	0.7	0.5	0.65	0.75~1*	0.4	0.5
宋《营造法式》	0.35	0.45	0.55	0.65~0.70	0.35	0.45	0.5	0.35	0.45
	0.5	0.65	0.8	1.0*	0.5	0.65	0.8*	0.5	0.65
苏南《营造法原》	0.35	0.45	0.55	0.65	0.35	0.4	0.45	0.4	0.45
					0.4	0.45	0.5		
清《工部做法》	0.5	0.6	0.7	0.9	0.5	0.6	0.7	0.5	0.7
	0.5	0.65	0.75		0.5	0.65	0.7		
	0.5	0.65	0.75	1.0+平水*	0.5	0.7	0.9*		

图2-1-2 婺州民居举架与其他营造法式的比较

但实际长度各不相同。某些做法与《明鲁班营造正式》中的做法有类似之处，但也不完全照搬，而是自成体系。它以三间为基本单元，但纯正的三间独立家屋很少，基本都结合本地的气候地理条件、建材资源、生活生产、安全防范、氏族聚居的习俗等，作了极为巧妙的组合处理，据传，是为了应对官府不合理的"三间五架"之规制。十分普遍的"13间头"、"24间头"等院落建筑，都是"3间头"（一堂两室）的变形组合，都是巧妙应对的实例。东阳东白山下厦程里村，一个名叫程用祁的老翁，既无官职又无功名，凭其9子34孙就敢营建五开间，前后五进，45个明塘、天井，209间屋子，形若城邑的超大院落（图2-1-3）。东阳六石镇下石塘村还有一个据传是做豆腐买卖的老妇，发了财后也建造了一座三纵轴两横轴，十多个明塘、天井，81间屋，号称千柱落地的大宅院（图2-1-4）。这些超大院落建筑都是"3间头"和"13间头"楼屋的灵活组合，都是农村普通百姓的住宅建筑。这种建筑形式虽然规模很大，房屋间数很多，因为都设计了"阶沿"（婺州方言俗称，即檐廊、前廊）、弄堂和弄堂门，既有利于遮蔽炽热阳光、通风纳凉，也为老人提供了与儿孙们享受天伦之乐的场所，"π"字形、"廿"字形、"井"字形、"H"字形的廊弄（图2-1-5）又织成了四通八达的内外交通网，巷弄间又设置了过道通廊（图2-1-6），所以，雨雪天气时走遍全宅乃至全村，也不会淋雨湿鞋，极适合婺州地区既多雨又烈日阳光炽热的自然环境。婺州传统民居多为院落建筑，由正屋与厢屋构成，厢屋可取1、3奇数间或2、4偶数间，但正屋必取3、5、7奇数间。单体独立家屋一般不建"两间头"（贴靠于其他建筑山墙的不在此列）。

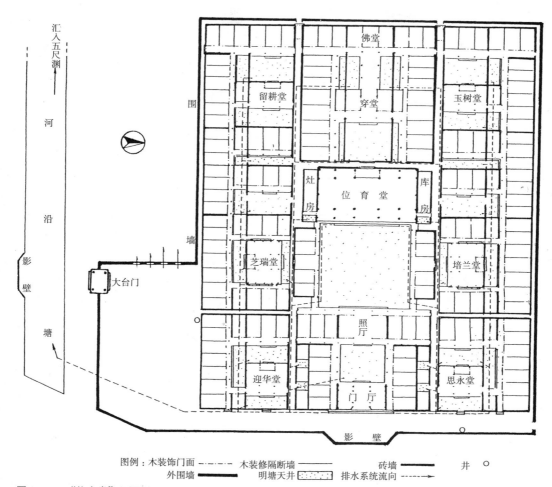

图例：木装饰门面 ――――― 木装修隔断墙 ―――― 砖墙 ―――― 井 ○
外围墙 ―――― 明塘天井 ▨ 排水系统流向 -----▶

图 2-1-3 "位育堂" 平面图

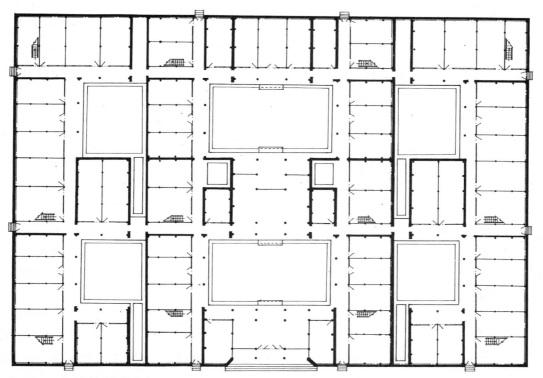

图 2-1-4 "千柱落地" 德润堂

图 2-1-5　廊弄类型

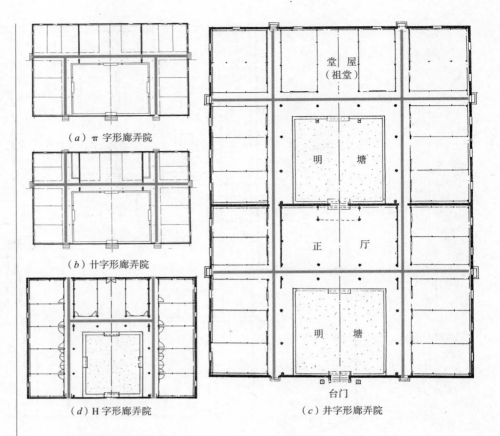

（a）π字形廊弄院

（b）廿字形廊弄院

（d）H字形廊弄院

（c）井字形廊弄院

二、布局严谨　轴向对称

　　婺州民居建筑的正屋不采用单间和偶数间，都是 3、5、7 等奇数间布局。单体、院落、群落建筑的平面布局都很严谨规正，讲究轴向对称。无论是 3 间头、5 间头、7 间头、9 间头、11 间头、"13 间头"三合院，"18 间头"四合院，还是由两座"13 间头"三合院纵向组合而成的前厅后堂（俗称"24 间头"）和一座"13 间头"三合院和两个 6 间跨院横向组合的"25 间头"，都是以正屋的堂屋（中央间、明间）中央纵轴线为基线，左右对称布局厢屋或跨院。若干单体建筑组合的 3 进、5 进乃至 9 进的群落建筑，也是沿此中央纵轴递次对称布局，显得格外井然有序，密而不紊，如图 2-1-4 所示。

三、模块组合　宜居布局

　　婺州传统民居建筑以间为单位，以 3 间（俗称"3 间头"）为基本单元，以 13 间（俗称"13 间头"）为典型三合院。以"3 间头"和"13 间头"三合院为标准模块，根据不同条件设计理想建筑。型类众多、规模不同的大小群落建筑都是模块的纵向、横向或双向组合体，如"13 间头"三合院就是以一个"3 间头"为正屋，两个"3 间头"为左右厢屋，再在正屋、厢屋的交角处，分别布以两间"洞头屋"（因这两间屋采光条件较差，俗称"洞头屋"、"弄堂屋"、"凹瓦屋"）组合而成。若在"3 间头"两端各加一间或两间勾厢屋，就成了"5 间头"或"7 间头"。将"13 间头"两厢各减去一间或两间，就成了"11 间头"或"9 间头"。再以若干个"3 间头"或"13 间头"进行组合，就可构成适合自己经济状况、宅地条件、生产职业状况、家庭成员结构及各自喜爱的宜居群落建筑。

　　婺州传统民居的外观及内廊门窗装修有一定的传统规矩，但内壁及楼层内

图 2-1-6　巷弄过道通廊

的装修则很随意，甚至不做装修或做可拆卸的屏门式装修，使用中可根据需要随时随意进行变更，极为灵活方便。同时，房屋的主次分明，功能配套，如大厅、堂屋是家族议事及祭祀祖先、举办红白喜事的公共活动场所，正屋的两间厢房（俗称"大房间"，即次间）是长辈的起居卧室，左右两厢屋的六间房子是晚辈的起居卧室，洞头屋用作灶房、库房、佣人居所或畜舍、厕所。宽敞的"阶沿"既是宅内通道，也是聊天、戏耍、休息、夏天纳凉、冬天晒太阳和从事家庭副业生产的场所。功能齐全，样样配套，既适合绅士富人的生活方式，也是普通农耕百姓的理想居所。

四、木雕装修　独树一帜

婺州所辖的东阳素有"百工之乡"、"木雕之乡"等誉称。东阳木雕和潮州木雕、福州龙眼木雕、温州黄杨木雕合称中国四大木雕，而且是四大木雕中的佼佼者，东阳人最先在建筑装修上使用了"清水白木雕"（即构件雕成后既不着色，也不上漆，只刷防潮、防腐的清油，或不作任何处理，保留木材的自然色泽和纹理），在建筑木雕中独树一帜。东阳民居中，除极少数贫民住宅和"披屋"外，都采用了木雕装修装饰，有的作点缀性装饰，有的豪华宅第则行满堂雕，但都有侧重，叫作"明精暗简"，即以外观视线可及部位的装修装饰作为重点，特别讲究精雕细作，而室内不可见部位就比较简朴，如宗祠、厅堂等"彻上露明造"（无楼层和天花板）建筑，从柱头、梁枋、斗栱、雀替、琴枋、牛腿、轩顶到柱础都施雕饰，犹如一座雕刻艺术博物馆。一般楼屋的檐廊部位，如廊轩、梁枋、月梁、琴枋、牛腿、门窗、楼廊的窗和栏杆等也都施精细木雕（图2-1-7）。最简单的装修装饰也要对月梁、牛腿、门窗施以木雕。雕刻题材丰富，

图 2-1-7　精致木雕装饰

寓意深刻。虽然各部位有各不相同的题材内容，但都是训教育人方面的故事传说、历史人物、山水风景、花鸟鱼虫、耕读渔猎、吉祥动物等。明清时期发展至整个浙中、浙西及徽州等地，成为婺州传统民居建筑体系的一大特征。

五、石库台门 陡砌砖墙

婺州传统民居建筑多为"9间头"、"11间头"、"13间头"三合院，"18间头"四合院，前厅后堂式的"24间头"等建筑，其正面一般都有位于正轴线上的大门（院门，俗称大台门）和位于两厢屋檐廊一端的2座旁门（俗称小台门），共3座门。横向组合的"25间头"还有左右跨院檐廊一端的旁门，共5座门，其他三面还有许多旁门（俗称后面的为后门，两侧面的为弄堂门或水门）。这些门中，正面的3~5座门最重要，起装扮门面的作用，一般都施"6件套"、"8件套"的石料门框，称之为"石库台门"。至于后门、弄堂门，则可以施"4件套"、"6件套"的石料门框，也可以施砖砌门洞，不强调一致，但相互对应的左右两侧必求对称一致（图2-1-8）。

婺州地区民居主要是"东阳帮"工匠所建，"东阳帮"的砌砖方式与"宁波帮"、"香山帮"、"江西帮"均不相同，与北方工匠更不相同。"东阳帮"的做法是从下（墙脚）到顶全部采取陡砖砌筑，但不是空斗墙，而是先在砖斗内填塞碎砖碎瓦（这种做法有利于及时就地处理建筑垃圾），然后用石灰碴与黄

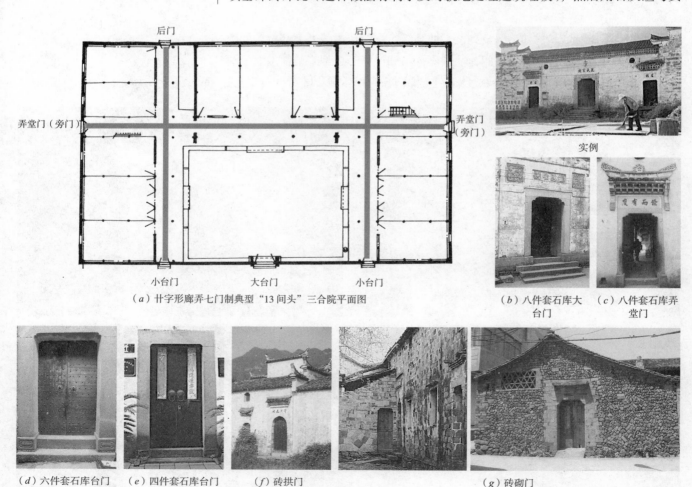

（a）廿字形廊弄七门制典型"13间头"三合院平面图 　　（b）八件套石库大台门 　（c）八件套石库弄堂门

（d）六件套石库台门 　（e）四件套石库台门 　（f）砖拱门 　　　　　　（g）砖砌门

图2-1-8 石库门与砖砌门

（a）整体外观 　　　　　（b）局部 　　　　　（c）内填料 　　　　　（d）填料灌浆

图2-1-9 陡砌砖墙

胶泥搅拌成浆灌注隙缝，成为实心墙，中间不穿插卧砖层（图2-1-9）。

　　还有先在砖斗内插入直径约2~3寸的木棍或竹竿，而后填塞碎砖瓦片灌灰泥浆的（图2-1-10）。这种做法不仅提高了墙体自身强度，更主要的是可防盗贼撬墙打洞入室作案，说明东阳帮工匠早已为防范盗窃采取了有效措施。这也是婺州传统民居建筑的一大技艺特征。

图2-1-10 防范（撬）墙

第二节　结构特征

　　婺州传统民居是木构架承重、外墙不承重的建筑。它的木构架结构已达到了增一件多余、少一件不可的程度。构件截面尺寸大小、宽高比例合乎力学原理，特别是在构件形状和结构连接上，采用了很多与众不同的科学做法。例如：

一、插柱式抬梁

　　民居中一些大型公共性建筑，如宗祠、大厅、寺庙等为了扩大空间，常采取不设楼层天花的"彻上露明造"和"减柱"做法。减柱法一般都把中柱减去，用大梁架于前后大步（金柱）间，承受上部五架负载，《法式》中称之为"五架梁"，婺州人称"大梁"，在五架梁上再立矮柱、梁墩，架小梁（也称二梁、三架梁）。梁与柱的结合普遍采用在柱头做馒头榫，把梁头扣压于柱头的做法。婺州传统民居，特别是明中期以后所建民居的做法，是把梁身制成眉月形后两端各做梁头榫，靠近柱端处雕刻成鱼鳃、龙须、木鱼、冬瓜状，连接时把梁头榫插入柱中并加"柱中销"固定，在柱头上端设置花斗，在梁头下方使用梁下巴（俗称，即扇形雀替）作辅助承托（图2-2-1）。这种做法既增强了榀架的稳定性，又美化了构件形状，把平直的五架梁、三架梁都做成了形似檐步的月梁，增进了整个空间的艺术感受。因这种做法是"东阳帮"的独特工艺，工匠们没有专门的叫法，建筑界也没有公认的称谓，本文把它称之为"插柱式抬梁"做法。

图2-2-1 插柱式抬梁

二、奇特的穿枋

　　穿枋泛指纵向两柱间的一种连接构件，分前、后和单步、双步，这里所指的是单步枋，宋代称"劄牵"，有的称"单步梁"，东阳帮称之为"小穿枋、上穿枋"。婺州的一般民居都用一块高宽比约为3∶1的木方料制作，而大型宗祠、厅堂等彻上露明造建筑的上穿枋都用一块很大的木雕件替代木方料（图2-2-2）。由于此件的雕饰形状题材不相同，故其俗称也不同，有的形似大象鼻子，称其为"象鼻挂（架）"，有的像弓背的虾，称为"花公（虾之俗称）背"，有的称"倒挂龙"，有的称"老鼠皮叶"（蝙蝠的俗称）。这一奇特构件的采用不

图2-2-2 劄牵（象鼻架、倒挂龙、单步枋）

仅融入了建筑美学，增进了艺术感受，而且对保持两柱头及两桁不产生位移、保持屋面平稳起到很大的作用。这是婺州建筑的一大特征。古建筑专家孙大章先生在其《中国民居研究》第401页中谈到"以东阳民居为代表的浙江大型民居厅堂的单步梁"时说："这种装饰形式能产生一种弹性和运动感的美学效果，是结构美学的特例。"

三、三销与一牵

婺州营造的又一特征是三销加一牵。三销指"雨伞销"、"柱中销"、"羊角销"。雨伞销是东阳帮工匠独创的组配件，因其两端形似伞状，婺州人俗称伞为"雨伞"，故形象地称它为"雨伞销"，用硬木制作，应用于梁枋在柱中的对接，可增强木构椽架的稳定性，提高抗风、抗震能力。柱中销、羊角销的使用在各地都较为普遍，但婺州工匠所用的柱中销、羊角销又与众不同，一般工匠使用的这两种销是一头粗一头细的直销，而婺州工匠所用的这两种销都是三折的弧状（图2-2-3）。这种销能把榫头拉得更紧固，更有力，且不易自拔；而直销既不可能拉得太紧固，也易自拔脱落。一牵就是婺州人俗称的"墙牵"（图2-2-4），用于外墙与椽架的相互牵制，增强外墙和建筑整体的稳定性。

四、镂空雕牛腿

牛腿是婺州人对挑檐斜撑的形和意的专称，一是因为它同牛腿一样是受力构件，二是因为它的形状已经由早先的圆木支撑件演变成牛腿股状，故名。牛腿也已成为东阳帮建筑的主要特征之一，特别是清乾隆以后所雕制的牛腿，已成为浙中、浙西地区民居建筑装修中画龙点睛之处。其雕刻技法有锯空雕、半

（a）已刷防腐油的墙牵

（b）未刷防腐油的墙牵

（c）实际应用图

图2-2-4　墙牵

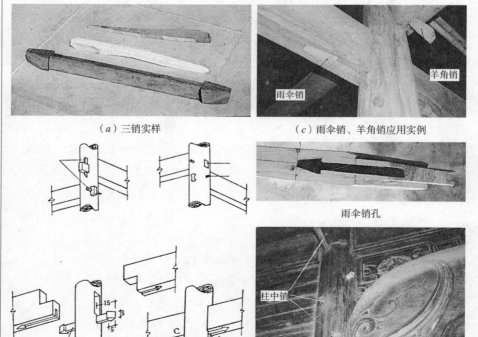

（a）三销实样　　　　　　　　（c）雨伞销、羊角销应用实例

雨伞销孔

（b）三销示图　　　　　　　　（d）柱中销应用实例

图2-2-3　三销

圆雕、多层次镂空雕。图案内容有狮、鹿、象、凤、麒麟等吉祥瑞兽，还有螭龙几何图形、山水风景名胜、神话故事典故等，特别是历史人物的雕刻，气质神态，活灵活现，有血有肉，栩栩如生。牛腿上方的琴枋、花栱、花篮垂柱等组群雕饰也是独树一帜之作（图2-2-5）。

第三节 美学特征

美观、实用、经济三者共同构成建筑基本要素，婺州传统民居建筑的美学应用特别广泛，从空间造型、动态效应、尺寸比例、色调配置、构件美化、家具灯饰到室内陈设无处不求精和美，十分注重视角、动态效应。例如：

一、马头墙

马头墙是马头山墙的简称，是江南民居建筑中广为采用的一种山墙形式。婺州传统民居的马头山墙的形状做法，既不同于苏南的屏风式山墙，也不同于赣中地区的马头山墙，更不同于浙南和闽、粤地区的五凤楼式山墙，有婺州地区自己的风格（图2-3-1a）。

正宗东阳帮的马头山墙做法有下列三种：

（一）喜鹊马头

形似喜鹊尾巴向上翘起，故名。属普通百姓所采用的马头墙形式（图2-3-1b）。

（二）玉玺马头

形似古装戏剧舞台上的官印道具（方形布包），所以也有人称之为"印马头"。象征屋主人是文职官员（图2-3-1c）。

（三）大刀马头

形似关云长所用的大刀，象征屋主人是武职官员（图2-3-1d）。

喜鹊马头与大刀马头都是尾部呈反抛物线形微微上翘，极具韵律动感，与正面凹凸面组合，酷似昂首奔腾的马头，显示出静中有动之势。玉玺马头虽没有反抛物线微微上翘的韵律感，但增添了传统文化内涵。一方面，它的造型本身象征官印或官帽，另一方面，有的在其正面砖雕吉祥用语字画，如山墙正向是四个马头，则每一个马头上雕一个字，四个马头从上到下连起来念，就是一句吉利讨彩的四言词，例如"天官赐福"、"状元及第"，"福寿康宁"、"招财进宝"、"吉祥如意"、"风调雨顺"、"三阳开泰"、"五谷丰登"和以"梅、兰、竹、菊"为题材的灰塑或画（图2-3-2a），更添传统伦理文化色彩。还有在迎面"小山"上部灰塑小动物、小罗汉像等（图2-3-2b），更添文化艺术之美，更增强动和活的感觉。

（a）孝、太师

（b）刘海

图2-2-5 牛腿

（a）马头

（b）喜鹊马头

（c）玉玺马头

（d）大刀马头

图2-3-1 马头墙

状元及第　　天官赐福

福

（a）吉祥文字型实例

（b）塑小动物型实例

（c）绘画型实例

图 2-3-2　马头端类型实例

二、睒电窗

宋《营造法式》"门窗装修"中有"睒电窗"的式样，但东阳白坦村七台门和务本堂的睒电窗做法匠心独具，无论是雕制精细度还是动感效果都更胜一筹（图 2-3-3）。当睒电窗关着不动，而人从窗前檐廊走过时，会感到槅扇窗在动，会呈现波光荡漾的效果。这就是人们所说的"百工窗"之一，即做一扇窗扇就要用一百多个工，一樘四扇窗就需四百多个工。当然，这是屋主人的财富气魄和工匠的高超技艺碰撞的"钻石"杰作，不是普及之作，但在娑州一带，"百工窗"、"千工床"并不罕见。娑州地区民居最普遍的槅扇做法，是在各式槅心中央有一块雕刻特别精致的花芯，可谓园中园，其形状有长方形、圆形、椭圆形、海棠形、扇形、花瓶形、书卷形、叶状形等。花芯雕刻主题鲜明、层次分明、造型生动、活灵活现，任你从哪个角度观赏，都能产生似有情感交流的历史、民间故事、戏剧人物、诗书格言、山水风景和人物景观，例如义乌黄山八面厅的"十二花神"和娑州一带极普遍的"八仙"、"暗八仙"、"二十四孝"等。

纵观娑州地区民居的门面槅扇装修，有三大特点：第一，隔而不断，里外贯通，适应环境；第二，花样多变，樘樘不同，不落俗套；第三，图案精巧，雕刻精细，皆属精品。

三、构件美化

营建娑州传统民居建筑的东阳帮工匠，充分利用本地擅长木雕的优势，把"清水白木雕"广泛应用于建筑装修装饰，后来又把"金漆木雕"大量应用于家具、灯具和陈设品，并对许多构件进行了独具匠心的美化，在作品中大量应用美学文化，如把梁头加以雕刻，成为美观形象的"木鱼梁"（也叫"鱼鳃梁"、"龙须梁"、"冬瓜梁"），把简单的单步枋"剳牵"改革成精美的大型雕刻构件"象鼻架"（也叫"倒挂龙"、"虾弓背"），把简单的斜撑件改革成精雕细刻的镂空"牛腿"，把简单的柱头栱和垂头柱雕刻成了"花篮栱"和"莲花垂柱"等，举不胜举（图 2-3-4）。

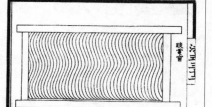

（a）宋《营造法式》睒电窗

（b）东阳白坦睒电窗

图 2-3-3　睒电窗

图 2-3-4　构件美化实例

第三章　婺州传统民居建筑文化

第一节　婺州建筑文化的三性三源

一、三性聚合

文化都应有地域性、民族性、时代性。婺州建筑文化也具有这三性。婺州地区古属"於（音 wu）越"、"楚越"国，地处"於越"时的南部山区、"楚越"时的会稽郡南部，西与"姑篾"国（今衢州）、建德地区接壤。居民主要是土著人和中原士族移民。土著人是夏民族的后裔、於越人的后代（据清康熙二十年，即 1681 年《东阳新志》记载（附录［2］三），当时该县城乡尚有 1848 余处是土著人居住村落，姓氏也很多，其中东南部的安文、云山、墨林一带就有十余处均为陈姓。2008 年这一带的陈姓家族续家谱时统计已达七八万人，他们都应该是这十余处土著人的后裔）；中原士族移民主要是历史上屡次南迁的中原人（据族谱考证，主要是逃难避祸而来的贵族士绅、赏景隐居的文人雅士和任职期满就地落户者）。不同时代的移民带来了不同时代的北方中原文化，经长期磨合融合，构成了江南一绝的自成体系的婺州建筑文化。它是婺州土著人与中原移民长期和谐相处、团结协作、共同融合、创新发展的结晶。它鲜明清晰地体现了地域、民族和时代三性文化的聚合。

二、三源汇流

婺州传统民居建筑文化的构成是三源汇流：

（一）建筑语言

婺州的建筑用语保留或遗留下了於越山民的某些因子元素。从调查所知，婺州地区的建筑构件名称和建筑用语，可以说，与北方中原的名称、称谓没有相同之处；与江苏、江西等地对比，相同之处也不多（附录［2］四）。这说明它和本地方言一样，基本保留着於越、吴越、楚越时期的因子元素。

（二）建筑结构

婺州传统民居的建筑构架是河姆渡干阑式建筑文化的传承与发展。从境内考古发掘的浦江县桥塘山"上山文化"遗址与其东北仅百余公里的"河姆渡文化"遗址的建筑布局和柱中销、契口拼合、榫卯结构的做法看，两者应属同一时期、同根共祖、同一体系。

（三）建筑装饰

婺州传统民居建筑的装饰具有三大特点：

1. 三雕与墨绘结合

婺州传统民居所采用的装饰方式、手段是多样的，依据主人的地位、经济条件，不同的建筑、不同的部位采取不同的装修方式。其中木雕是最最基本的，

图 3-1-1　墨绘实例

也是比重最大、耗工耗资最多的。其次是砖、石雕。墨绘主要用于院落建筑的照墙、山墙、后檐墙、门窗雨罩的下方及墀头部位，也用于庙宇、宗祠内的壁画（图 3-1-1）。

2. 充分发挥精湛的木雕工艺

婺州传统民居充分发挥了境内"东阳清水白木雕"的优势，广泛应用于门窗槅扇、廊轩装修和斗栱、替木、牛腿、梁枋、劄牵（单步枋）等构件的美化装饰，显著提升了建筑装饰效果。

3. 融合北方中原儒道文化

婺州传统民居三雕的题材领域，内容选取最多的是祈福纳吉、伦理教化和驱邪禳灾三大类中的"天官赐福"、"郭子仪拜寿"、"麻姑献寿"、"八仙过海"、"暗八仙"、"刘海戏蟾（钱）"、"文王访贤"、"桃园结义"、"岳母刺字"、"杨家将"、"十二花神"、"二十四孝"等。这都是受北方中原儒、道诸家文化的影响，与之完美融合的结晶。

以上三性三源充分说明：婺州传统民居建筑文化发展的脉络清晰，既有源有流，又枝繁叶茂，不断成长。它是古越文化、河姆渡建筑文化和中原儒道诸家伦理教育文化相融合的完美载体。

第二节　婺州传统民居建筑风水文化

一、风水文化概念

中国风水文化源于远古时代，是原始先民由以穴居游猎为生，进步到择地定居，开始发展以农耕、畜牧、捕鱼、狩猎等多业为生，这一漫长时期的生活生存体会，是认识、适应、完善自然环境的总结。主要表现在选择落脚点或定居点时，要选择靠山近水、林木茂盛、避风向阳的山坡台地（因为这些地方具有丰富的猎物食物资源、汲水方便、阳光充足、山洪水淹的可能性小等有利于安全和农耕生产生活的优良条件）。这是最原始的、原汁原味的、从生活实践中来的风水观。它在今天来说仍然是正确和科学的选村择居观。当时并没有"风水"之词，本文把它称之为"原始风水"或"原始择居观"，以便与后来的所谓的"风水"有所区别。后来的风水观应该说是从周、春秋以后，尤其是秦汉以后，君主和巫术家们逐渐渗透控制风水理念，把各自的唯心观塞进风水观中。

例如：八卦本是四正四偶的八方符号，五行本是大自然中五种物质的名称代号，相生相克本是事物矛盾与统一的转化关系，是物质不灭的物理现象，他们歪曲阴阳五行、天干地支的本意，加以神秘化、巫术化，搞成为五花八门的门派，造成风水理论的混乱，玷污了纯正的原始风水名声，最终被人们视为"风水就是迷信"的恶果。他们在中国作乱了几千年，为害不浅。同时，他们还利用人们的心理作用，运用所谓的"风水转化法"、"法术镇煞"大肆欺骗百姓。当你受各方条件限制无法改变周围的不利环境（风水先生所指的凶煞）时，风水先生（也叫风水师，因他们既给活人看风水，又给死人看风水，所以又叫阴阳先生）会告诉你在某处立一石或砖，上写"泰山石敢当"、"姜太公在此"，在某处挂一枚小镜子或贴上一张他画的字符就能化凶为吉。他们所说的风水就这么简单。实际环境丝毫没有变，只因为你给了风水先生钱，风水先生用吉利话把你哄骗了，你心安理得了！皆大欢喜，大家都好！这就是用骗人的手段来改变那些无知者的心理环境，假冒风水。

二、婺州地区的风水观

风水学在中国建筑学中占有重要地位，可以说，从古至今凡营造没有不讲风水的，但各地区对风水理论的应用却不尽相同。研究婺州传统民居建筑营建，也不能不谈婺州地区百姓的风水观。

（一）选择基址

1.村落选址

婺州地区选择村落位置的基本原则是尊重"原始风水"。首先是充分利用自然环境，尽量选择依山傍水、植被繁茂、土地肥沃、避寒向阳、空气流通、出入方便的地方作为村落或屋址，但大自然中百分之百理想的风水宝地很难找到，婺州人就选择相对理想之地，加以改良完善，创造理想环境。例如移填整治地貌、疏导水道、修堤筑陂、开渠引水、串村绕流、挖塘蓄水、栽树造林、造桥修庙（谓之镇锁风水，实质是为了出入方便和改造环境、完善景观），通过人工改造，造就一个风水理论中所说的"前有朱雀，后有玄武，左有青龙，右有白虎"的理想的宜居环境（朱雀可以是池塘、近处案山、远处景山，景山可视其形状称笔架山、元宝山、官帽山、华盖山、文华山、玉几山等；玄武可以是大山、群山、丘陵小山或树木竹林；青龙可以是溪水、丘陵小山；白虎可以是道路、丘陵小山）。按婺州方言说，就是"前有照（屏），后有靠（山或茂林秀竹），左右环抱（两侧有山丘或林木）"，或说"枕山、环水、面屏"，构成形似"太师椅"状，谓之"风水宝地"（图3-2-1a）。

2.群落或单体建筑选址

选择单体或群落建筑基址时，必须考虑以下三点：

第一，尽可能参照选择村落的基本理论原则。

第二，要考虑氏族宗祠、厅堂的轴心布局规划及序列安排。

第三，根据占有基址条件与周围已成建筑的具体情况，适当调整和融合。

（二）建筑朝向

婺州古有"三世修（佛教所指修行）个朝南屋,七世修个街面屋"之谚语，表达了人们对坐北朝南屋的渴望心情。因婺州地区，特别是东阳、义乌、金华、

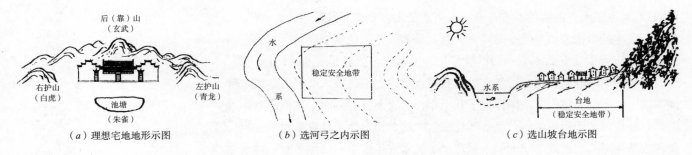

（a）理想宅地地形示图　　　　（b）选河弓之内示图　　　　（c）选山坡台地示图

图3-2-1　风水宝地示图

永康一带多为"13间头"、"18间头"、"24间头"等三合院和四合院建筑，虽然院落朝向多为坐北朝南，但真正坐北朝南的屋子不过1/4~1/3，一般说一个院落只有三间真正的坐北朝南屋，所以感到能住上朝南屋十分幸运，是前世修行积德之福。

由于三合院、四合院的朝南屋所占比例与院落朝向关系不大，所以东、西朝向和朝北的院落也不罕见。这种院落的定向主要是根据屋基的地形地貌条件，主人的生辰八字（出生年、月、日、时辰的天干地支组合成的八个字，俗称"生辰八字"或"八字"），建造当年的风水流年吉利方向（旧时营造建筑的吉利朝向每年不同，东西向吉利和南北向吉利是逐年轮回的）等风水观选定的。好多大财主家所建的豪华大宅，如义乌的黄山"八面厅"、诸暨斯宅的"发祥居"，都是上百间屋的大宅院，其正向都选定了北向。另如"位育堂"，按其基址及周边环境，完全可以取坐北朝南，但为内排水与外水系逆流而选择了坐西朝东。

在实际营建中，真正朝向正南的建筑几乎没有，一般都是稍向东偏（谓之抢阳）或向西偏（谓之抢阴）几度。一是传说古有规定只有宫殿、佛殿可朝向正南，民间建筑不得建造朝向正南方的屋；二是认为天南地北是子午正向，只有玉皇大帝与君王才能压住，黎民百姓压不住，住之不吉；三是认为正南方属火，为避火而改向。所以风水师在确定建筑轴向时，都根据地形和主人的生辰八字，采取抢阳或抢阴处理。

（三）婺州宅地风水文化的基本理论及谚语忌讳

1. 基本理论

主要以清姚廷銮《阳宅集成》卷一中所论"阳宅须教择地形，背山面水称人心。山有来龙昂秀发，水须围抱作环形。明堂宽大斯为福，水口收藏积万金。关煞二方无障碍，光明正大旺门庭"为理论基础。

2. 具体体现

（1）北有玄武，南有朱雀，东有青龙，西有白虎。

（2）依山傍水，避风向阳，山林茂密，土地厚重。或背山面水，负阴向阳，林木秀蔚，土肥水美，环护有情。

（3）后有重重靠山，前有平远美景，左右各有山丘环抱。或后有靠山，前有朝山、案山，左右各有护山；河水溪流从基前绕流而过，出水口两山夹峙（以在村外后方看不见村内房屋为佳，隐蔽物最好是森林茂密的山，也可以是树木竹林。树木多为樟树，民间有认古老樟树为"樟树娘"的风俗。镇锁水口普遍采取造桥、修土地庙、胡相公殿、关爷庙，建文昌、文峰塔或阁、魁星楼，修宗祠等景观建筑，名为镇锁风水，实为方便交通和营造环境景观，弥补大自然的不足）。

（4）排水方向

建筑内之排水与外部水系之流向有讲究，通常要求不可同向，相互逆向，谓之"财水"更佳。因为《相宅经纂》云："盖水为气之母，逆则聚而不散，水又属财，曲则留而不去也。"东阳厦程里村的"位育堂"是一个209间屋，45个天井、明塘的大宅院，这座大型群落建筑的排水设计，就是此理论的典型例作（图2-1-3）。

另外，婺州百姓中为求吉利风水而在大门外再加一道外围墙，使外围墙的大门方向偏离纵轴，形成歪门邪道的做法有之，如图4-2-19、图4-2-20所示。相信用"泰山石敢当"或字符等能"镇煞转化风水"化凶为吉，作为心理自慰者也有之，但为数甚少，所以，在村落中，"泰山石敢当"之类的标记很少见。偶有所见，也多是村中的财主和识字的"半瓶子老学究"所为。普通农民百姓一般只在楼窗的上方挂一枚小镜子，谓"照妖镜"，以示避邪。

3. 民间谚语

（1）屋基要后高前低，不可前高后低，也不可两头高中央低（风水先生的高、低和山、池的概念是"高一寸为高、为山，低一寸为低、为池"）。

（2）宁可青龙高三头，不让白虎压一筹。这叫"东高西低，阴不压阳为吉"。

（3）"高坡台（平）地水湾里"，"离路一丘，离坑（溪）两丘，离山三丘"，即选择村址屋基，要选在江河水湾内侧的高坡台地上，以避免洪水冲刷和淹涝之灾。置买田地时要买隔道路一丘，以避免路人损毁庄稼；隔河流溪水两丘，以避免洪水冲刷，远离陡山坡三丘可免遭或减少山洪泥石流灾害的损失。

（4）"三世修个朝南屋，七世修个街面屋"。

4. 十大忌讳

一忌广场大宅小、广场小宅大（视角比例失调不吉）、丁口少宅大（人气不足，居宅克人不吉）。

二忌宅基一头大一头小（大小头类似棺材屋不吉）。

三忌宅基低，四周高（潮湿、阴气重，且易遭洪涝之灾不吉）。

四忌宅基四周栽种松柏（松柏为阴宅常青树，阴气重，阳宅不吉）。

五忌开门见树、见烟囱、见直路（门口有树招阴，烟囱属火，门口直冲道路，似长剑刺心不吉）。

六忌用磨盘、石臼、踏步阶沿石（台级台明石）等旧石料砌墙脚（源出磨盘"六十年转一转"、石臼"日舂夜捣"、踏步石"千人踏、万人踩"，意为用之墙不坚固）。

七忌奠基、摆墙脚（墙基）时有哭声，尤忌女人哭声（源出"孟姜女哭倒长城"之传说）。

八忌梁、柱料用钉过钉子、凿过榫孔的旧料。

九忌"动土"、"破土"两者混淆，应该是建阳宅开工曰"动土"，建阴宅开工曰"破土"。

十忌女人进作场行走，绝对不许女人跨越构件。

三、婺州地区主流风水师流派

婺州地区的风水师有本地的，也有外埠的，外埠的主要是江西和福建两派，本地风水师也是接受这两派的基本理论。民间影响较深、较普遍的是江西"形法派"，因它的"觅龙察水"和"验土法"比较直观，容易让人领会和接受。

风水先生在风水定点（点穴）中常用的两种验土法：

（一）辨土法

在基址中挖出一个长、宽、深各 1.2 尺的土方坑，将坑内挖出的土打散，用细筛筛过后，再回填至土方坑内，填至与地坪一致，填时切不可用力按压或捣实；过一夜，晨起看其形，若凸起则是气旺之吉地，若凹下则为气衰不吉之地。

（二）称土法

此法有两种方式：

1. 取基址之土 1 方寸（1 寸见方）秤之：土重 9 两（应是 16 两为 1 斤的老秤的 9 两，即半斤多一点）以上为吉地，5~7 两为中吉，4 两以下为不吉之凶地。

2. 取基址之土，打散过细筛后置于斗（称量粮食所用的斗）中，以填平斗口为度，而后将土倒出称之：土重 10 斤以上为上等，8~9 斤为中等，8 斤以下为下等。

实际中认真使用此法者很少，一般都是采用抓一把土仔细察看土质密度、含砂量多少来判断地基的等级。

第三节　婺州传统民居营建程序

婺州民间关于营建流传着"三年竖屋，三十年辛苦，一生世（辈子）享福"，"竖屋，竖屋，十年准备一年竖，二年构接（小木装修）才好住"的顺口溜。这些顺口溜反映了婺州人把营建家园看作是一生幸福的大事和奋斗目标，也反映出了营建的艰难、复杂、长期性和程序化。通常程序：

一、预定方案

根据自己的经济状况（自己现有财力物力和可能获得的借兑支援条件）、家庭成员结构和发展前景要求等条件，预定在何处营建，建多大的规模，或分几步实施等。

二、预期备科

婺州地区建材资源丰富，营建时绝大多数是就地取材，特别是主料木材，主要取材于东部山区和西邻严州山区。为保证木构架的稳定不变形，必须使用已经干透的木料来制作。竖屋立架上梁的日期多选在秋冬之交（阴历九月、十月、十一月），加工制作多在春夏两季，此期间雨水多、湿度大，不利木材风干，所以，婺州人竖屋多提前几年开始备料。有的小户人家是零星长时间备料（东阳马宅上新屋村，有一名叫王继田的老农家，竖七间屋备料长达30 年，为备砖瓦料，中间做了两年的砖瓦窑主）；大户人家是大宗购买，如义乌黄山八面厅营造时，主人提前在淳安买了一座山林，八面厅的大料都取之于此（此后改称此山为义乌山），东阳卢宅肃雍堂营造时，主人卢溶提前几年亲临大盘山区挑选木料。

（一）主材

1. 木材

境内主要种类有松、梓、檫、椿、楸、枫、榧、柏、栎、榉、白果（银杏）、红豆杉等，多作柱料用；樟、枫、木荷、乌桕、苦槠多用作梁枋、劄牵等雕刻件；青木、坚漆用作雨伞销等销钉加固件；真杉木（俗称，即小叶杉）的用途最广泛，既用作柱、桁栅、楣楸、隔间板，又是门窗槁扇框架的主料，因它具有防潮耐腐、不易变形、质地细腻、容易加工等优点。名门望族的厅堂豪宅也有使用楠木柱的，楠木多从境外福建等地购进。

2. 砖瓦

境内各县乡常年固定的砖瓦窑作为数不很多，而且多在烧柴料充足的山区，但短暂的临时性（为期1~3年）的窑作很普遍。一般是邻近三村的几十户乡民们依各人的需求而组成的股份性协作形式，选其中一户为窑主，负责组织聘请窑作师傅和经营日常事务，并由他提供建窑的场地和供黄黏土的地；其他人为股东，各自根据需要认领股数，认定后按股数分摊窑作的一切开支，年底按股数分配成品砖瓦数。股的档次分为1/4股、1/8股、1/16股、1/32股、1/64股这五档，1/4股是最大股，1/64股是最小股，窑主可享受1/16股（即总数的1/16）作为他提供匠师的生活用具、炊具、窑作场地、取黄黏土地和踏泥牛的劳酬。

境外采购点主要是处州的缙云县，缙云瓦的长、宽、厚度尺寸略小于本地瓦。

3. 石材

境内各种可用石材很多，如青色、白色、粉红色、灰褐色等色的侏罗纪的角砾凝灰岩分布很广，基本都可就地取材。这也是婺州民居建筑中石库台门多、宗祠寺庙石柱多、地栿用石材多的原因之一。

（二）辅料

石灰、纸筋、麻刀、桐油、卵石、黄砂等，因境内石灰岩、河道多，又是桐油和苎麻产地，故各地均可就地取材。

三、请风水先生看风水选址定向，选择良辰吉日（奠基、上梁、泥（砌）镬灶、乔迁新居等日子）

四、动土开工

遵照风水先生选定的吉日良辰举行奠基开工礼，正式动土做基础，制作大木构件。

五、大木立架上梁

举行上梁仪式，设请上梁酒。

六、砌（筑）、粉刷墙

七、小木装修、制作家具陈设品

细木匠、雕花匠合作制作门窗槅扇、隔间及室内家具陈设，装饰檐廊天花。

八、乔迁新居

一般都选在装修完毕，一切齐全就绪后举行乔迁仪式，但也有选择在装修完成之前举行乔迁之仪的，要视主人生辰八字与可选择吉日的范围而定。

第四章 婺州传统民居建筑的平面布局

婺州传统民居主要是泥木和砖木结构建筑，木构架以"栋"架为单位，两栋架构成建筑单位"间"，以"一堂两室"式的三间独排屋（俗称"3间头"）为建筑基本单元，以"13间头"为典型三合院。以此进行模块组合即可获得各式各样的，适合自己理想要求的群落建筑布局；若干个群落建筑配置以街衢巷弄、河道渠流、桥梁、凉亭、道路、庙阁、风水塔等景观建筑，就构成理想的宜居村落。通常采用下列平面组合类型。

第一节 单体建筑平面布局类型

一、"3间头"独排屋

婺州的传统观念，凡是正式建筑，不营造单间和偶数间的独立家屋（利用边角余基贴靠于正式建筑而建的单层"披屋"和村边、田间地头用于积肥、烧土灰肥的单层"小屋"等非正式建筑不在此列）。所以，"一堂两室"式的"3间头"独排屋是规模最小的单体建筑，它的基本布局形式大致可分三种（图4-1-1）：a是纯三间独立的两坡顶楼屋；b是在后面贴靠三间或两间单层单坡顶的附属屋，俗称"披屋"；c是屋前增建围墙，正中央设大门，构成封闭的小天井院。如果是四开间的建筑，则应将其一端的尽间作"披屋"处理，并增加一间勾厢，成为天井院，正对天井院的仍为三间排屋，相当于"3间头"小天井院一侧增建一间"披屋"（图4-1-1d）。

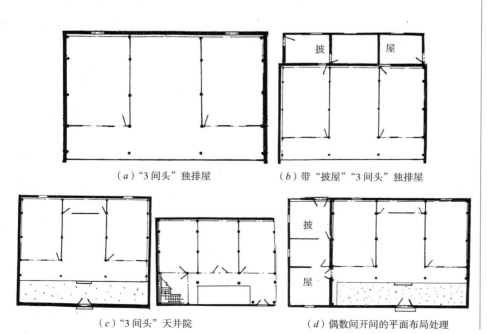

（a）"3间头"独排屋　　　　（b）带"披屋""3间头"独排屋

（c）"3间头"天井院　　　　（d）偶数间开间的平面布局处理　　　**图4-1-1 "3间头"平面布局**

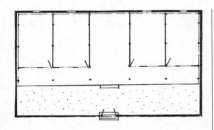

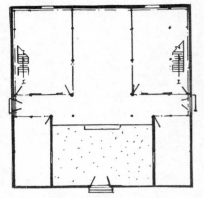

图 4-1-2 "5 间头" 天井院

二、"5 间头" 天井院

即 "5 间头" 独排屋或 "3 间头" 两端各加一间勾厢构成的小院（图 4-1-2）。

三、"7 间头" 天井院

即七开间或七间两端各加一弄间的排屋，在 "3 间头" 基础上各加两间勾厢廊屋或在五开间正屋的基础上各加一间勾厢，构成的天井院（图 4-1-3）。

四、"13 间头" 典型三合院

以一个 "3 间头" 为正屋，两个 "3 间头" 分别为左右两厢屋，再在正屋与厢屋的交角处各以两间 "洞头屋" 作填充连接，相互之间以弄堂（通廊）过渡，两厢屋正面山墙犀头的下部砌照墙（俗称，即院墙、围墙）连接成院；照墙正中处设大台门（俗称，即大门、正门、院门），两厢屋山墙的檐廊端部设小台门（俗称，即正向旁门），在左右两侧及后壁墙的弄堂口位置设弄堂门（俗称，

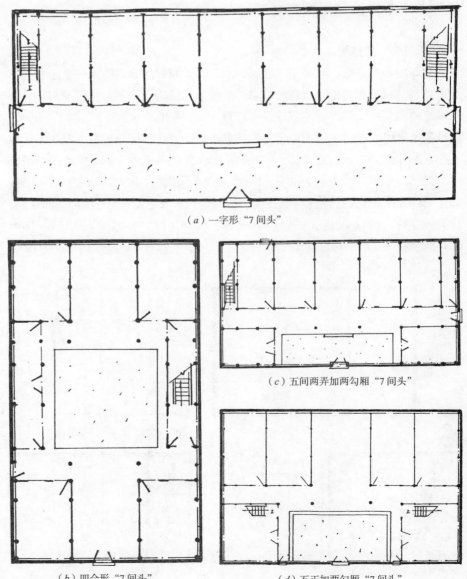

（a）一字形 "7 间头"

（b）四合形 "7 间头"

（c）五间两弄加两勾厢 "7 间头"

（d）五正加两勾厢 "7 间头"

图 4-1-3 "7 间头" 天井院

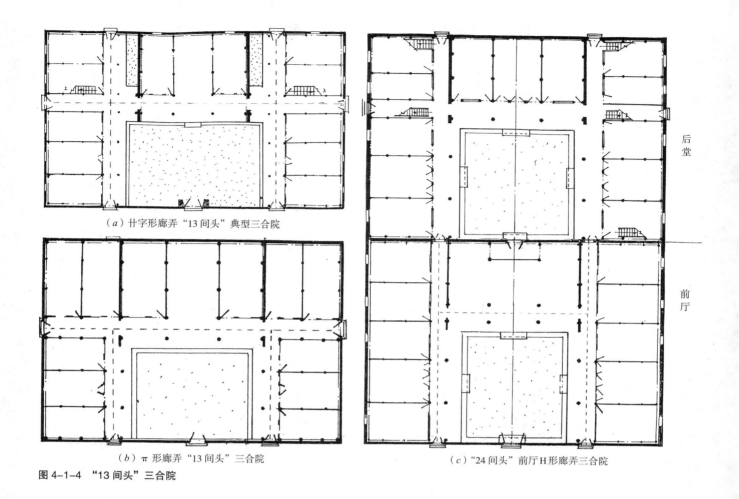

（a）廿字形廊弄"13间头"典型三合院

（b）π形廊弄"13间头"三合院

（c）"24间头"前厅H形廊弄三合院

后堂

前厅

图4-1-4　"13间头"三合院

也叫两侧的为横门、水门，后壁面的为后门），阶沿与弄堂相连构成"廿"字形。因是13间屋组成，俗称"13间头"。它既是典型（标准）三合院，又是群落组合的基本模块，也是婺州的特色建筑形式（图4-1-4a）。把两个典型"13间头"三合院纵向组合成前厅后堂的形式，就成为井字形廊弄（如后图4-1-7）；另有一种布局形式是只设"13间头"三合院两侧的弄堂门，不设后门，构成"π"形廊弄（图4-1-4b）；还有一种形式是只设大台门、小台门和后门，不设左右两侧弄堂门，形成三间正屋，两侧各五间厢屋的布局，阶沿与弄堂形成"H"形，这一形式多用于前厅后堂组合的前厅（图4-1-4c）。

五、"9间头"、"11间头"三合院

"9间头"即在"13间头"布局的基础上，两厢屋各减去两间的布局（图4-1-5a）。采取此类型布局多因：一是受地基限制；二是经济实力有限，无力一步建成"13间头"，而采取先建七间或九间，第二步再完成"13间头"；三是家庭人口及成员结构简单，不必太多间数的屋子（婺州人的风水观中有"丁口少，住宅大，人气不足，压不住宅气，不吉"的说法，一般认为平均每人1~1.5间屋，约4方丈，折合公制约30平方米为宜）。"11间头"三合院，即在"13间头"布局的基础上，两厢各减去一间的布局，是多因地基条件限制而采取的形式（图4-1-5b）。

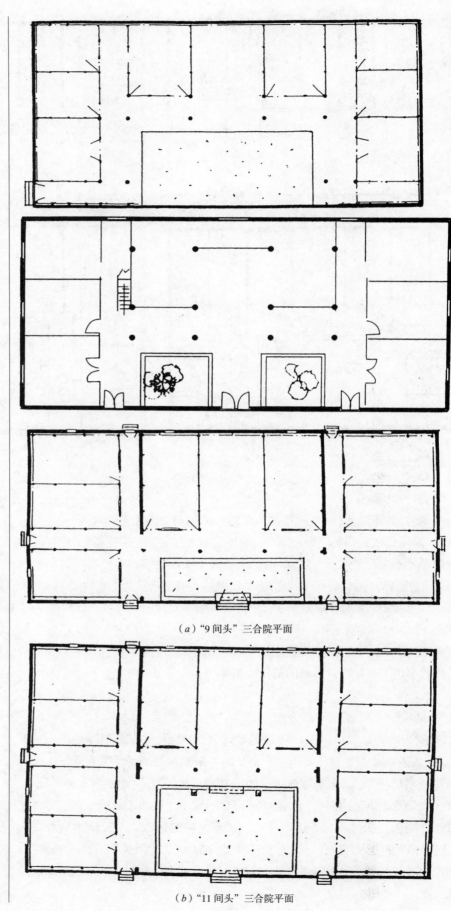

（a）"9间头"三合院平面

图4-1-5 "9间头"、"11间头"三合院

034

（b）"11间头"三合院平面

六、"18间头"四合院

它是在"13间头"三合院基础上，再增加5间倒座房，其正中一间为大门厅通道，构成一个明塘广阔方正的四合院（图4-1-6）。

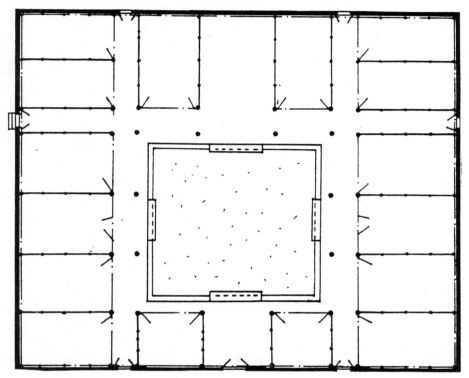

图4-1-6 "18间头"四合院

七、"24间头"前厅后堂

"24间头"单体建筑的典型实例（图4-1-7）。它是以两个"13间头"纵向组合而成，前院仍是三合院，后院成为四合院的单体建筑。实际是两个"13间头"三合院串接共26间屋的平面，因为这种组合常把前院的三间正屋作为正厅使用，婺州地区的正厅习惯上不作构接（俗称，即不作隔断装修），形成三间敞开的大厅，婺州人就把这三开间的大厅当作一间计算，所以俗称之为"24间头"。它是由两个"13间头"单体三合院串接而成，其正面体量与"13间头"完全一样，并不算太大，而且很普遍，所以习惯上仍把它视为单体建筑，而把"13间头"带双跨院的"25间头"和三个"13间头"以上纵向或横向组合的大院落称为群落建筑。

八、其他非典型平面布局

（一）改良型"13间头"实例（图4-1-8）

（二）"5间头"纵向组合院（图4-1-9）

（三）"披屋"、"小屋"

披屋是利用正式楼屋的一侧山墙或后檐墙外侧的边角余基，贴靠于正式楼屋而建的非正规建筑。因它是单层单坡的附属性建筑，俗称为"披屋"（图4-1-10a），一般用作厨房、杂物库、厕所、牛栏猪圈等。用作厨房、杂物库、

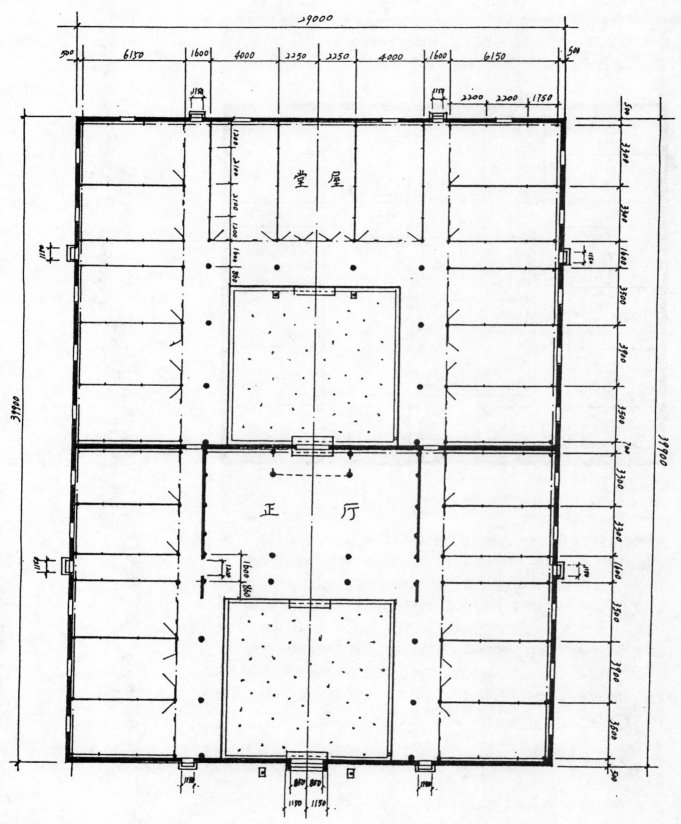

图 4-1-7 "24 间头"前厅后堂

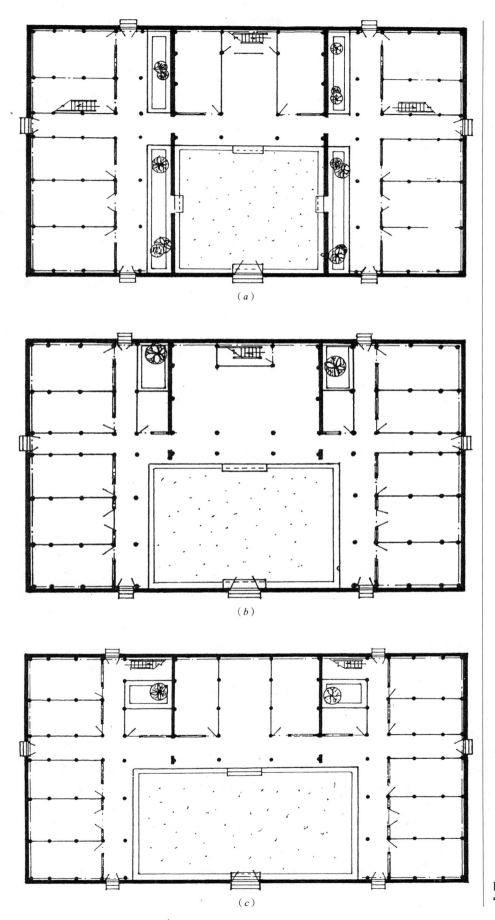

（a）

（b）

（c）

图4-1-8 非典型布局实例之一改良型"13间头"（一）

图 4-1-8 非典型布局实例之一改良型"13 间头"(二)

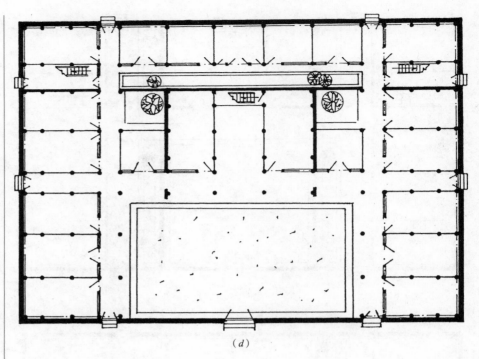

(d)

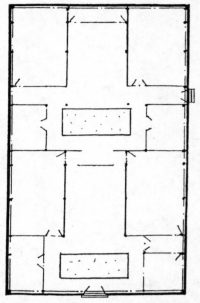

图 4-1-9 非典型实例之二"5 间头"纵向组合

畜舍的多为青瓦顶泥墙或砖墙；用作厕所的称之为"厕缸披"的墙和顶，也有不用瓦而全用稻草编的茅苦。"小屋"是利用建筑侧后方的边角余基、村落周边或田间地头所建的单层两坡泥墙瓦顶，面积约 20 平方米左右的小型屋，俗称"小屋"(图 4-1-10b)。一般只在筑墙时预留一个小窗口和门洞，供采光和出入，多不安装门扇。通常，在村边屋后的多用作积肥和厕所，在田间地头的多作积肥、烧灰土农肥和田间作业时存放农具、休息、避雨之所。

图 4-1-10 "披屋"、"小屋"实例

(a) 披屋

(b) 小屋

第二节 群落建筑平面布局类型

婺州传统民居建筑的基础平面是三间，单体建筑是三间的组合，群落建筑通常以 3 间头、5 间头、7 间头、9 间头、11 间头、"13 间头"三合院进行横向、纵向、双向组合。

一、横向组合实例

横向组合程序如图 4-2-1 所示。典型实例如：

（一）"25 间头"实例

东阳千祥镇隔塘村的"25 间头"，由一个完整的"13 间头"三合院坐中，两侧各增加一个 6 间屋的小天井院构成（图 4-2-1b）。

（二）"29 间头"实例（图 4-2-1c）

东阳南马镇船埠头村"九退头"的中进、后进均属此结构布局，即中间设计一个完整的"13 间头"三合院，左右两侧各安排一个"13 间头"减去一厢的三合院。其特点是两侧虽为跨院，但其明塘仍与中路的一样宽大方正，有利

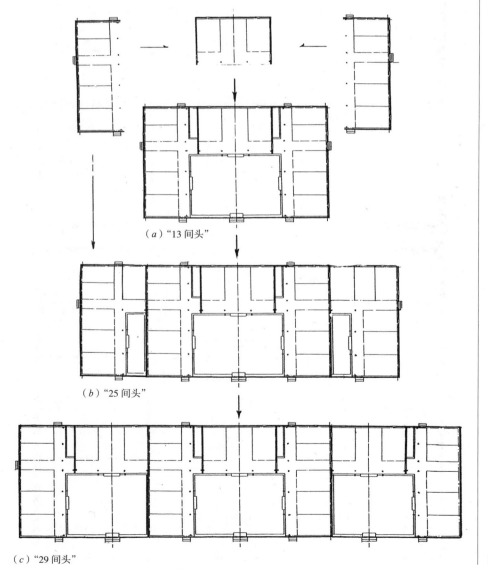

（a）"13 间头"

（b）"25 间头"

（c）"29 间头"

图 4-2-1 横向组合实例

于"洞头屋"的采光、通风、换气。

二、纵向组合实例

（一）前厅后堂三进式实例

上新屋"三槐堂"（图4-2-2），前厅设一斗三升斗栱，梁枋全部木雕装修，建成于清雍正五年（1727年）。

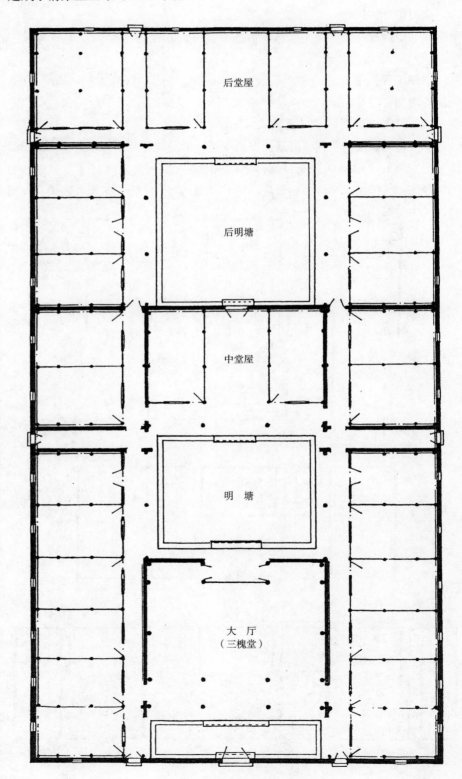

图4-2-2 前厅后堂三进组合实例

（二）前厅后堂四进式实例

马上桥"一经堂"（图4-2-3），建筑占地三亩，是充分合理使用边角宅基地的典范，建成于清道光十一年（1831年），建造者吕富进是村中巨富。全宅行木、砖、石三雕并墨画，用料做工（方言，指工艺）都十分讲究，尤其是木雕工艺更为突出。以多层镂雕的狮、鹿雕牛腿和以三国故事人物为题材的牛腿、琴枋、刊头、门窗槁扇等的雕刻用工均在百工以上，故称"百工牛腿"、"百工窗"。整个建筑的檐廊、轩顶、门窗等雕饰的题材鲜明，工艺精湛，活灵活现，栩栩如生，是东阳著名"花厅"，也是清中后期东阳建筑木雕的代表作，现为浙江省文物保护建筑。

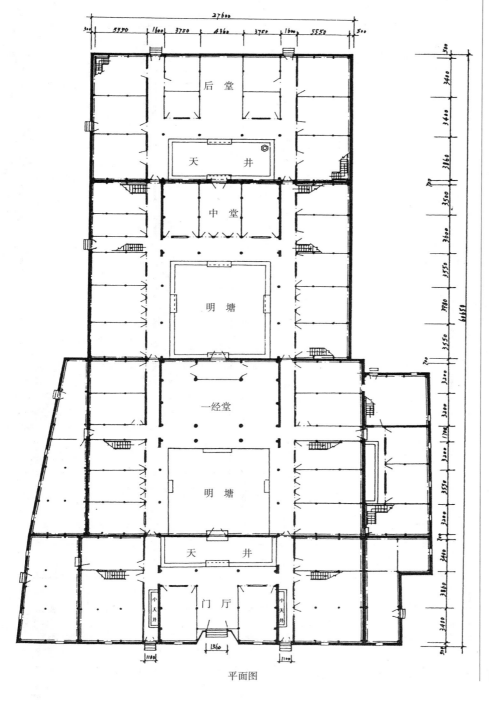

平面图

图4-2-3 前厅后堂四进组合实例

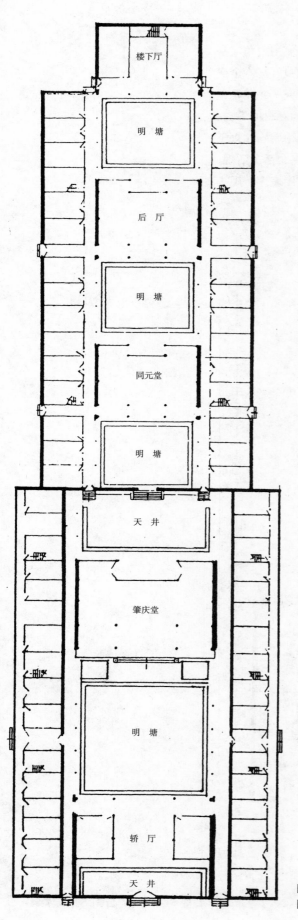

（三）前厅后堂五进式实例

后周"肇庆堂"（图4-2-4），布局严谨对称。

（四）前厅后堂六进式实例

紫薇山"尚书第"（图4-2-5）与"将军第"、"大夫第"三座并连，是许弘纲、许弘纪、许弘纶兄弟三人的宅第，同为明代天启年间（1621~1627年）建筑，正厅"诒燕堂"的山楄为磨砖仿木结构，做工精致细腻，梁枋施三色彩画，现为浙江省文物保护建筑。

（五）前厅后堂七进式实例

巍山镇白坦村吴宅（图4-2-6）。

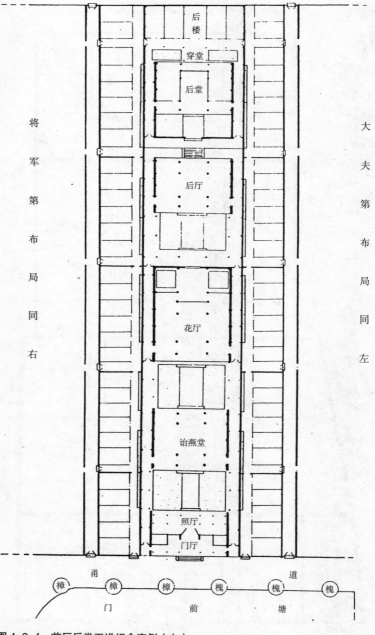

图4-2-4　前厅后堂五进组合实例（左）

图4-2-5　前厅后堂六进组合实例（右）

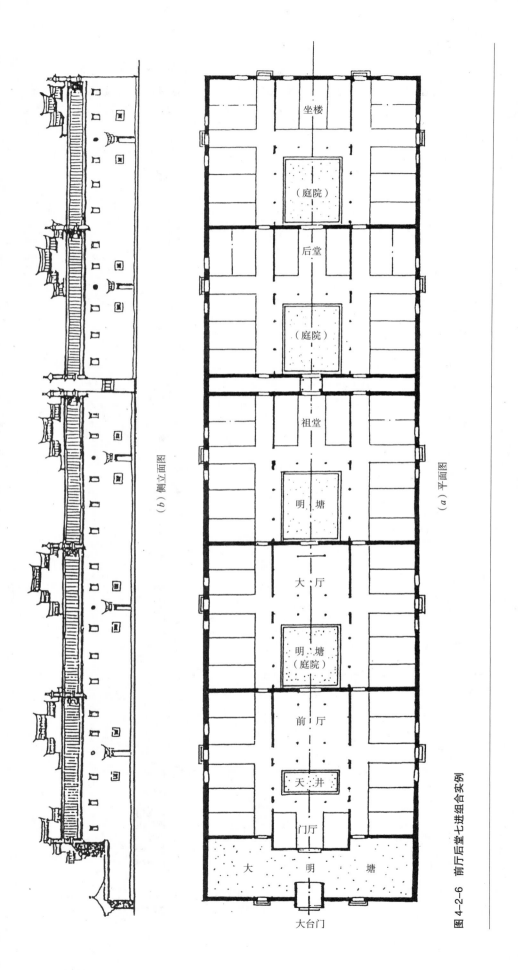

（b）侧立面图

（a）平面图

坐楼

（庭院）

后堂

（庭院）

祖堂

明 塘

大 厅

明 塘
（庭院）

前 厅

天 井

门厅

大 明 塘

大台门

图 4-2-6 前厅后堂七进组合实例

（六）前厅后堂九进式实例

卢宅"肃雍堂"（图4-2-7），是中国古代民间住宅中进数最多、纵轴最长、院落最大、结构最特殊的一座建筑，故有人称："北有故宫，南有肃雍。"前者是皇家宫廷建筑，后者是臣民府第建筑。民间府第建筑作九进设计，为国内乃至东方独一无二，现为国家级重点文物保护建筑。

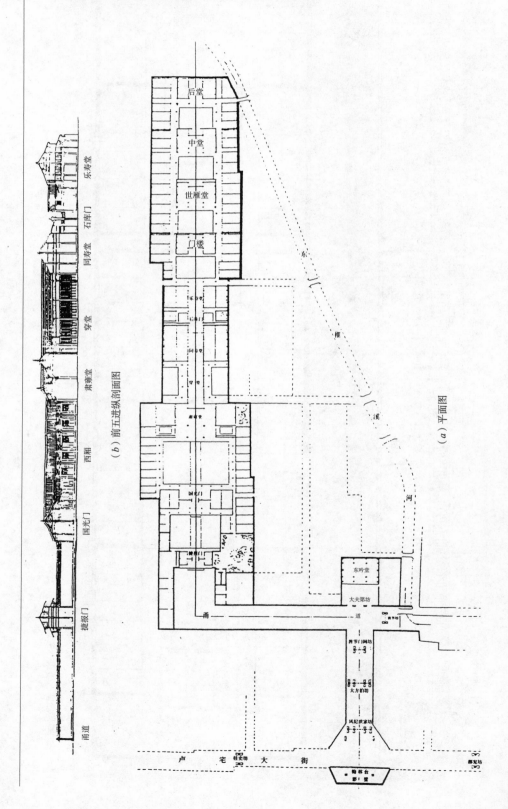

图4-2-7　前厅后堂九进组合实例

（七）前厅后堂四进式非典型布局特例

张宅村大厅（图4-2-8），其平面布局独具匠心，富有花园式气息。

（八）"7间头"与"13间头"前后组合实例

马宅镇七秩塘村陈宅（图4-2-9）。

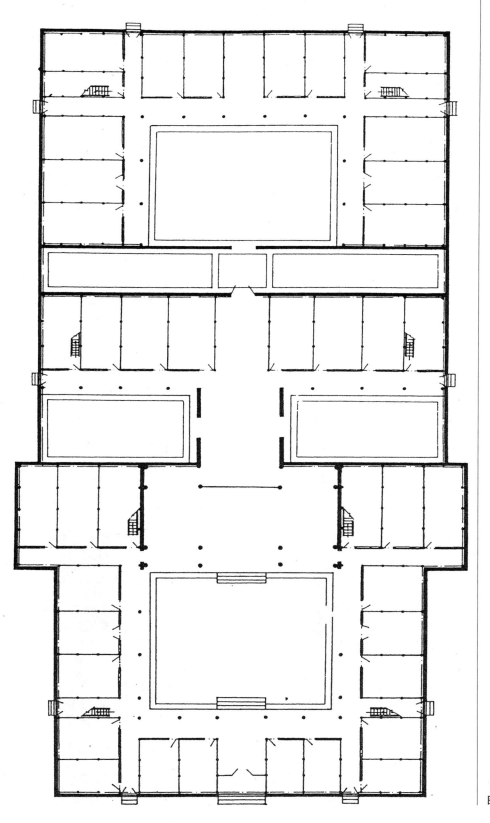

图4-2-8 前厅后堂四进式非典型特例

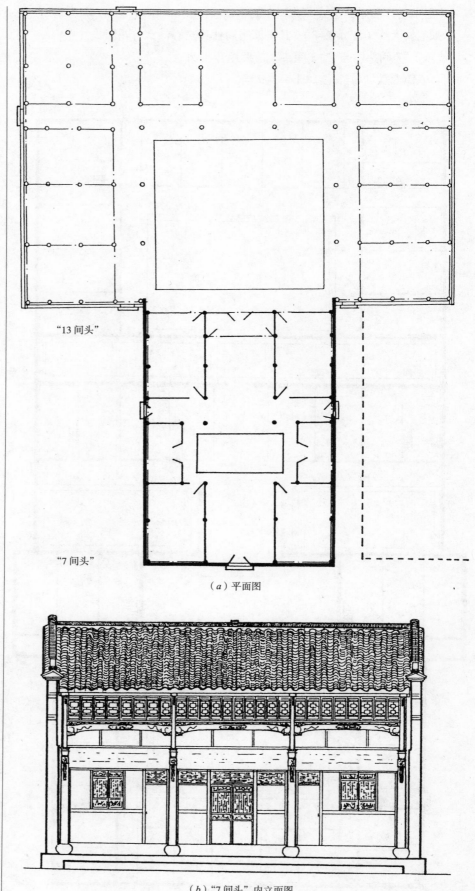

"13间头"

"7间头"

（a）平面图

图4-2-9 "7间头"与"13间头"组合实例（一）

（b）"7间头"内立面图

（c）"7 间头"正立面图

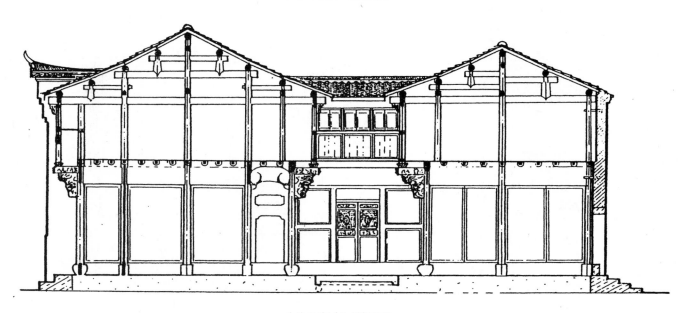

（d）"7 间头"纵剖面图

三、双向组合实例

（一）务本堂

由"务本堂"坐中轴，两侧有"菊壮厅"、"三立堂"等三套前厅后堂，6 个"13 间头"三合院组成，布局严谨对称，尤为中路结构新艳，门厅华丽，雕刻精细，独具匠心（图 4-2-10）。门窗隔扇、牛腿多为"百工件"，即每扇窗、每只牛腿的雕刻用工达百工之多。建筑为清道光年间的官吏宅第，也是婺州传统民居顶峰时期的代表作之一。

（二）八面厅

原由长廊式花厅、门厅、正厅、后堂构成中轴和两侧各配一厅一堂的跨院共 8 个厅堂组合而成，故名"八面厅"。清嘉庆元年（1796 年）动工修建，历时 17 年建成，总面积约 2500 平方米。精湛的雕刻艺术独领风骚，尤以木雕为最。整座建筑布满雕刻，内容极为丰富，均以历史人物故事和吉祥福禄寿等为

图 4-2-9 "7 间头"与"13 间头"组合实例（二）

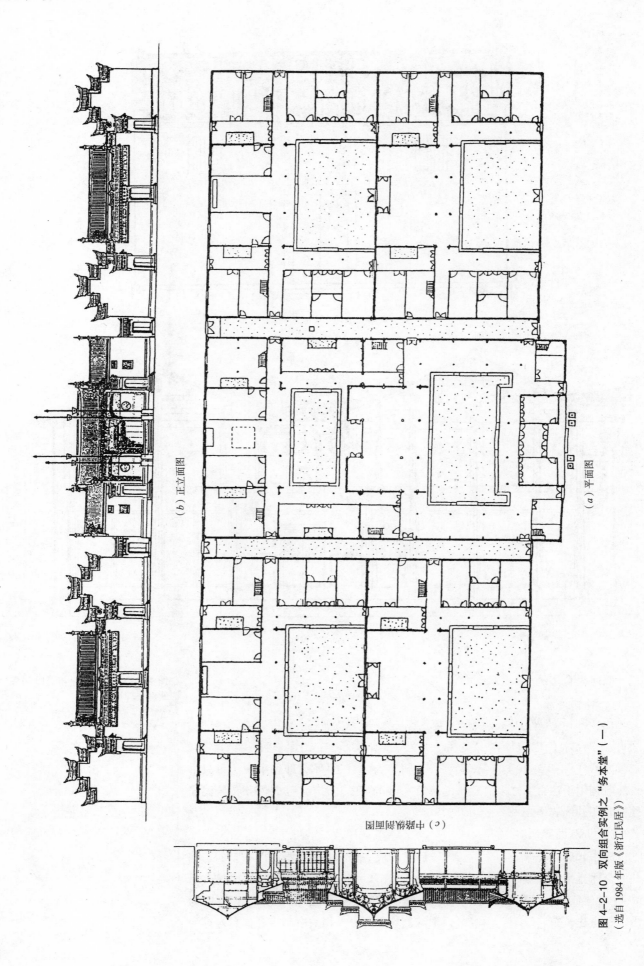

（b）正立面图

（a）平面图

（c）中路剖面图

图 4-2-10　双向组合实例之 "务本堂"（一）

（选自 1984 年版《浙江民居》）

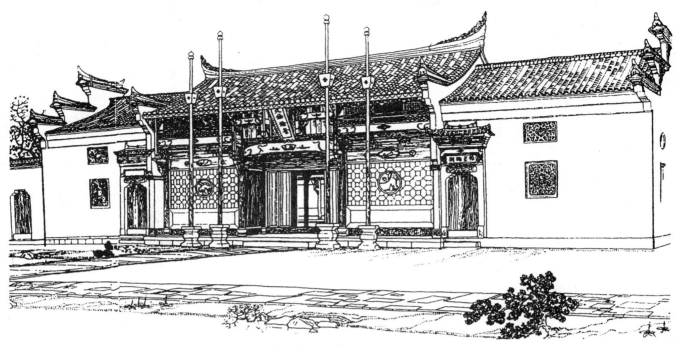

（d）白坦"务本堂"门厅外观透视

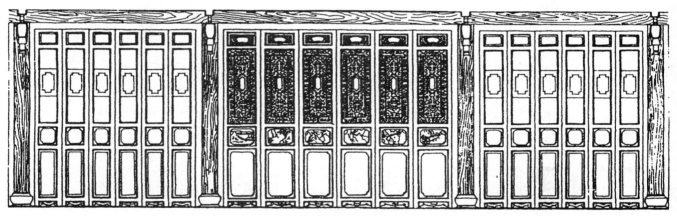

（e）白坦"务本堂"槅扇

（f）正厅外观

（g）槅扇

（h）白坦"务本堂"正面旧照

图 4-2-10 双向组合实例之"务本堂"（二）
（选自 1984 年版《浙江民居》）

题材与动植物、山水图画等相配合。雕刻技法娴熟精丽，各种雕法无不具备。已故文物古建筑专家罗哲文先生说："进入厅来，好似来到了一座古建筑雕刻艺术的博物馆，琳琅满目，美不胜收。"长廊花厅于咸丰十一年（1861年）十月二十二日被太平军焚毁，其余整体保护完好（图4-2-11）。2001年6月25日，经国务院批准公布为全国重点文物保护单位。

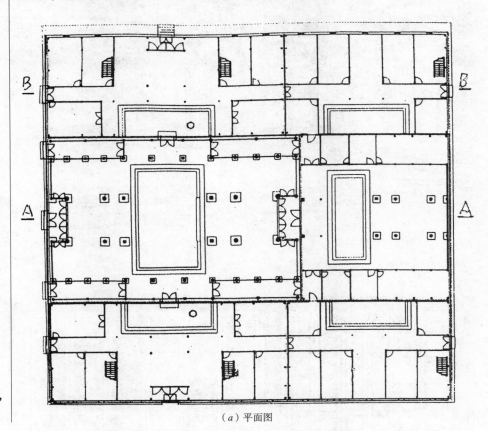

图 4-2-11 双向组合实例之"八面厅"（一）

（a）平面图

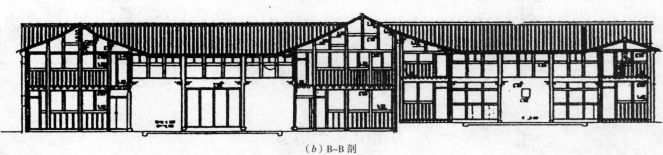

（b）B-B 剖

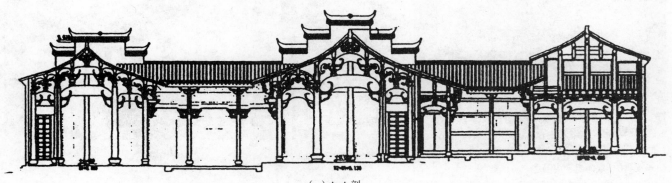

（c）A-A 剖

（d）义乌黄山八面厅庭廊

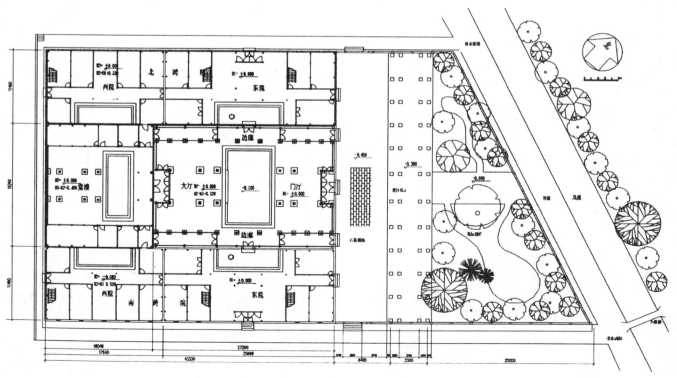

（e）原始建筑平面布局

图 4-2-11　双向组合实例之"八面厅"（二）

（三）德润堂

三纵两横轴共 6 个大院、8 个小天井、大小房屋 81 间、一座影壁的组合体，誉称"千柱落地"（图 4-2-12）。清咸丰九年（1859 年）竣工，据传是历时十年建成的。

（四）九退头

由 6 个四合院 3 个三合院组成（图 4-2-13），是清中期建筑。

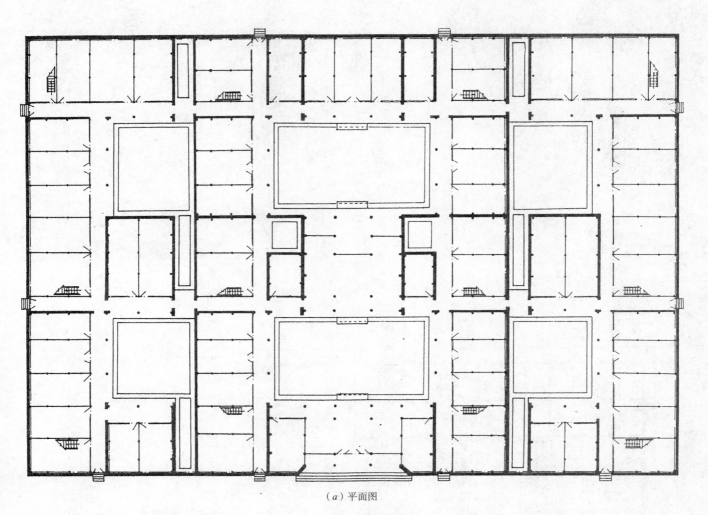

（a）平面图

（b）正视　　　　　　　　　　　　（c）后视　　　　　　　　　　　　（d）五层马头墙

图 4-2-12　双向组合实例之"德润堂"

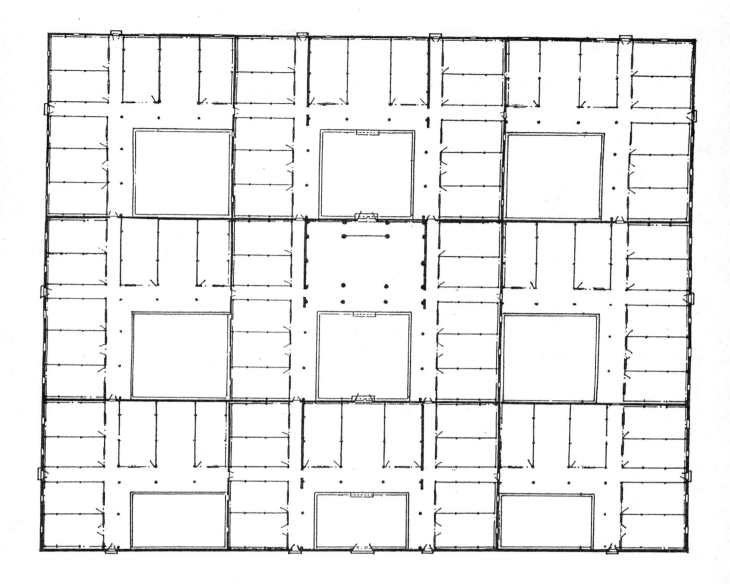

图 4-2-13 双向组合实例之"九退头"

（五）位育堂

由五纵五横轴构成的规正大院,通称"八面厅","位育堂"是其正厅的堂号。建筑纵向总长 38.88 丈（108 米）,横向总宽 32 丈（89 米）。中轴五进,两侧前厅后堂各三套,前有影壁,左右及后面均有一排围护屋,周有一丈多高的围墙,占地面积达 20 亩（图 4-2-14）,有厅堂、住舍等共 209 间,大小明塘天井 45 个,影壁两座,塘一口,水井两眼。西水东流的内外排水系统合理完善。正厅为五开间复水脊结构。建成于清乾隆十一年（1746 年）,建造者程用祁既无功名又无官职,是一个普通的布衣乡民。所以说,位育堂是一座名副其实的民宅,而非官府宅,但其规模气魄、设计水平是非一般府第建筑所能比的。笔者曾三次实地考察,并亲手测绘了位育堂的平面及梁架结构,随后又调查了全国各地的大型民宅进行对比。对比结果认为:位育堂"外似城邑,内若公堂,实为民宅,国内罕见,不愧为中华大地第一民宅"。

（六）"3 间头"至"13 间头"组合群落建筑实例之东阳十字街花园里和义乌佛堂倍磊村（图 4-2-15）。

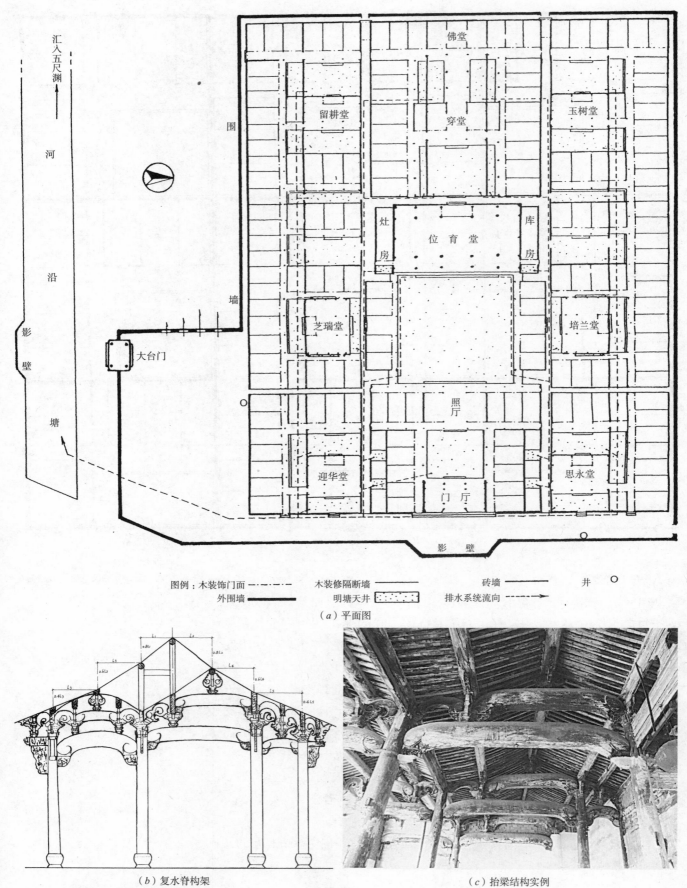

图例：木装饰门面 ——— 木装修隔断墙 ——— 砖墙 ——— 井 ○
外围墙 ——— 明塘天井 ▨ 排水系统流向 ----→

（a）平面图

（b）复水脊构架　　　　　　　　　　（c）抬梁结构实例

图 4-2-14　双向组合实例之"位育堂"

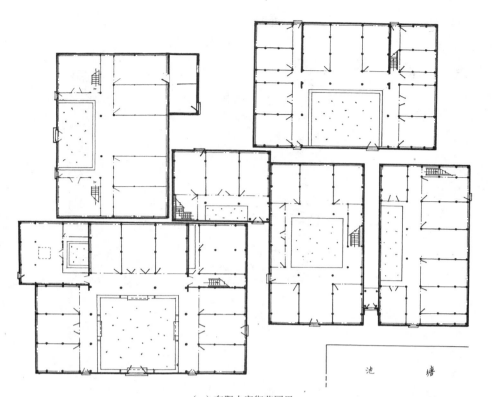

图 4-2-15 "3 间头"~"13 间头"组合
之群落建筑实例（一）

池　塘

（a）东阳十字街花园里

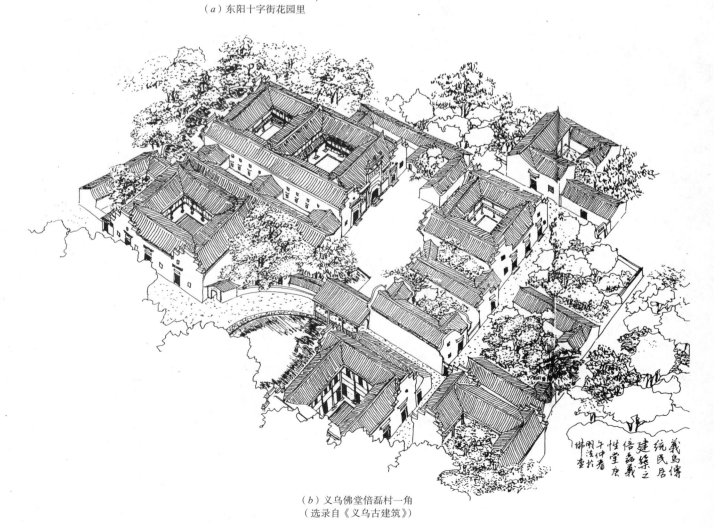

义
乌
传
统
民
居

建
筑
之
佳
箦

倍
磊
义

性
堂
庚

午
申
看

明
法
松

佛
堂
奎

（b）义乌佛堂倍磊村一角
（选录自《义乌古建筑》）

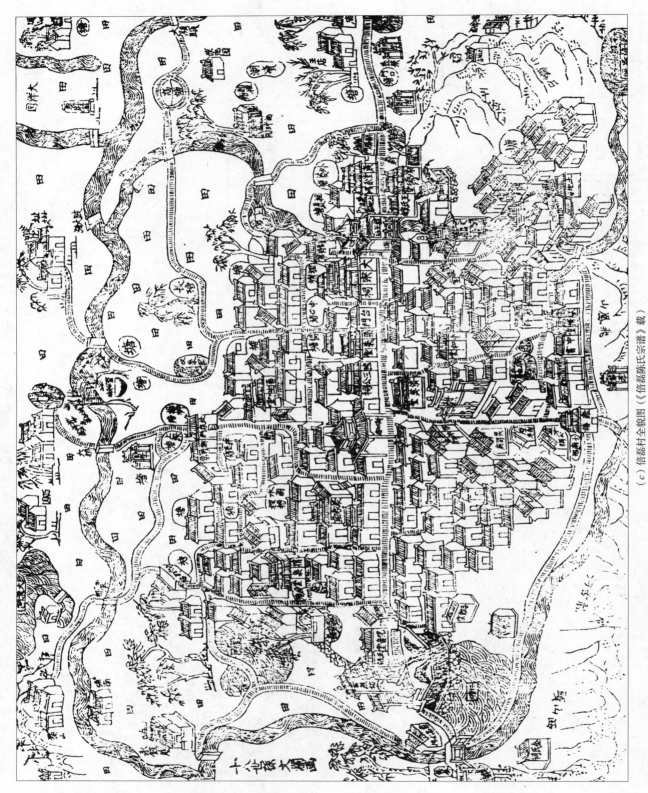

图 4-2-15　"3间头"～"13间头"组合之群落建筑实例（二）

（c）倍磊村全貌图（《倍磊陈氏宗谱》载）

（选录自《义乌古建筑》）

四、宗祠平面布局实例

（一）大型宗祠实例（图4-2-16）

*a*李宅大祠堂；*b*浦江郑义门。

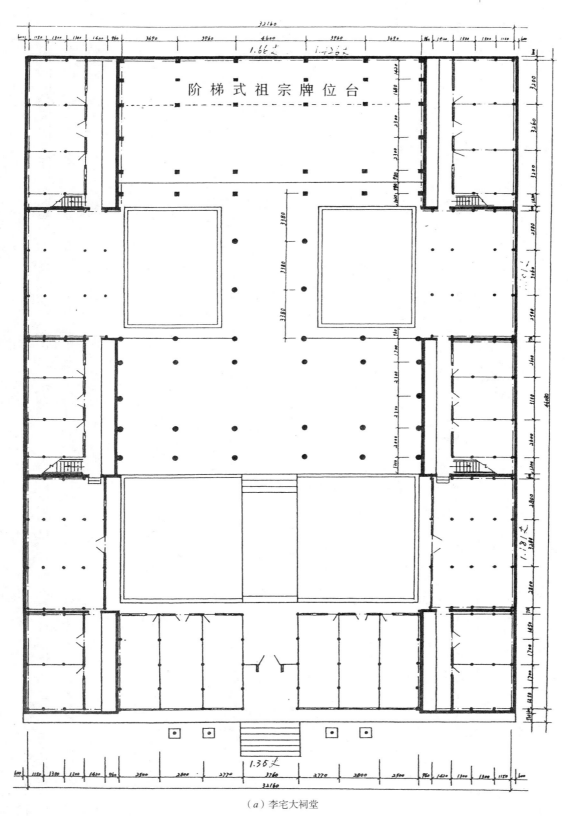

（*a*）李宅大祠堂

图4-2-16　大型宗祠平面布局实例（一）

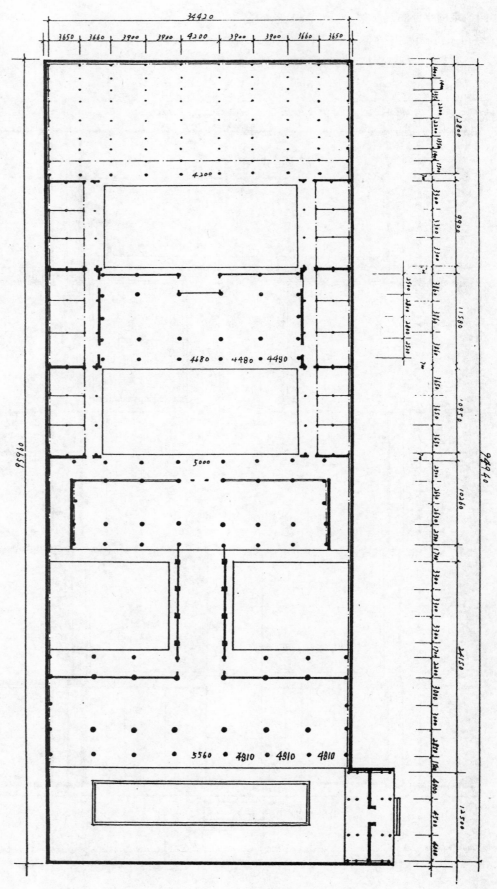

图 4-2-16 大型宗祠平面布局实例（二）　　　　　　　　（b）浦江郑义门

（二）中型宗祠实例（图4-2-17）

a 下东陈陈氏宗祠；*b* 船埠头金氏大宗祠；*c* 义乌佛堂友龙公祠。

（三）小型祠堂实例（图4-2-18）

a 二进式小型宗祠；*b* 家庙式小祠堂。

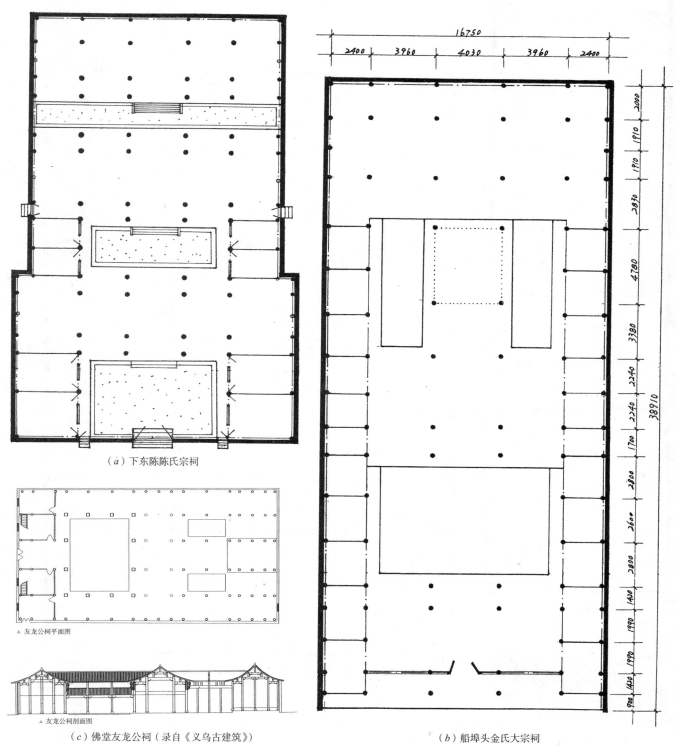

（*a*）下东陈陈氏宗祠

⊥ 友龙公祠平面图

⊥ 友龙公祠剖面图

（*c*）佛堂友龙公祠（录自《义乌古建筑》）

（*b*）船埠头金氏大宗祠

图4-2-17　中型宗祠平面布局实例

五、特殊风水轴线平面布局实例

（一）大门偏轴偏向（图 4-2-19）

南马鸿运楼。

（二）中轴三折风水门（图 4-2-20）

长乐大新屋。

（a）二进式小祠堂

（b）家庙式小祠堂

（c）家庙式小祠堂实例

图 4-2-18　小型宗祠平面布局实例

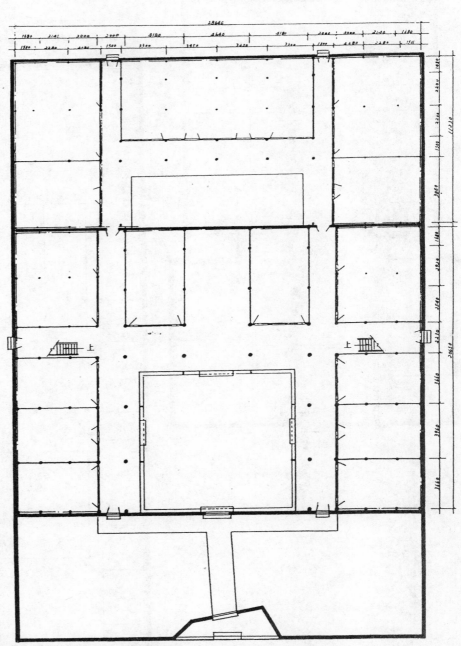

图 4-2-19　特殊风水轴线平面布局之一（南马鸿运楼）

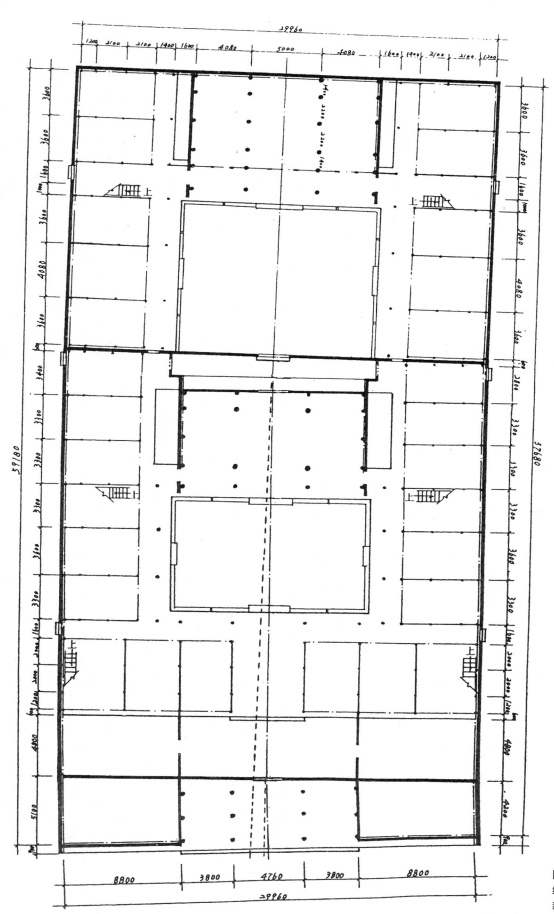

图 4-2-20　特殊风水轴线平面布局之二（长乐大新屋）

第三节 村落建筑平面布局

婺州人，氏族观念浓厚，素来氏族聚居，一家一户的所谓"独份农家"十分罕见。农村一般都是几十户至一千来户，乡镇机关所在地则有三千多户的。习惯上称户数为"烟灶"，如某村有八百多户，则称为有八百多烟灶。村落绝大多数是同姓同族，以宗祠（总祠堂、大祠堂）为向心，分祠、支祠（小祠堂）及厅堂为支轴，向四周布局住宅。很多村以姓氏为村名，如诸葛村、孔村、卢宅、郭宅、吴店、罗店、陈庄、李坑、黄田畈、王宅基、张山坞等。极少数多姓氏居住的村落，也是隔溪、隔巷而居，以河东、河西、东湖、南湖，前宅、后宅，上台门、下台门，上半处、下半处，上街头、下街头等区分之。

一、村落选址

婺州地区的村落，平原区多分布于沿江溪两岸、交通便捷之处，山区多分布于山间台地及冲积地内侧。无论平原还是山区，选择村址时都讲究风水（自然环境）。婺州人在营建方面所讲的风水，应该说，受那些夹杂迷信色彩的所谓"风水"的影响比较少，主流是纯正古朴的远古的风水观，应该说是科学的，是与现代术语所称的"居住环境学"、"建筑环境学"或"人类生存自然环境学"理论是一致的，都是使人健康致富，家族兴旺，福禄寿全之本。它的基本精神如下：

（一）充分利用自然环境

选择依山傍水、植被繁茂、田地肥沃、避寒向阳、空气流畅、出入方便的地方住居。

（二）积极创造理想环境

自然界中百分之百理想的风水宝地很难找到，只能选择相对理想的地点，适当加以改造完善，创造理想的宜居环境。譬如：采取改良局部地貌、疏导水道、修筑堤坝、挖塘蓄水、开渠引水、穿村绕流、栽种树木、造桥修庙的方式，造就一个理想的宜居环境。按本土方言讲，就是"前有照（屏），后有靠"（山或茂林）。村前方平远，有景可借（如笔架山、鸡冠山、纱帽山、狮子山、麒麟山、元宝山），村后有山峦或树林遮蔽，以在村后水口外只见密林，不见房屋为最佳。婺州的大小村落，特别是名门望族的村落（如兰溪诸葛村、义乌小黄山、东阳卢宅、紫薇山、武义俞源、永康的后吴等），几乎是无一例外，都符合这些环境条件。在这样的好环境中生存生活，自然心气舒畅，精力充沛，少病少灾，健康长寿，人丁兴旺，经济富足，文教发达，仕途亨通，必定是"人才辈出名人多，经济富足生活好，福寿康宁春常在，男女老少笑颜开"的村落。

二、村落布局与空间功能

婺州的村落，由若干个以"3间头"至"13间头"和前厅后堂式"24间头"等单体建筑组合的建筑群落构成，构成形式因地制宜，视地周边环境条件灵活设计布局。除住宅外，更有不同功能的宗祠、厅堂、庙阁、桥亭、池塘、大小广场、街衢巷弄等公共空间及活动场所。

（一）宗祠

宗祠即祠堂，题额书写多用"宗祠"二字，如"某氏宗祠"，语言称谓通常为"祠堂",也有称"家庙"的,是供奉祖宗牌位(俗称木主,即木制的祖宗灵位,上书祖宗的姓名字讳、辈分排行、生卒年月日时辰)、祭祀祖先、宗族集会、族内议事、执行族规、开办义学之所,属宗族公共(方言称"祥聚"或"常竖"音)财产,分大、中、小三种类型。大型的一般为三或五开间的三进建筑,雕饰精细;中型的多为三开间的二至三进建筑,雕饰也很讲究;小型的多为三开间的二进或一进建筑,雕饰及用材都不及大、中型宗祠。另外,还有一种称为"节祠"或"女祠"的,是为褒奖贞节女子,奉朝廷圣旨而建的祠堂,因为它是奉旨而建的褒奖性建筑,地位特殊,所以用材、雕饰都比较讲究。宗祠一般独立于村落的西侧(民间认为鬼神的极乐世界在西方)或风水口的下方向,也有位于村落中心部位的(大多是村落原始建筑,经长期发展,村落建筑不断扩大所形成)。建筑均为三至五开间彻上露明造(高相当于二层楼住宅或更高一二尺),多数是三进布局,设前殿、拜殿、享殿。大、中型宗祠多有固定或活动戏台(图4-3-1),供祭祀或节日演戏用。享殿的后部设置阶梯式神台或神龛,由上而下,由中间向左右两侧按辈分、排行供奉本宗祠所属亡故成年人(满15周岁者)的牌位(图4-3-2)。始建本宗祠的祖先(俗称祖太公、祖太婆)牌位供奉在最上层的正中位置。神台前设置神案(也称香案、供桌),供祭祀时摆放"五供"(香炉一个、蜡台两个、花瓶两个)和祭祀香纸、食品等。院内多植桂树和柏树,寓意"及第折桂"和"长青延年"。宗祠多有宗族的公共地产,出租地产收取地租。婺州地区白蚁较多,许多望族村落的大型宗祠为防白蚁而整个建筑采用石柱,并在石柱上精雕或制黑底金字的真漆楹联,其中的典型如东阳雅坑的张氏宗祠,前后三进带穿堂、厢屋,屋宇式八字门厅三明四暗、正厅后厅均为五开间,全祠80根柱子全部采用石柱,四周靠墙柱是方柱,其余均为圆柱,象征"天圆地方"。80根柱子中雕刻着30副(60条)楹联。祠堂文化是社会文化的一部分,是家族文化的渊薮,其祠联、祠诗、祖训、祖诫、家规、祭规、社约等均为祠堂文化的集中体现。宗祠楹联虽为短制,却多妙文,寥寥数字中有宗族历史、家族辉煌、祖宗功德、理想情操,词约而境丰。并不多见的祠诗,犹如一幅幅山水画,展现秀美风光、先贤情怀。各族皆有的训、诫、规、约,无疑是千百年来的民间法律,起到规范族人行为的作用,也为社会训教育人、培养美德作出了贡献。兹辑录数则,以觇其概(详见附录[2]九)。

（二）厅

前厅后堂建筑的前厅正屋,为住宅内之公共活动场所,是族内房系分支的集会、议事、婚礼、寿庆、设办义学之所,建筑也为彻上露明造,雕饰精致(图4-3-3a)。虽为一层建筑,但高于二层住宅,其檐口高度略高于厢楼之上檐口8寸至1尺。通常是三间或五间均敞开(图4-3-3b),不做门面(槅扇门窗)和隔间(隔断)构接(装修)。中央间(明间)的后大步(后金柱)间安装4扇或6扇屏门(也叫太师壁),平时关闭似屏,节日时悬挂祖宗遗像(太公太婆的全身坐姿彩色画像,如图4-3-4所示),当婚丧喜事、迎接贵宾需与后堂贯通时,打开正中屏门扇(图4-3-5a)或将屏门扇拆卸之。中央间左右两槅的后大步与后小步(后檐柱)间各安装双扇屏门(也叫侧屏门、侧门,如图4-3-5b所示),以供平时与后堂庭院通行。

（三）堂

堂通常叫"堂屋",是单体建筑内的公共空间,位于正屋中央间楼下的俗

（a）戏台

（b）藻井

图4-3-1　戏台

（a）神台（龛）

（b）香案

图4-3-2　寝殿设施

（a）梁架

（b）正门

（c）中厅

图 4-3-3　厅堂纵观

图 4-3-4　祖宗画像

（a）正屏门开启

（b）侧屏门开启

图 4-3-5　厅堂屏门

（a）

（b）

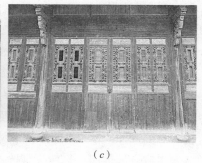

（c）

图 4-3-6　堂屋槅扇门

称"堂屋"，位于左右厢屋中央间楼下的俗称"小堂屋"，一般都作客厅使用。堂屋是办理婚丧喜事时，举行婚庆仪式、丧葬道场和请客设宴之处，也是逢年过节时悬挂祖宗遗像、祭祀祖宗之所。独家独院居住时，一般都是不安装门面，敞开作客厅使用（图 4-3-6a）；也有在前大步（前金柱）间安装 6 扇可拆卸的槅扇门（图 4-3-6b、图 4-3-6c），后大步间安装屏壁（太师壁），壁后安装楼梯的。若是几家聚居的院落，则堂屋是摆放稻桶、犁、耙、风车、石磨、石臼、织机

（a）堂顶藻井

（a）四扇槅扇门式

（b）堂上走马廊

图 4-3-7　堂中藻井

（b）槅扇门窗式

图 4-3-8　小堂屋槅扇门

等公共农具、用具的公用场所。婚庆宴席等礼仪需要时临时移空，礼仪毕恢复。有的堂屋在四大步（金柱）间的中央楼板开一个约 8 尺见方的孔，楼上四周设雕花栏走马廊，楼顶设藻井，雕制精巧，俗称"鸡笼结顶"，即"金龙吉顶"、"见龙吉顶"之方言谐音。东阳白坦村"务本堂"的后堂屋就是此结构的实例（图 4-3-7）。"小堂屋"一般都安装 6 扇或 4 扇槅扇门，大多数是安装槅扇门窗（图 4-3-8b），作为厢屋主人的起居会客厅。

（四）廊

廊包含着走廊（俗称阶沿，即正屋、厢屋的前檐廊）和弄堂（正屋、厢屋与洞头屋之间的通道），是沟通宅院内外的交通线。阶沿也是聊天、交流、玩耍、休息、夏天纳凉、冬天晒太阳和从事家庭手工艺、副业生产的场所，同时，也是木雕装饰的重点部位，门窗槅扇、廊轩、牛腿是婺州传统民居装饰的重中之重，特别是牛腿，更视为画龙点睛之处（图 4-3-9）。

（五）明塘天井

宅内露天之空场，即建筑界通称之"庭院"。婺州地区一般不称庭院，而惯称边长三开间以上的方形庭院为"明塘"[注1]，称宽约一间、长一至三开间的窄长小院为"天井"。明塘给住宅带来宽敞明亮的空间效果，也是宅内排水和娱乐的地方。孩子们玩耍、习武练拳、节日迎"板凳龙灯"、婚嫁时摆放嫁妆和晾晒火腿等都在此处，所以明塘内一般不栽种大树，只摆盆花（图 4-3-10）。小天井的设置主要为洞头屋或披屋提供采光、通风、换气、排水和

[注1] 查考史志有关"堂"的定义：《说文解字》释："堂，殿也。"《辞源》："古代帝王宣明政教的地方。"《史记·天官》书："东宫苍龙，房、心。""心为明堂。天王布政之宫"。又指人体经络，谓针灸穴位之图为明堂图。《考工记·匠人》："室内度以几，堂上度以筵"，"周人明堂，度九尺之筵，东西九筵，南北七筵"。以上所指"明堂"都应理解是指室内堂上、厅堂、殿堂，而非无檐无帷之露天场院。

关于"庭院"名称：庭院应该说是由古之"中霤"引申来的，即建筑物中露天的部位，上为中霤，下为庭院。有大、中、小不同类型，人们惯称狭长的小庭院为"天井"，称较为方广的庭院为"明堂"、"明塘"、"门堂"、"道坛"、"大院"、"院子"等，各地不同。婺州方言"明"与"门"同音，"堂"与"塘"同音，所以明堂、明塘、门堂、门塘四者难以区分，书写时也不统一。从中国传统习惯讲，"堂"应属于檐内建筑范畴，如民间住宅"一堂两室"制中的"堂屋"（明间）、"天子坐明堂"的"明堂"都是指檐内建筑，礼仪重地。同时，庭院都低于阶沿石（台明石），备以雨天临时积聚四檐流下之水，有类似水塘之功能。塘在《辞源》和《辞海》中的解释：一是堤，二是水池，古时圆的叫池，方的称塘。婺州方言，通称宽约一开间、长约一开间至三开间的狭小院子为"天井"，称大于此的方院子为"明塘"（或说"门塘"），称厅堂"照墙"外的空场子为"厅明塘"、"大明塘"或"地簟基"（晒谷场），而没有称"庭院"的习惯。综上可见，把庭院称"塘"比称"堂"更准确。同时，为了与祭祀礼仪之"明堂"和客家的"门堂屋"有所区分，又与其功能名副其实，更尊重婺州的方言习惯，称庭院为"明塘"比"明堂"更确切，所以本文采用"明塘"之称。

（a） （b） （c） （d）

图 4-3-9 廊轩雕饰

（a） （b）

（c） （d） （e）实例复绘示图

图 4-3-10 明塘铺装实例

盆景绿化的需要。大明塘和小天井通常都用石板、细磨砖、鹅卵石或三合土铺墁，四周是石板排水明沟。鹅卵石铺墁很讲究图案，如梅花鹿、古钱、蝙蝠等吉祥图案常见，更有通过工匠的技术处理，做成能随天气变化而改变颜色的，称之为能预报气象的"气象鹿"、"气象钱"（图 4-3-10）。

（六）巷弄街衢

婺州传统民居的单体和群落建筑之间一般留有 4 尺至 1.8 丈的空间，用石板或鹅卵石铺装，两单体建筑的弄堂门之间加盖过廊，巷弄中央或一侧修筑排水沟，上铺石板。通过巷弄街衢与各院落的阶沿、弄堂构成全村内外的交通网。可在雨天走遍全村不沾泥水不湿鞋，非常适合多雨泥泞的江南环境。同时，巷弄也是女眷轿子出入的通道（因古时女人坐的轿子不可从正门出入），故也叫"避弄巷"，把女眷用的轿子称"避弄轿"、"便弄轿"、"备弄轿"（图 4-3-11）。

（a）　　　　　　　　（b）　　　　　　　　（c）

（d）

（e）避弄轿（备弄轿、女轿）

图 4-3-11　外巷内弄（弄堂）

方井

圆井

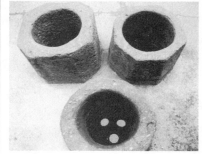

三眼井

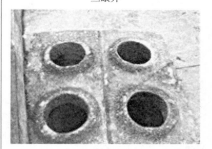

四眼井

单眼井

图 4-3-12　井

（七）井塘水渠

婺州地区每个村落都有若干口井和池塘。井分方形、圆形、八角形、单眼、双眼、三眼、四眼等类型，井口多用石板、石井圈砌成（图 4-3-12），早期有用圆木砌筑的方井，后来多用青砖、卵石、毛石、方石砌筑的圆形、方形井（目前发现最早的青砖井在义乌赤岸镇薛村，砖的尺寸为 27 厘米 ×13.5 厘米 ×4 厘米，青砖的侧面均烧制有铭文"唐大中九年月日朱"，说明是公元 855 年朱姓人家所砌的纪年井）。井水供村民饮用和洗蔬菜瓜果之用。池塘有专为满足风水要求而挖砌筑的，如村前院前的"月池"、"门前塘"、"放生塘"；有专为提供消防用水而挖筑的池塘，俗称"太平塘"、"火种塘"；也有利用建房取土奠基时挖成的大坑修筑而成的。各类池塘分布于村内各个角落，既为村民提供洗涤用水，又能养鱼，改善周边空气环境，增加美景，也为雨季排洪泄水提供调节场所，更为消防提供充足水源。上百烟灶的较大村落或离江溪干系稍远的村落，一般都从上风水口方向开始修筑水渠进村，然后在村内穿流、绕流或串接池塘，最后至下水口方向流入江溪干系，形成使用方便、水质清洁的活水流动水系。

（八）庙阁

婺州地区的村落普遍有庙（俗称"殿"），一般建于村落的下口方（去水方向），谓之镇锁水口。村村建有"本保殿"，供奉"玉皇大帝"、"土地神"，"关爷殿"供奉关羽，区域性的还有"胡公殿"，供奉宋代历史人物胡则（字子正，永康人，27岁进士及第，逮事三朝，曾任兵部侍郎，72岁告老还乡，后为浙东饥民请命开仓放粮，浙东百姓建祠庙恭奉），还有"观音庙"、"文昌阁"、"魁星阁"等。寺院、宫庵一般都在村落外、山谷中独立存在。建筑有的是最简朴的单开间硬山搁檩两坡顶单层殿；有的是官宦、富豪人家舍宅为寺，多为普通民居形；有的大寺庙本身有庙产，经济富足，则是前后多进院落，主殿采用歇山式结构并施彩绘，十分华丽。

（九）桥亭

桥多设于村落内外交通的通道要口，有石拱桥、石板桥、木桥、廊桥（风雨桥）、竹拱桥等（图4-3-13）。亭多设在村口外要道上或道旁，主要供过路行人息脚、解渴、消暑、避雨，故称为"茶亭"、"路亭"、"凉亭"（图4-3-14）。

图4-3-13　桥的类型（一）

毛竹桥　　　　　　　木桥　　　　　　　单孔毛石桥

多孔石桥　　　　　　单孔亭桥　　　　　单孔石拱桥

多孔风雨桥　　　　　长廊桥　　　　　　多孔石墩木梁桥

多孔石拱桥　　　　　单孔石板平桥　　　多孔五板石桥

浮桥 1

浮桥 2

兄弟（双）桥

梯形桥

多孔四板石平桥

石级桥

图 4-3-13　桥的类型（二）

春、夏、秋三季，每天都施茶水解渴（由村民自愿、主动、有组织地轮流提供免费茶水），冬季年关时节施"行灯"（油纸蜡烛灯），因春节前 10 多天的夜晚是伸手不见五指的漆黑之夜，外出打工回来要赶路回家的"出门侬"很多，无照明走夜路特别危险。为帮助他们，各村落的慈善者主动悬挂灯笼，免费向行人赠送"行灯"，伴其平安回家。据 1988 年底统计，仅东阳境内尚存 1950 年以前建造的路亭 607 座，其中元代的 2 座，明代的 4 座，余为清代和民国时期

路中亭

路旁亭

记载捐助者姓名

记载修建年代

图 4-3-14　凉亭

图 4-3-15 慈善家卢溶独资捐建的东江桥（上左）
图 4-3-16 武义郭洞回龙桥（上右）
图 4-3-17 地簟基（下）

所建。桥和凉亭多由村民主动赞助一梁一柱、一椽一瓦或出劳务工，以有钱出钱，有力出力的慈善精神建造。赞助柱、梁、桁等大件的，把赞助人的姓名刻写在赞助件上（图 4-3-14），其他的在另立的"功德碑"上刻写赞助的钱数或工数，这是婺州自古传承的好风尚。据《金华市志》记载：东阳卢宅的巨富卢溶第一次捐白金 1000 两，独资建造义乌东江桥，后来桥被洪水冲毁，卢溶又与妹夫赵士实两人共同捐资白金 3000 两，再造东江廊桥（图 4-3-15），为东阳江两岸东阳与义乌两县间的来往方便出了大力。亭和桥的联系一般都较密切，很多凉亭都建在桥的一端，也有建在桥的中间的，如武义郭洞的回龙桥（图 4-3-16）。

（十）地簟基

婺州地区各村落中，"地簟基"（方言，即露天的活动广场、晒谷场）是不可少的空间，一般位于村口、村前、牌坊前、祠堂前、厅堂前、池塘周围或十字街头。它既是聚集交往、休息玩耍、习武练拳、节日娱乐的场所，也是村镇集市贸易之地，又是用竹编的"地簟"晾晒谷物杂粮的晒场，所以，俗称"地簟基"（图 4-3-17）。

第五章　婺州传统民居建筑设计

第一节　婺州地区营建用尺介绍

尺是营建之本，没有尺就无度量之标准，无法营建楼堂大厦。中国地域广阔，匠师行帮众多，传统建筑的营建用尺种类也很多，同名之鲁班尺、营造尺，其长度标准各地区、各时期也不尽相同。婺州地区营建沿用的是"东阳帮"所用之尺具，计有下列七种：

一、弓步尺

弓步尺形似户，用于选基、确定建筑规模布局阶段。一弓步为婺州营造尺6尺，合公制1.666米，240方弓步（666平方米）为1亩。

二、鲁班尺

《明鲁班营造正式》中之"曲尺"。婺州营造各匠均尊奉鲁班为仙师。大木、小木、泥水、石、铁、砖瓦、箍桶各匠均使用此尺（图5-1-1）。因是直角尺，可画90度和45度角，俗称"角尺"。主尺长1尺（通常以28厘米论，即1米=3.6鲁班尺，实际长度合公制27.78厘米，即1米为3.62鲁班尺），用宽约1寸，厚约6分的红木或木荷等坚硬细木做成，正面镶嵌白骨条，上刻分、寸刻度，清晰准确；副尺长2尺，宽1.5寸，厚约2分，无刻度或有寸之刻度。分、寸、尺至丈均以10进位。鉴于全国各地流行的鲁班尺长短不一，为便于区分，我们称此被"东阳帮"惯称为"鲁班尺"的婺州地区标准营造用尺为"东阳鲁班尺"或"婺州营造尺"。其长度略长于苏州地区的营造尺（合27.5厘米，即通常所指的浙尺），短于《清工部》之营造尺（即明清时的官尺，合32厘米），更短于淮尺（合33厘米）；而与古之秦尺（合27.78厘米）和杭州地区营造尺完全一致，也与周后期（春秋时期）著尺制的鲁班尺（合27.72厘米，应是鲁班用尺或鲁班原尺）基本一致，说明婺州地区营造始终沿用鲁班原尺和曲尺，

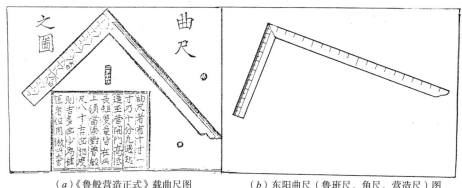

（a）《鲁般营造正式》载曲尺图　　（b）东阳曲尺（鲁班尺、角尺、营造尺）图　　**图5-1-1　鲁班尺**

基本没有改变"鲁班尺"的长度。

婺州营造鲁班尺与公制（厘米）的换算表参见附录［2］五。

三、门尺

也称"门光尺"，是用以选定大台门、小台门、房门高宽尺寸的专用尺，是我国带有神秘色彩的传统建筑文化之一。"东阳帮"匠师也用此尺选定吉门尺寸。其尺形为直板尺，同"鲁般原尺"和《明鲁般营造正式》中的"鲁般真尺"（图5-1-2）。其长度，各地工匠行帮所取不一，东阳帮所用门尺长为45厘米（合1.62东阳鲁班尺，通常以1.6尺论），北京故宫所藏清工部的门尺长为46.08厘米，其他各地有40厘米、43厘米、42.76厘米等。

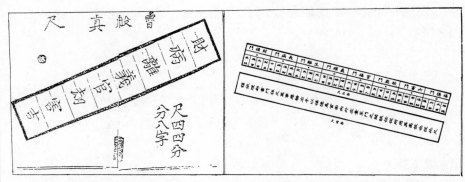

（a）《明鲁般营造正式》载鲁班真尺　　　　　　　　（b）东阳门尺图

东阳门尺也分八格，每格以东阳鲁班尺2寸论。一至八格分别书写"财"、"病"、"离"、"义"、"官"、"劫"、"害"、"吉"（本、福）等字，每格又分四小格，每小格填写"富贵"、"进宝"、"生旺"、"大吉"和"失脱"、"退财"、"口舌"、"灾生"等不同的吉凶词语。其中一、四、五、八格所对应的"财"、"义"、"官"、"吉"四字范围内为吉，余为凶。木匠在选定门的高宽尺寸时，要把鲁班尺（营造尺）和门尺配合使用，即用鲁班尺选定的尺寸减去门尺的整尺后所余的数，应落在门尺的一、四、五、八格范围内，此为吉门。否则，就是凶门，须重新选定，直至符合吉门条件为止。选择时，还应根据建筑的不同功能，采用不同的尺寸，如祠堂、庙宇建筑应落在"义"字上，官府建筑应落在"官"或"财"字上，民宅应落在"吉（福）"或"财"字上。

四、压白尺

压白尺也称"飞白尺"。压白尺的运用是东阳帮匠师对东阳鲁班尺和门尺的一种巧用方法，称"压白尺"法。其理论根据是《明鲁般营造正式》中关于曲尺使用的一首诗：

　　一白难如六白良，若然八白亦为昌。

　　不将般尺来相奏，吉少凶多必主殃。

古代堪舆家（即风水先生）中的九星术派，依照洛书九宫的数理，以七种颜色和九颗星名（即贪狼、巨门、禄存、文曲、廉贞、武曲、破军等北斗七星和左辅、右弼两星）配合成一白、二黑、三碧、四绿、五黄、六白、七赤、八

正面　　背面

（c）东阳门尺实物照片

图5-1-2　门尺

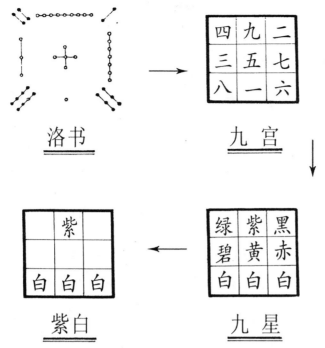

图 5-1-3　洛书九宫紫白图

白、九紫（图 5-1-3）。其中，一白、六白、八白、九紫所对应的四星为吉星，其余五星均为凶星。后来，堪舆家为了将九星术与十进位的曲尺配合，应用于营造中，就与匠师合作，在九的基础上再加一个白，称之为十白，由原来的"三白一紫"成为"四白一紫"。凡尾数是一、六、八、九、十（即整数、零）的尺寸皆为吉利，余为凶。"东阳帮"匠师以此为据，常把整尺数或尾数寸、分（以寸为主）选定在"四白一紫"上，以求吉利，讨东家（屋主人）的欢喜。通常取开间尺寸为 1.86 丈、1.8 丈、1.66 丈、1.6 丈、1.56 丈、1.39 丈、1.38 丈、1.36丈、1.31 丈、1.306 丈，取间深各橙（步）为 8.6 尺、8 尺、7.6 尺、6.8 尺、6 尺、5.6 尺、4.8 尺、4.16 尺等。婺州匠师称此为"压白法"、"紫白法"或"压白尺法"、"紫白尺法"。

婺州匠师常选门的尺寸如下：

（一）门高选

鲁班尺 8.1 尺折合东阳门尺为 5 尺（5 尺 ×1.6=8 鲁班尺）另 1 寸，在第 1格"财"字上，又合一白。说明此尺寸在门尺上、压白尺上均属吉，并且是双吉。依次类推：

鲁班尺 7.91 尺合东阳门尺 4 尺另 15.1 寸，即在第 8 格"吉"字上，又合寸紫分白。双吉

鲁班尺 7.81 尺合东阳门尺 4 尺另 14.1 寸，即在第 8 格"吉"字上，又合双白。双吉

鲁班尺 7.26 尺合东阳门尺 4 尺另 8.6 寸，即在第 5 格"官"字上，又合六白。双吉

鲁班尺 7.2 尺合东阳门尺 4 尺另 8 寸，在第 4 格"义"字上，又合十白。双吉

鲁班尺 6.5 尺合东阳门尺 4 尺另 1 寸，即在第 1 格"财"字上，又合十白。

双吉

（二）门阔选

鲁班尺 5.8 尺合东阳门尺 3 尺另 10 寸，10 寸被 2 寸除得 5，即落在第 5 格"官"字上，同时又合八白。双吉

鲁班尺 5.48 尺合东阳门尺 3 尺另 6 寸 8 分，即在第 4 格"义"字上，又合八白。双吉

鲁班尺 5 尺合东阳门尺 3 尺另 2 寸，即在第 1 格"财"字上，又合十白。双吉

鲁班尺 4.8 尺合东阳门尺 3 尺整，即在第 8 格"吉"字上，又合八白。双吉

鲁班尺 2.8 尺合东阳门尺 1 尺另 12 寸，即在第 6 格"劫"字上，不吉，但合八白。单吉

由此可见，2.8 尺按东阳门尺量并不在"吉"字上，但合八白，故仍有使用（按清工部的门尺量 89.6 厘米，在"吉"字上，故北方营造普遍选用）。另从实际调查中也发现很多门的尺寸不在"门尺"的"吉"字上，但尾数都是 1、6、8、9，符合"压白尺法"的"吉"数。这说明东阳帮工匠对"门尺"与"压白尺"同时采用，且使用"压白尺"更为普遍，例如永康后吴的司马第是一座规格很高，雕饰十分精细的豪宅，但也采用压白尺法（图 5-1-4），可能是由于"压白尺法"使用简便，容易掌握，更易让人接受。实例调查表如下：

婺州传统民居开间尺寸实例调查表

实测公制尺寸（米）	折合东阳鲁班尺（丈）	合压（飞）白尺
5.80	2.088	寸分双白
5.65	2.0338	
5.58	* 2.009	分白
5.24	* 1.886	寸分双白
5.06	* 1.821	分白
4.76	1.713	寸白
4.70	1.692	寸白
4.61	* 1.659	分白
4.60	* 1.656	分白
4.56	1.641	分白
4.53	1.631	分白
4.50	* 1.6199	寸分十白
4.46	1.605	
4.43	1.599	寸分十白
4.40	1.5988	寸分十白
4.36	* 1.569	寸分双白
4.22	1.519	寸分双白
4.12	1.483	寸白
4.08	1.469	寸分双白
3.96	1.426	分白
3.90	1.404	
3.88	* 1.396	寸分双白
3.80	* 1.368	寸分双白
3.75	1.350	十白
3.60	* 1.296	寸分双白
3.55	1.278	分白
3.38	1.216	寸分双白
3.30	* 1.188	寸分双白
3.28	1.181	寸分双白
3.00	1.0799	寸分十白

图 5-1-4　压白尺应用实例

　　以上 30 个开间尺寸实例中，只有 5.65 米、4.46 米、3.9 米不在压白之内，其他都符合寸、分单白或双白，也有经四舍五入后又可成为十白。可见，东阳帮匠师采用压白尺十分普及。带"*"者采用最为广泛。

五、丈竿

　　丈竿是单体建筑营造中泥、木、石各匠共用的尺寸标准竿，通常用毛竹爿制作（刮去青皮竹节，修整平滑），宽约 2~3 寸，厚为毛竹爿自身厚度，长度有两种：一是水平距离标准竿，通常称"丈竿"，长度稍长于中央间开间尺寸（以备两端磨损），在竿的正面（竹青面）大头（根部）适当处刻画基线，然后由此向梢部分别刻画中央间、大房间、边间及弄堂间的尺寸位置线，并标明各间名称，在竿的另一面（竹簧面）刻画进深方向各橖（步）的尺寸位置线，并标明名称（图 5-1-5）；二是垂直高度竿，通称"柱排竿"或"柱牌竿"，制作同

图 5-1-5　丈竿

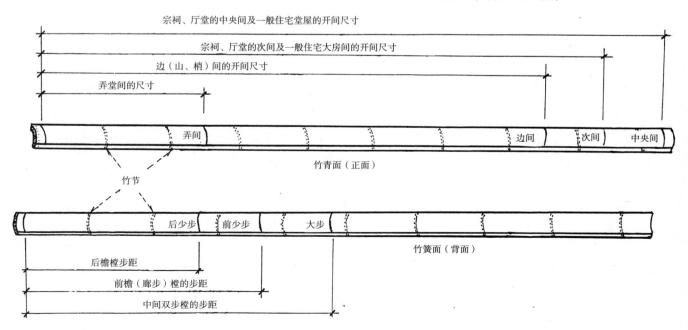

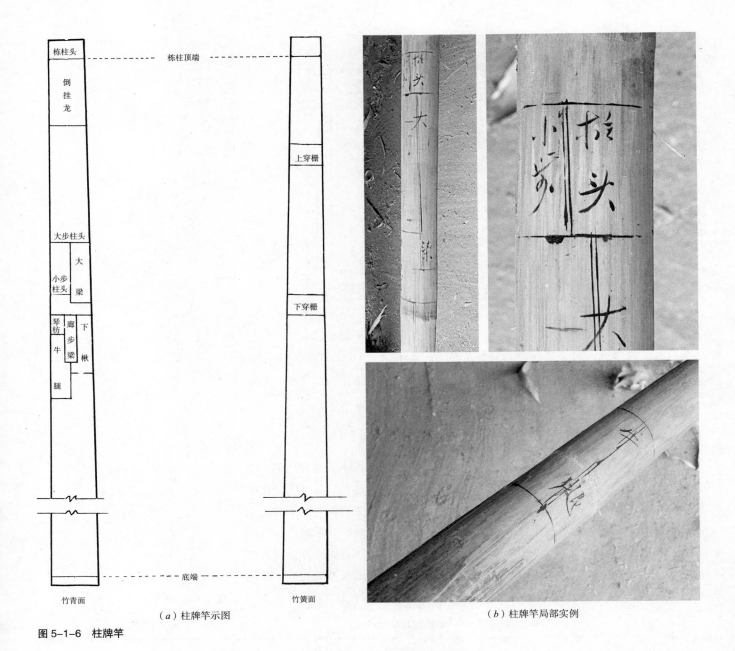

（a）柱牌竿示图

竹青面　　　　　　　　　　竹簧面

底端

栋柱顶端

图 5-1-6　柱牌竿

（b）柱牌竿局部实例

水平丈竿，其长度为栋柱（中柱）总高，刻画檐高、各柱高及梁枋位置，为木匠专用竿（图 5-1-6）。还有一种是泥水匠专为砌墙把角挂线用的砌墙杆，也叫"靠墙杆"。通常为木方杆，长 1 丈或同楼板下皮高，上刻画陡砖层高刻度，因清代以后婺州地区的标准砖的宽度是 5 寸，即每砌一层砖升高半尺，依靠拄线就能保证，所以一般都不用此杆。

六、六尺杆

实际就是简易的弓步尺——"扁担杆"，因杆长六尺，故名"六尺杆"。材质分木质和竹质两种，也就是东阳帮工匠挑工具、行李用的竹扁担和木扁担（图 5-1-7）。因其长度与弓步尺长度相等，既是扁担，又作弓步尺用，所以，也把弓步尺、六尺杆统称为"扁担尺"、"扁担杆"。

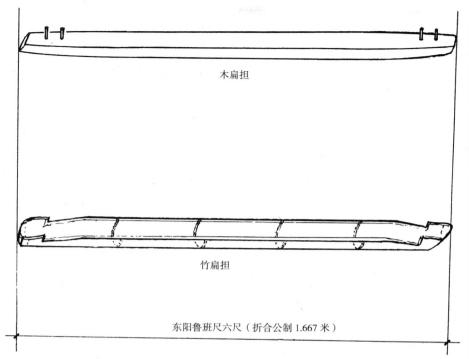

木扁担

竹扁担

东阳鲁班尺六尺（折合公制 1.667 米）

图 5-1-7　六尺杆（扁担杆）

七、板尺

专门用于测量树木、圆木的围长，估算木方量和丈量板料宽度，计算板方的软尺。由于古代的圆木、板料交易多在集镇河埠的沙滩上进行，所以也称此为"滩尺"。为便于携带和适合量取树木的径围，都采用柔软又没有收缩弹性的材料制作，最常见的有两种：以宽约 2 分半（7 毫米）的白藤皮制作的又叫"藤尺"；以宽约 3 分（约 8 毫米）的竹篾制作的又叫"篾尺"。尺的总长度通常为 1 丈。尺头有寸和半寸的墨线，其余在整尺处画长线、在半尺处画短的墨线。板尺为"解板匠"（古时称他们为大木，称竖屋的构架大木匠为中木，因他们所做的一切都离不开中，称构接装修的木匠为小木）和木板商的工具尺，既可卷起、团起放在索码（褡裢、口袋）里，也可套挂于手臂上，携带和使用都十方便。

板方的计算：板方 1 方 =1 平方丈。不论木板的长短厚薄，均以"方"为单位计算，八尺长的木板总宽 1.25 丈为 1 方，六尺长的木板总宽 1.66 丈为 1 方，四尺长的木板总宽 2.5 丈为一方，余类推。价格以木板的长度、厚薄及材质的不同而综合论价，一般说单块板的长度越长、宽度越宽，大小头的宽度差距越小，综合价格越高。

板的长度规格：标准板有 8 尺、6 尺、4 尺三种，非标准板有 7 尺、5 尺两种；若需 2 尺、3 尺板料，则用 4 尺、6 尺板锯截。

第二节　设计基本原则

婺州传统民居的开间（面阔）、间深（进深）、层高尺寸都比较大，居住其中，倍感宽敞舒适。更因运用了许多建筑美学上的黄金比例数值，各部比例更显优美得体。

一、开间与间深设计

开间与间深之比通常约为 2 ∶ 3，接近黄金比例。

（一）开间设计

中央间（堂屋、明间）的开间设计标准为 1.6 丈，一般厅堂住宅都取此既吉利（一路顺）又适用（设宴席时可摆两行八仙桌，中间还有宽敞的上菜通道）的数；大型宗祠、厅堂的中央间也取 1.6~1.8 丈。个别的也取 2 丈左右，如东阳李宅的"十退头"取 2.018 丈，歌山大园村老祠堂取 1.808 丈。

中央间与大房间（次间）的开间之比，一般在 1 ∶ 0.8~1 ∶ 0.9 之间，更多是取 1 ∶ 0.88。小堂屋（厢屋的明间）的开间尺寸通常与正屋大房间的开间尺寸相同，与其厢房（边间、山间、稍间）的开间比例一般也为 1 ∶ 0.8~1 ∶ 0.9，多为 1 ∶ 0.88。这两个比值恰好与刘敦桢先生所著《牌楼算例》中所列明清时期典型牌楼明间面阔一丈七尺、次间面阔一丈五尺之比 1 ∶ 0.88 完全一致，也与北京地区现存明清时期牌楼实例之明次间面阔比 1 ∶ 0.8~1 ∶ 0.9 相吻合。这不可能是巧合，必有其历史因果关系，既可能是同出一源，也可能两者相互影响，究竟是谁影响谁？有待继续深入考证。

开间分配还有一种广为采用的简便方法。以五开间为例，按平均开间每间 1.4 丈计算总宽度，实际分配时，将两边间各减去一尺，增加到中央间，则中央间由 1.4 丈成为 1.6 丈，大房间仍为 1.4 丈，边间成为 1.3 丈的开间分配。1.6 丈与 1.4 丈之比值也是 1 ∶ 0.88。两种设计法的结果完全相同。

边间的开间尺寸多因地基条件等因素而灵活性较大，选择范围多在 1.3~1 丈之间。若边间设计为安装楼梯的弄间，一般多取 4~5 尺。

弄堂的宽度与所对应的廊部尺寸相同，一般为 4~6 尺。若楼梯安装在弄堂时，则需考虑除楼梯所占位置外还要有可供人员通行的空间，所以一般不少于 6 尺。

（二）间深设计

间深（含廊步）一般取 2.4~2.8 丈，最大可达 3.6 丈，个别特例可达 4 丈多（浦江"郑氏义门"的最后一进每榀 9 柱，间深达 4.6 丈）。

间深组合：婺州传统民居多为五柱七架，五柱的名称由前檐至后檐分别为"前小步"（檐柱）、"前大步"（前金柱）、"栋柱"（中柱）、"后大步"（后金柱）、"后小步"（后檐柱）。间深分配按四樘制，即檐廊步为一樘，栋柱与前、后大步柱间分作前后两个双步樘，后大步柱与后小步柱间为一樘。明代前多为"4（或 5）、8、8、4"组合（即前廊步取 4 尺或 5 尺，中间两双步樘各取 8 尺，后小步樘取 4 尺）和"4、7、7、4"组合。宗祠、厅堂、豪宅也有取"8、8、8、8"四樘统一的（如东阳歌山镇大园村明代老厅的四樘均为 8.6 尺）。后来发展为"6、8、8、4"，"6、8、8、5"，"6、8、8、6"。但到清后期多为"6、8、8、4"，"6、8、8、5"，"5、7、7、4"组合。个别宗祠、大厅也有"8、9、9、6"组合。

（三）实例调查

1. 婺州民居建筑体系单体建筑数据调查表（详见附录［2］六）

2. 婺州传统民居建筑开间比例调查表（详见附录［2］七）

3. 婺州地区宗祠建筑开间、间深尺寸调查表（详见附录［2］八）

二、楼层高度设计

宋元明初时期的设计，一般是楼层高于底层，其比例约为1.3∶1~1.1∶1（兰溪长乐村望云楼传为元代构架，楼层高1.51丈，底层高1.19丈，其比为1.26∶1），明代以后逐渐改变为楼层低，底层高。楼层高（楼板至檐步穿枋下皮）一般取6.6~7.2尺，底层高多取1.1~1.29丈，不可低于1.1丈。因为婺州也是农耕社会，收获的谷物都要用竹编的地簟（俗称，即专门用于晒粮食的竹编席子）晾晒，如图5-2-1a所示。不晾晒谷物时，地簟要卷起来竖立于堂屋或阶沿存放（图5-2-1b）。地簟的宽度一般为9.5尺至1.05丈，若楼底层低于1.1丈，则卷起的地簟净高是1.05丈，就无法直立竖于楼板下。楼层与底层的高度比中，6.8尺与1.1丈、7尺与1.13丈、7.16尺与1.16丈组合的比值几乎都在黄金分割点0.618上，说明此时的婺州民居建筑已能巧妙地将建筑美学运用于各处。

三、门、窗宽度分配及门的高宽比例

门面构接（装修）时，首先要确定门与窗的尺寸比例分配，婺州传统民居一般都选用"3∶4∶3"、"1∶1∶1"的比例（图5-2-2a~图5-2-2c）；开

（a）晒粮状态

（b）存放状态

图5-2-1　地簟

图5-2-2　门窗比例分配

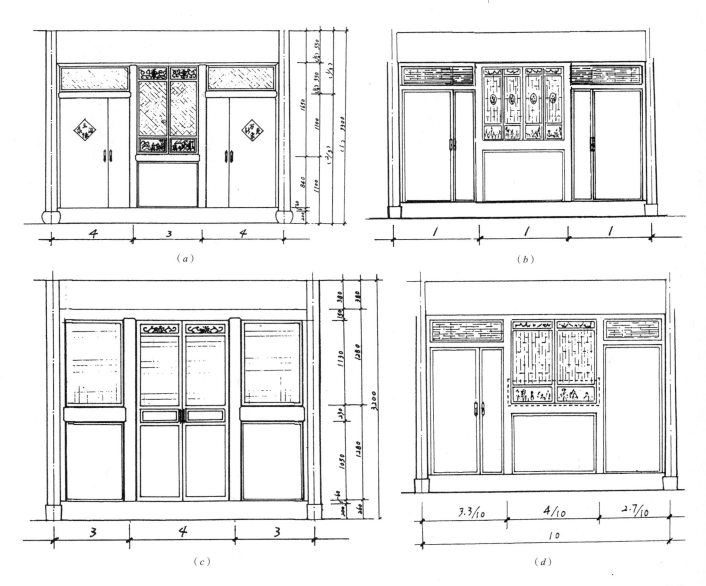

（a）　　　（b）　　　（c）　　　（d）

O79

间尺寸较小的,为保证门的足够宽度,也有选"0.9：1：1.1"或"0.95：1：1.05"组合的（图5-2-2d）。大台门的高宽比约为3：2,小台门及弄堂门、后门常取（1.8~1.6）：1。门框多用"八件套"、"六件套"、"四件套"石库门或砖砌拱门；后门和"披屋"的门通常用过木门框（图2-1-8）。

四、柱高与柱径之比

大型宗祠、大厅、豪宅的柱料多较粗壮规整,高与径比通常为9：1或10：1,一般住宅多为（12~14）：1。

第三节　单体与组群建筑设计

一、楠架的设计

楠（方言俗称,也称缝）或楠架是木构建筑的总成单位,它由间深方向的一排立柱（五根或三根）、大梁、二梁、小梁、过步梁（月梁）、下楸枋（穿枋）、上楸枋、单步枋、骑栋（方言俗称,即童柱）、牛腿（撑栱）、琴枋、花篮斗柱头等构件组合而成（图5-3-1）。

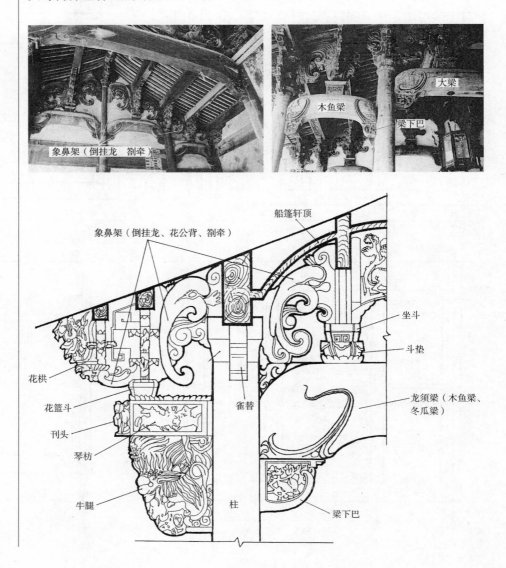

图5-3-1　楠架构件名称

（一）榀架类型及柱高与柱径比

它的构件尺寸及用料材质随主人的实力地位、建筑规模而有差异。譬如立柱：大型宗祠、厅堂豪宅的立柱多为香椿、香榧、白果、红豆杉、核桃楸、樟木等材质，高、直而圆，柱高与柱径比为（10~9）：1，上径、下径之差约为2寸；而一般厅堂住宅，特别是贫困农户住宅的立柱多为松木、杉木等柱料，规格不一，圆曲各异，柱高与柱径之比多为（14~12）：1，柱径小了，但其上径、下径之差反而增大至3~4寸。由于这些条件差异，对榀架的设计，特别是构件设计，也采取不相同的做法。按其材分材质、装修精度、装饰艺术等全面衡评，可分为彻上露明造豪华型（图5-3-2）、普通住宅型（图5-3-3）、简朴的贫困民居及披屋型（图5-3-4）这三类。

（二）榀架结构基本类型

婺州传统民居的榀架结构有穿斗式和抬梁式两种基本类型，另外还有混合

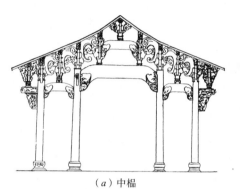

（a）中榀　　　　　　　　　　　　（b）山榀

图5-3-2　豪华型彻上露明造（前后挑檐）榀架图

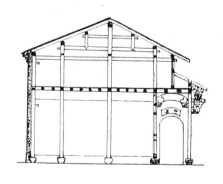
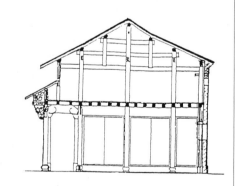

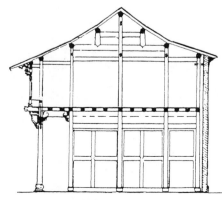
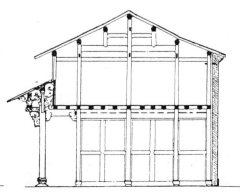

图5-3-3　普通型构架图

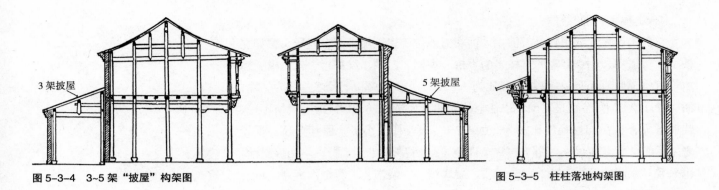

3架披屋

5架披屋

图 5-3-4　3~5架"披屋"构架图　　　　　　　　　　　　　　　　　　　　　　　　　图 5-3-5　柱柱落地构架图

式和砖仿木构式等特殊形式。

1. 穿斗式构架

"逗"是婺州方言,是指逗起来,即组装、组合、拼凑之意。婺州地区方言"逗"与"斗"语音接近,故民间也有写作"斗"、"串斗"、"串逗"的。从结构含意和地方语言习惯上全面考虑,本卷采用"穿逗"之称。穿斗式木构架普遍应用于有楼层的住宅建筑和宗祠、大厅、寺院等彻上露明造建筑的边(山)榀。主要特点是柱子承桁,每根落地柱直接承受桁上屋面的负载;下穿枋与楼下的板壁(隔间、隔断)、地栿共同承托楼栅、楼板及其上面的荷载;前小步(檐柱)的外向以琴枋、牛腿承托檐桁或楼上的廊柱负载(图5-3-3)。有的山榀采用柱柱落地,即一柱一桁(图5-3-5),但绝大多数是上金桁落在上楸枋或二梁的矮柱上,不直接落地;矮柱做成上细下粗略呈胡瓜形,下端做成鹰嘴状(图5-3-6a),相贯咬合于椭圆或扁方的上楸枋上。彻上露明造建筑则多落于小梁上的雕刻墩柱上(图5-3-6b)。柱柱落地构架由于落地柱多,上楸枋不直接承重,所以不必使用大材大料,是一种经济型的构架。普通住宅的柱子梢径一般仅为4~6寸,更有小至3寸的。"东阳帮"工匠有"不论檫树、杉树,只要够高,小头能摆(放)一个馒头就可做柱"的说法,说明婺州的一般民居对用材要求比较灵活。上楸枋的断面一般为厚3寸,高5~8寸,在一根自然弯曲的圆木成型后,从纵向锯解成两块,前后向各一块对称使用。下楸枋的断面一般厚3~3.5寸,高1.2~2尺,通常用2~4块方料施暗销拼叠而成。前后两枋与柱子结合的端部,用"雨伞销"连接牵固,以增强榀架的整体稳定性(图5-3-7)。

2. 抬梁式构架

婺州传统民居的宗祠、大厅、寺庙等彻上露明造建筑(总高略高于二层普通住宅楼,屋面与地面间既无楼板也无天花的建筑,也称之为"顶天立地"),

图 5-3-6　上楸枋

(a)　　　　　　　　　　　　　　　　　　　　　(b)

为进一步扩大空间，均对三开间（或五开间）的中央两榀（或四榀）采用减柱措施。一般做法是采取栋柱（中柱）不落地，两个双步架间使用抬梁（俗称大梁，即五架梁或七架梁）构架。

抬梁又有两种做法。

一是压柱式抬梁，即梁枋扣压在立柱顶端，如同《清式营造则例》中所示的北方做法。在婺州地区，除明代早期建筑外，彻上露明造的宗祠、大厅等建筑基本都不采用这种做法，普通住宅一般都不用抬梁，个别的在外人看不见的楼层内可采用此式（图5-3-8b）。

二是插柱式抬梁，即大梁的两端各做榫头插入前后大步柱（金柱）的卯孔中，两端下方垫扇形"梁下巴"（俗称，即雀替）辅助承托（图5-3-2a、图5-3-9）。它的突出优点是增强了整榀构架的稳定性，起到了穿斗式构架的同样作用。这是婺州传统民居建筑普遍采用的特色做法。

通过对婺州传统民居的大梁结构的分析，不难看出插柱抬梁是由穿斗式构架演变而来的。起初是为了扩大活动空间，采取减柱做法，把中柱改为不落地，为了不削弱结构强度，又采取增加穿枋高度和厚度的做法，这就是元、明初时期抬梁断面多呈扁方（矩形）的原因。明代开始，将断面由扁方逐渐演变为椭圆形，抬梁断面的高、厚比例由3∶1发展到5∶4，甚至6∶5，而且将五架梁、三架梁、月梁的拱背越做越大，又把梁头下方的替木改做成扇形雀替（俗称"梁下巴"）后，梁的弓背更显突出，并在两端雕刻成和尚念经时敲的木鱼和鱼鳃纹，后来又发展成为有眼、有弯曲长须的更复杂、更幽美的龙须纹。从此，人们形象地称之为"木鱼梁"、"鱼鳃梁"、"冬瓜梁"、"马屁股梁"、"龙须梁"等。到清中期以后，更有在枋心雕刻山水人物、花鸟鱼虫、吉祥图案等，把一根普通的承重构件，雕饰成了供主宾天天欣赏的木雕艺术品（图5-3-10）。

抬梁的断面尺寸，随建筑的间深、主人的地位和经济状况等因素而有所差异，通常取高1.6~2.6尺，材料多用苦槠树、枫树、樟树、柏树、核桃楸、乌柏（郑

图5-3-7　雨伞销、暗销应用实例

图5-3-9　插柱式抬梁

（a）明代建筑

图5-3-8　压柱（扣金）式抬梁

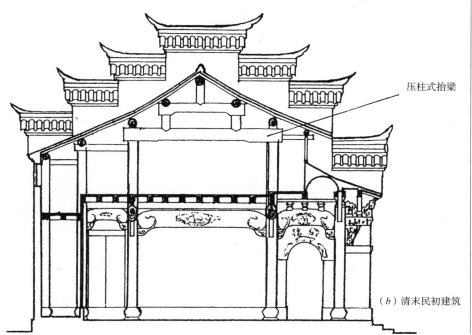

压柱式抬梁

（b）清末民初建筑

图 5-3-10　梁枋雕刻

子、塘枫）等。此类建筑的柱子也粗大，通常取柱径 1.5~1.8 尺，檐柱高 1.8~2 丈，多选梓树、椿树、香榧树、檫树、白果树、红豆杉等贵重树料。为防白蚁，宗祠、寺庙建筑也有使用石柱的（图 5-3-11），柱形多为圆形柱、方形梅花柱或并用，寓意"天圆地方"。一般做法是前小步为方形柱，其余为圆形柱，寓意"内圆外方"。

3. 混合式楁架

在同一楁梁架中同时采用插柱式抬梁和穿斗式两种构架形式。一般是下部采用穿斗式，上部的三架梁采用插柱抬梁（图 5-3-12），多使用于宗祠、寺庙、厅堂等彻上露明造建筑的边（山）楁。其柱径略小于中央各楁 1~2 寸，用材同中央各楁；但其穿枋尺寸比一般住宅的穿枋要高，通常取厚度为 5~6 寸，高度为 2.6~3.6 尺。早期的楼屋也有下部是穿斗式构架，而上部三架梁采用扣金做法的（图 5-3-12b）。

4. 砖仿木构式楁架

用于豪华府第厅堂建筑的山楁，即在用细磨砖砌山墙内面时把木构架包砌于墙体内，并用同样的细磨砖砌出柱、梁枋的形状，凸出山墙面约 2~3 寸。这种构架与磨砖地面和谐统一，呈现出格外的气魄与雅致（图 5-3-13）。

5. 勾连搭楁架

前后两条脊的屋架，多用于总间深超大的厅堂建筑。主要是为了解决因屋脊过高，柱料难求的问题。东阳卢宅"肃雍堂"所采用的就是这种构架（图 5-3-14a）。

6. 复水脊楁架

也称"勾连搭并草架构架"，也用于超大间深的大型厅堂建筑。此类构架是在勾连搭构架之上增加草架顶，形成复水脊（椽）。其独特之处是既解决了

图 5-3-11　石柱构架

图 5-3-12　混合式楁架实例

图 5-3-13　砖枋木构式构架

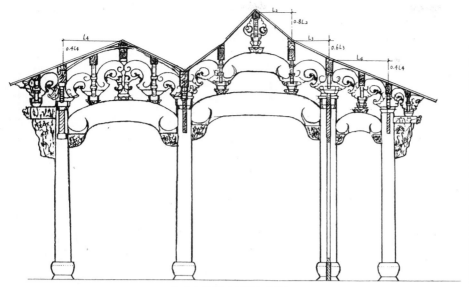

（a）勾连搭（双脊）式楄架

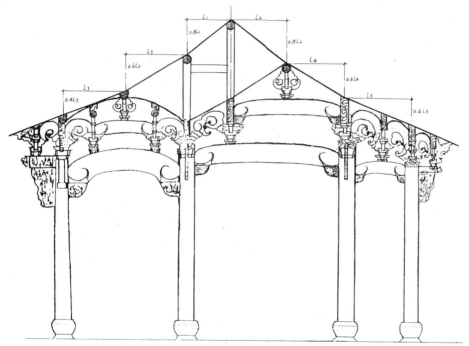

（b）复水脊（草架）式楄架

图 5-3-14　彻上露明造建筑特殊楄架

选柱难的问题，又保持了高栋脊的宏伟气势。东阳厦程里"位育堂"即为此构架（图 5-3-14b）。

　　7."披屋"楄架

　　"披"是婺州方言，指贴靠于正式楼屋的后檐墙或金字头墙所建的单坡单层简易建筑，是婺州民居中较为普遍的一种附属建筑形式，通常用作厨房、杂物库、畜舍、厕所等，有利于正式楼屋的有序、整洁、卫生。另外，盖披屋还有两大好处：一是能充分利用周围边角余基；二是能起支撑作用，增强正屋山墙或后檐墙的稳固性。披屋的间深都比较短浅，又是单层建筑，所以构架也较

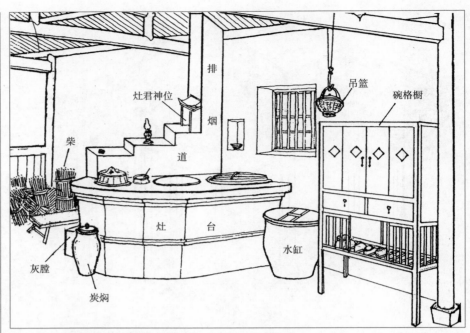

图 5-3-15 "披屋"灶间布置实例

为简单，一般是2~3柱、3~5架（图5-3-4、图4-1-10）。披屋用作厨房时的一般布局设置如图5-3-15所示。

8."小屋"构架

此类建筑没有立柱，全靠泥板墙承重的单层两坡顶瓦屋，采取硬山搭桁，并将桁伸出山墙约2尺作悬山处理。一般为五桁，墙高6~8尺，面积十多平方米，故称小屋（图4-1-10）。位于正楼屋附近的多用作厨房、杂物柴屋、厕所、积肥等。位于田间地头的，除供休息、避雨外，多用于焐灰（方言，即烧制土灰肥之意，所从，也叫"灰炉屋"）积肥和存放农具。

（三）常用榀架形式

婺州传统民居的榀架形式除以上图5-3-2~图5-3-5、图5-3-12~图5-3-14所列的基本形式外，常见的还有：

1.六架二层加前廊腰檐和无腰檐榀架结构形式（图5-3-16a）

多为普通住宅所采用，豪华型住宅也采用。

2.七架二层、三层前挑檐榀架结构形式（图5-3-16b）

多为富豪住宅所采用。

3.九架二层榀架结构形式（图5-3-16c）

有腰檐、无腰檐均为豪宅和普通住宅所常采用类型。

4.五架至七架二层简朴型住宅榀架结构形式（图5-3-16d₁~图5-3-16d₃）

5.楼上厅（藻井、"鸡笼结顶"）构架形式（图5-3-17）

"鸡笼结顶"是"金龙吉顶"、"见龙吉顶"的谐音俗称，是婺州民居豪华型建筑中比较罕见的特殊形式。围绕明塘四周的楼廊装修成走马廊的并不少见，但把一间二层楼的堂屋上下沟通，并在八九尺见方的楼井周围装修雕饰精致的微型走马廊、楼顶饰藻井的则极为罕见。北京故宫有宏伟华丽的太和殿，下面是皇上的金龙宝座，殿顶是金龙藻井，但却找不到像白坦务本堂"鸡笼结顶"

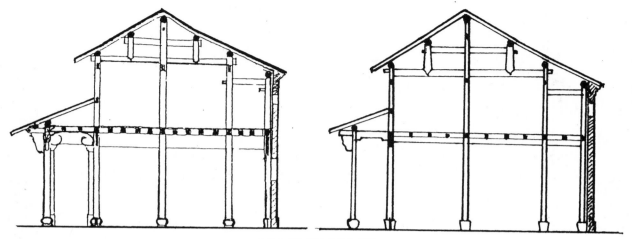

六架二层加前廊腰檐构架图

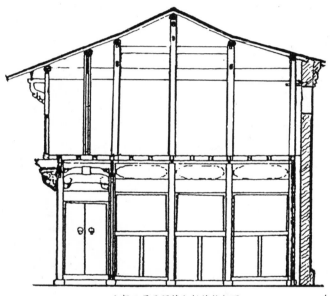

六架二层无腰檐加桃檐构架图

（a）六架结构形式

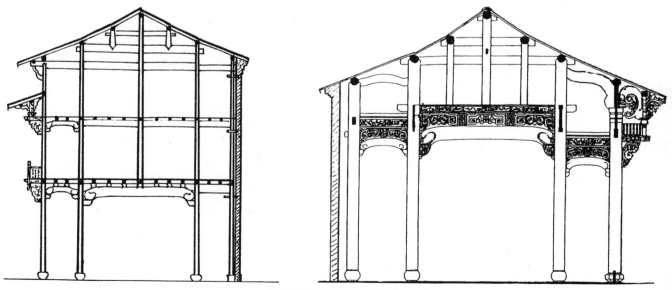

（b）七架加挑檐榀架结构形式

图 5-3-16　常用榀架结构（一）

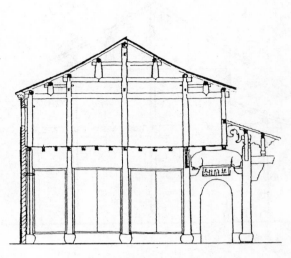

九架二层有腰檐展前廊加挑檐构架图

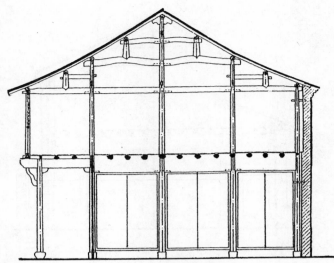

九架二层无腰檐构架图

（c）九架结构形式

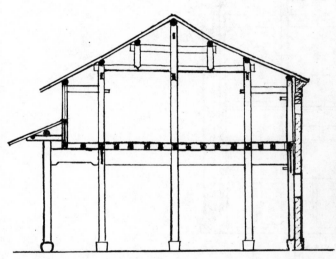

（d₁）简朴型住宅楄架结构

廊部处理实例之一

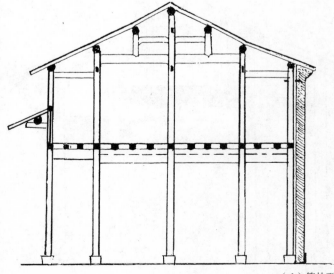

（d₂）简朴型住宅楄架结构

廊部处理实例之二

图5-3-16 常用楄架结构（二）

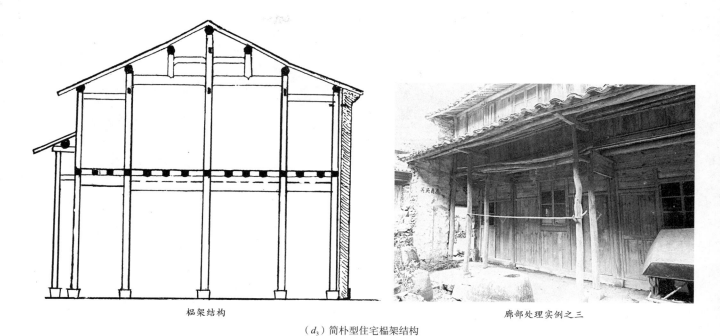

棺架结构　　　　　　　　　　　　　　　　　　廊部处理实例之三

（d_3）简朴型住宅棺架结构

图 5-3-16　常用棺架结构（三）

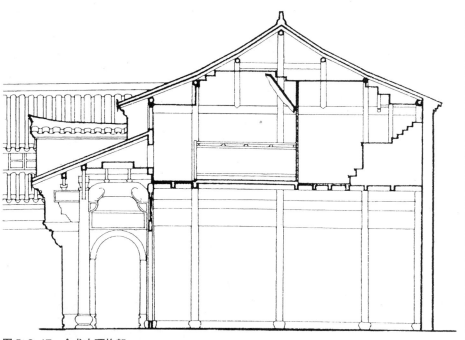

图 5-3-17　金龙吉顶构架

这样精巧的微型小宫殿。

6.宗祠的特殊设施

宗祠一般分大、中、小三种类型，建筑棺架结构与厅堂基本一致，多属豪华型或普通型。大型的普遍设固定戏台，中型的多设活动戏台，小型的有设活动戏台，也有不设的，但阶梯形祖宗牌位台和香案不论大小宗祠都是必有的，只是规模、质量有较大差距而已。大中型宗祠的棺架结构及设施布局如图5-3-18及前图4-3-1、图4-3-2所示。

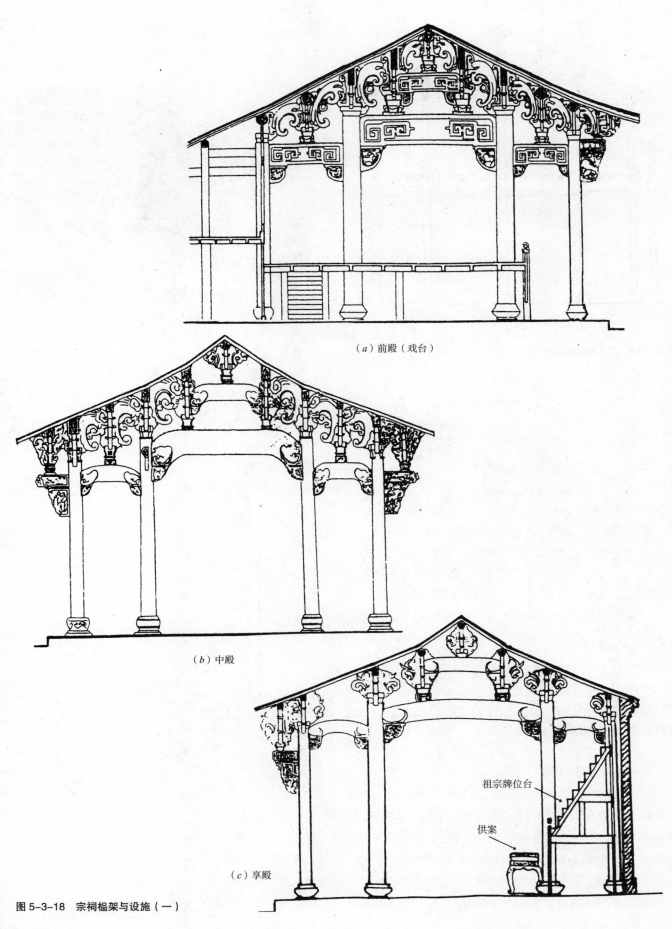

（a）前殿（戏台）

（b）中殿

祖宗牌位台

供案

（c）享殿

图 5-3-18　宗祠榀架与设施（一）

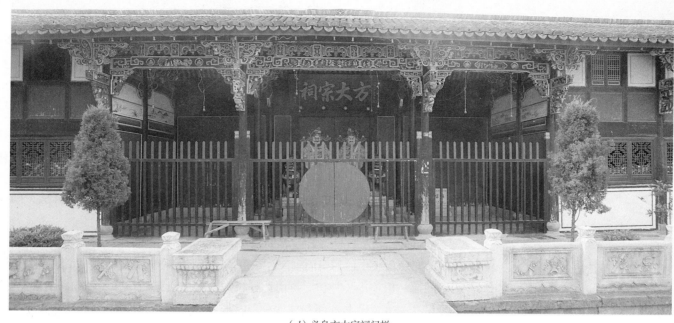

（d）义乌方大宗祠门栏

图 5-3-18 宗祠榀架与设施（二）

二、单体建筑设计

（一）建筑单位——间的设计

间是建筑的基本单位，是由相邻两个榀架以楣枋、搁栅、穿栅、桁梁等构件横向连接而成的建筑空间（婺州地区传统概念中的间是指单开间与总间深所形成的空间，而不是指四柱间的空间）。横向连接构件的断面形状尺寸，要根据建筑的等级类型及明、次间的位置不同酌情确定，一般厅堂住宅建筑取栅及桁的直径为 5~6 寸，若是方形栅，则取宽为 5~6 寸，高为 6~7 寸，大户豪宅的堂屋有取高达 8 寸的。还有一种特殊做法是只设置柱间的穿栅而不设搁栅，使楼面平整似天花板面，此类做法都采用方栅，取栅宽 6 寸，高 8~9 寸，楼板加厚至 1.5~2 寸。上穿栅的直径一般略小于桁栅 1 寸。

（二）基本单元——"三间头"的设计

婺州传统民居的独立排屋和院落建筑的正屋、厢屋多以三间为组合单元（五间组合的也有，不过所占比重不大，故不另列而纳为同类），这是遵循朝廷"庶民庐舍不过三间"规制的例证。但它与北方的三间单元组合不同，北方（含东北）的组合多是"一明两（或四）暗"式，只有一个门出入（图 5-3-19a），而且都是单层平屋；婺州地区是按"一堂两（或四）室"组合，而且都是开间大，间深更大的二层楼屋，两（或四）室均有各自独立的出入门户（图 5-3-19b）。

开间尺度设计：普通厅堂、住宅的中央间、堂屋多取 1.6 丈，两侧大房间各取 1.4~1.3 丈，再两侧边间各取 1.3~1.1 丈。

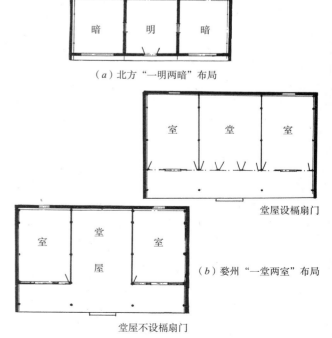

（a）北方"一明两暗"布局

堂屋设槅扇门

（b）婺州"一堂两室"布局

堂屋不设槅扇门

图 5-3-19 三间独排屋平面布局

大型宗祠、厅堂的中央间取 1.68~2 丈，边间取 1.5~1.8 丈。

间深尺度设计：通间深多取 2.4~3.6 丈。

（三）典型三合院"13 间头"的设计

"13 间头"是婺州地区最普遍的单体建筑形式，最典型的三合院。它本身是"3 间头"模块的组合体，但又是组合成群落建筑的基本模块。它由三个"3 间头"、两组"洞头屋"和明塘、照墙构成（图 5-3-20a 平面底层图）。关于它的形成和设计步骤，在"东阳帮"老匠师中流传着一个既科学、生动、有趣，又十分可信的故事传说。

具体设计步骤：

1. 确定三间正屋的开间、间深的尺寸，通常选开间为 1.6 丈和 1.4 丈，间深选 2.6 丈。

2. 将两山边榀柱的纵轴线各向外平移 6 尺至 8 尺画直线，预留小天井位置，此线即厢屋前小步柱的横向轴线。正屋前小步柱的横轴与此直线的交点就是两厢屋的第一根前小步柱位，再由此柱位向前按照设定的小堂屋和厢房的开间、间深尺寸，确定两厢各间各柱的柱位，通常选厢屋开间为 1.4 丈和 1.3 丈，间深选 2.5 丈。

3. 延长正屋及两厢屋后小步的轴线使之相交，确定两洞头屋的角柱位置。正屋两山外设天井的建筑，其洞头屋的朝向一般都与厢屋一致，所以有的把两间洞头屋也当作厢屋，称"13 间头"是由三间正屋和两边各五间厢屋构成（图 5-3-20a）；若正屋两山外侧不设天井，则与正屋同向或与厢屋同向均可，都是门对弄堂，所以也称"洞头屋"为"弄堂屋"。也有既不设天井也不设弄堂的，"廿"形通廊就成为"π"形或"H"形通廊（图 5-3-20a）。

4. 连接正面两山成照墙，并在正中轴线位置确定大台门的位置。

婺州传统民居体现正屋、厢屋地位高低的标识一般表现在檐口高度、正脊高度、开间间深大小上，而不在地面高度。只要地势条件许可，"13 间头"三合院的地面一般都取同一标高，目的是为了避免老人小孩不注意而跌跤受损伤。

典型"13 间头"三合院实例图（图 5-3-20b）

（四）"18 间头"典型四合院的设计

"18 间"典型四合院是在"13 间头"三合院的基础上，在照墙位置向外增加 5 间倒座，中间 1 间或 3 间为门厅通道，两侧厢房各 1~2 间，构成方正的四合院（图 5-3-21）。

（五）前厅后堂式"24 间头"的设计

婺州地区传统民居中此类型的建筑很普遍，虽然它是两个"13 间头"的纵向组合体，但它的体量并不算太大，且到处可见，本土乡民习惯把它和横向组合的"25 间头"都视为单体建筑，都俗称之为"一退屋"（"退"为本土语音，即幢、座、栋之意）。它的设计与"13 间头"基本相同，所不同的是前一个"13 间头"仍保持三合院形式，但三间正屋不做门面与隔间装修，作三间通敞的厅使用，在中央间两后大步（后金柱）间设计四扇屏风门（平时关闭，当礼仪需要时打开门扇或将门扇暂时拆卸），两后大步柱与后小步柱之间各设两扇屏门，后壁墙正中位置设石库大门（图 5-3-22e）与后一个"13 间头"沟通。后一个"13 间头"的两山和照墙与前一个"13 间头"的后檐

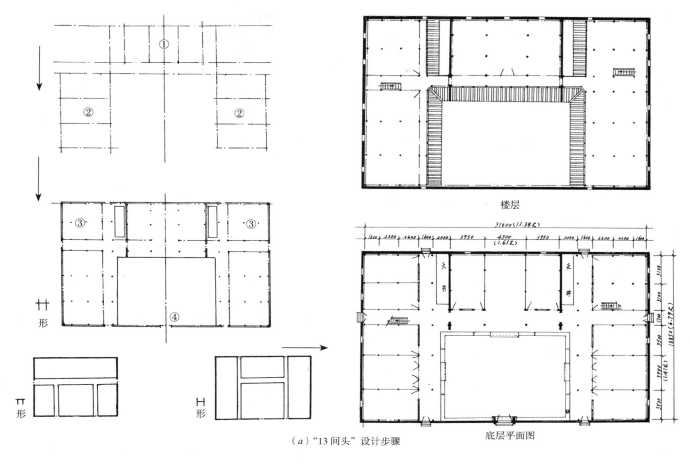

楼层

底层平面图

（a）"13间头"设计步骤

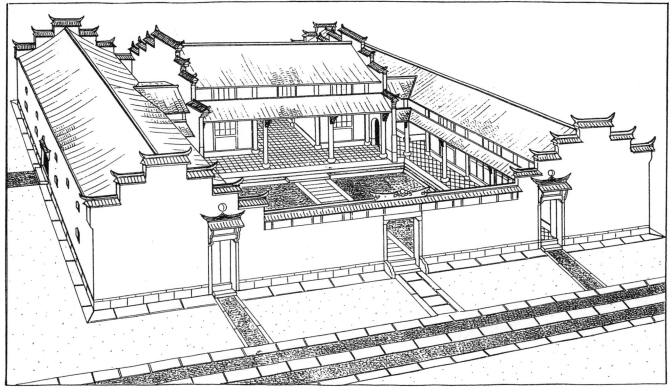

透视图

（b）"13间头"典型三合院实例

图5-3-20　"13间头"三合院设计（一）

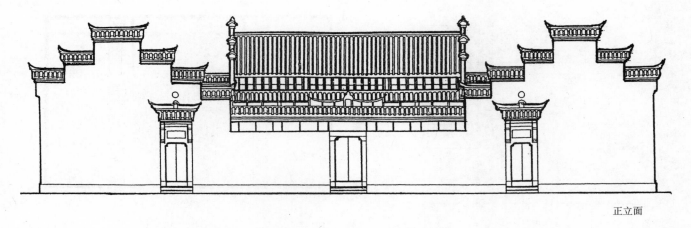

正立面

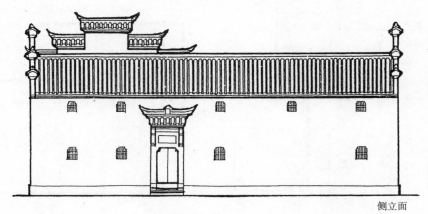

侧立面

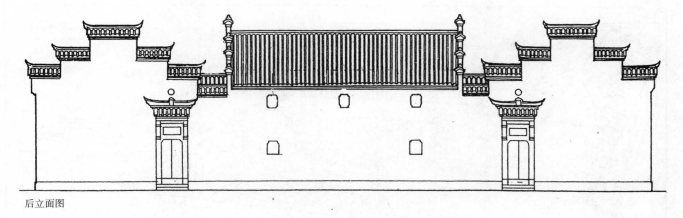

后立面图

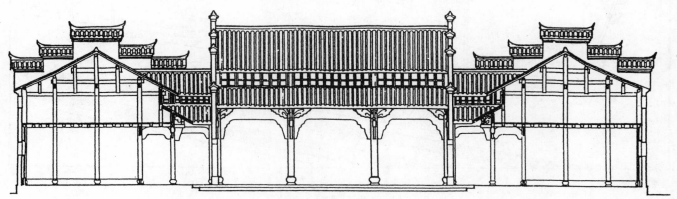

横剖面图

图5-3-20 "13间头"三合院设计（二）

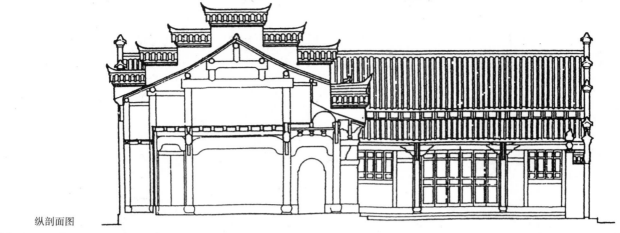

纵剖面图

图 5-3-20　"13 间头"三合院设计（三）

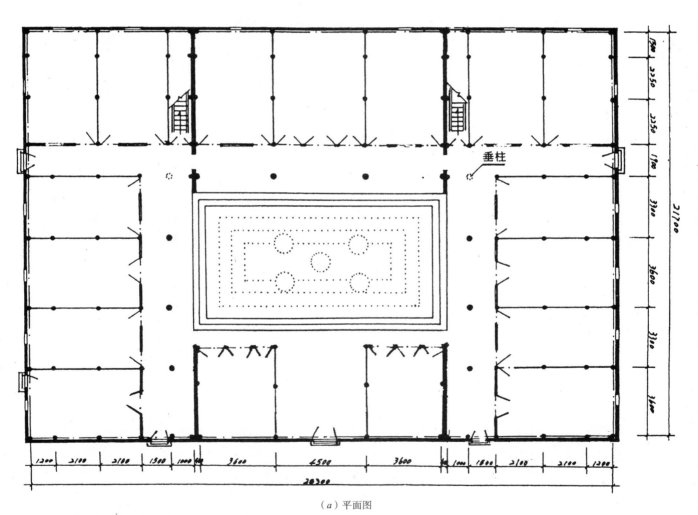

垂柱

（a）平面图

图 5-3-21　"18 间头"四合院实例（一）

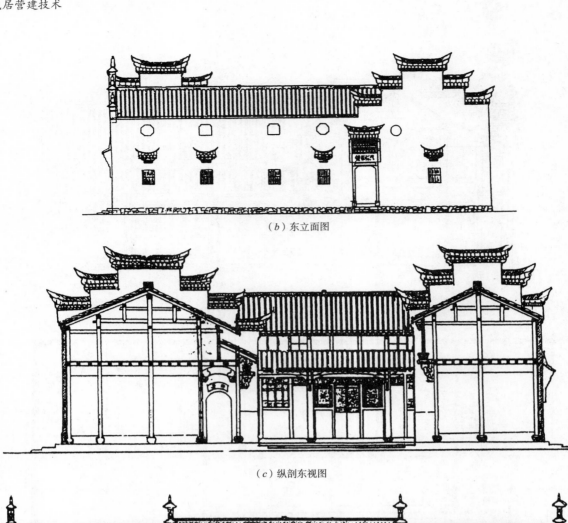

（b）东立面图

（c）纵剖东视图

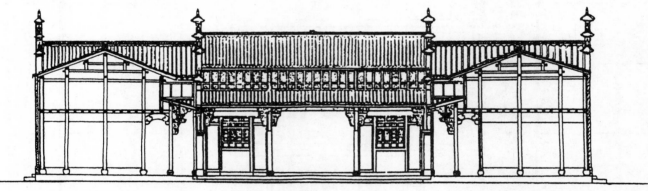

（d）横剖北视图

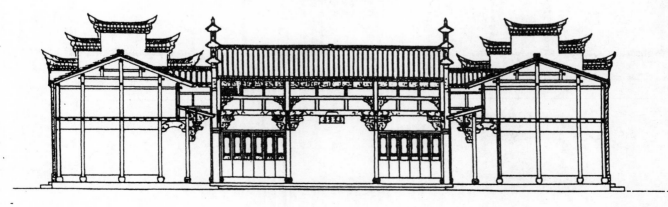

（e）横剖南视图

图 5-3-21 "18 间头"四合院实例（二）

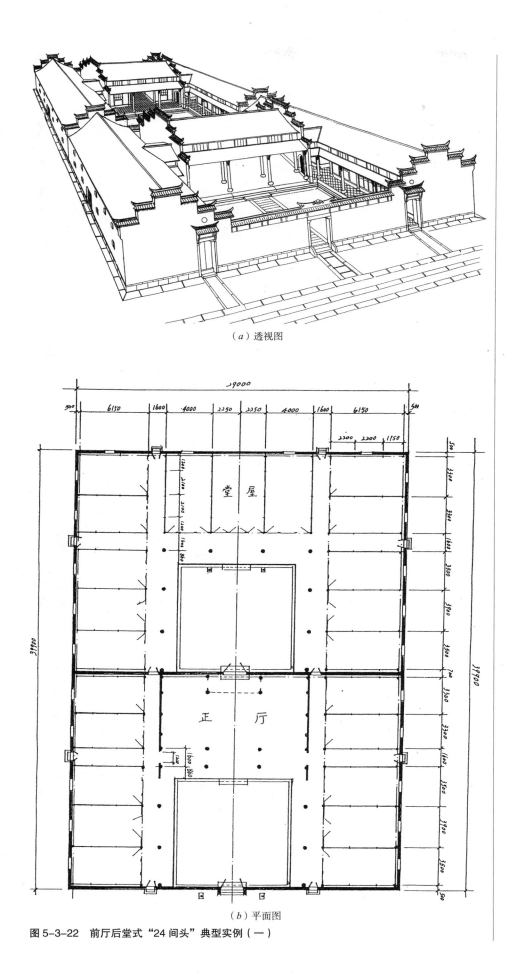

（a）透视图

（b）平面图

图 5-3-22 前厅后堂式"24 间头"典型实例（一）

（c）正立面

（g）侧后外观

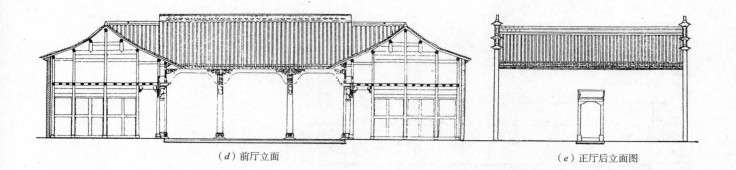

（d）前厅立面 　　　　　　　　　　　（e）正厅后立面图

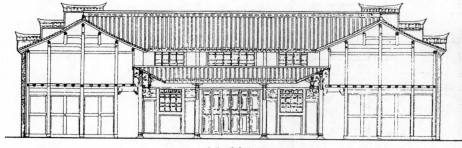

（f）后堂立面

（e）′正厅后立面实体照

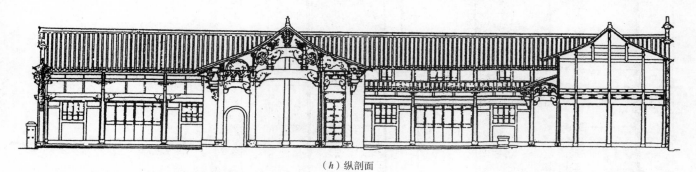

（h）纵剖面

图 5-3-22　前厅后堂式"24 间头"典型实例（二）

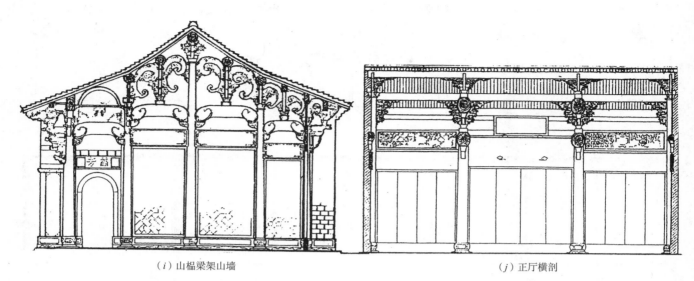

（i）山楹梁架山墙　　　　　　　　　（j）正厅横剖

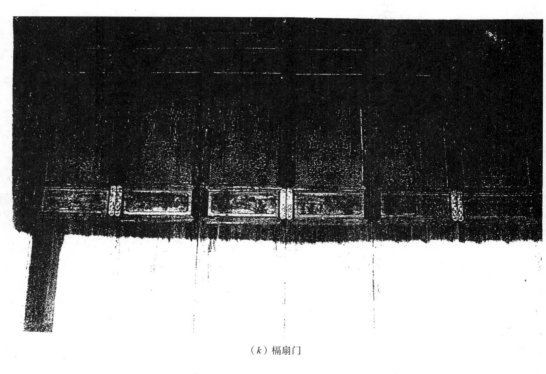

（k）槅扇门

图 5-3-22　前厅后堂式"24 间头"典型实例（三）
（选自《浙江民居》）

墙合二为一，构成为四合院。典型"前厅后堂 24 间头"的平、立、剖面图如图 5-3-22 所示。

（六）"25 间头"的设计

"25 间头"单体建筑是由一个"13 间头"三合院坐中，两侧各增加一个 6 间的小跨院（图 5-3-23），所有设计原则及方法均与"13 间头"三合院的设计相同。

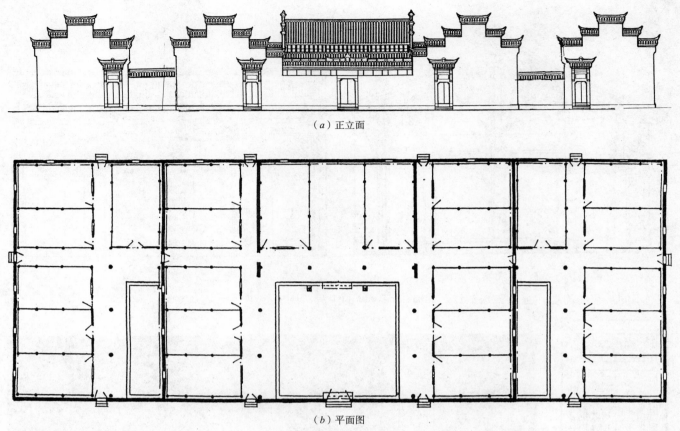

（a）正立面

（b）平面图

图 5-3-23 "25 间头"实例

三、群落建筑设计

　　群落建筑是城市、乡镇、村落的基础。婺州的城镇、乡村的群落建筑都是各典型单体建筑的横向、纵向或双向组合体，是大小模块的组合，灵活性很大，只要掌握了单体建筑的设计理论方法，就可应用自如。群落组合形式可参考第四章第二节的实例图示，此处恕不重复赘述。

第六章　婺州传统民居营建泥水（瓦）作

第一节　常用工具

泥水匠的工具分自备和屋主人提供两部分。

工匠自备工具，主要是砖刀、泥刮（铁抹子）、灰板、鲁班尺（角尺）、色线包、铁锤、木锤（图6-1-1）。

屋主人提供的工具，基本的有灰桶、水桶、砂箕、锄头、灰筛子，另外，根据不同工程的需要，提供特殊工具。如有筑泥板墙的工程，则应提供泥墙桶（板墙模）、泥墙锤（木夯），搭架用的工具梯子、高凳等（图6-1-2）。（注：泥墙桶多为村落公共的建筑用具，也有私家自备的，但各村都有。"东阳帮"砌墙一般不搭大型脚手架，砌楼下部分时用高凳，砌楼上部分时利用楼栅搭板和高凳，采用内脚手操作。高凳是节令庙会或庙宇开光在田野搭台演戏时，观众私家的看戏坐凳，开演前抬至戏台前占领有利位置，不经主人同意别人不可占坐。因凳长约六七尺，高约五尺，故称高凳。一般每村都有，平时都存放于

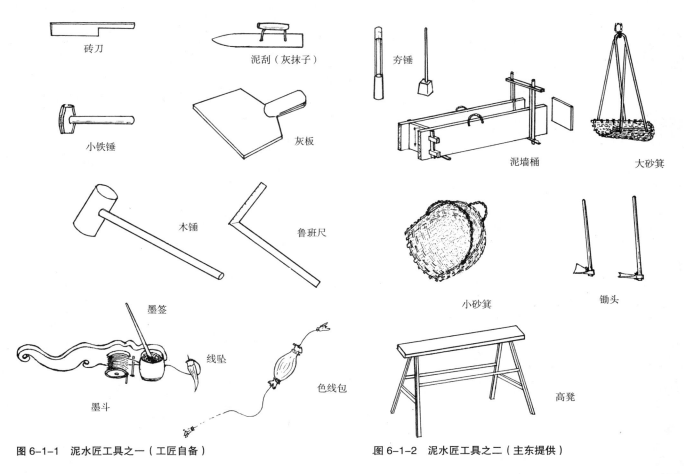

图6-1-1　泥水匠工具之一（工匠自备）　　　　　图6-1-2　泥水匠工具之二（主东提供）

祠堂内，无论谁家竖屋搭架都可借用）

第二节　泥水作设计与做法

一、基础

（一）找平放线

1. 准备工作

制作正规水准仪一套，或长约 1~1.6 丈的比较顺溜的大毛竹剖成大小两片，选其大的 1 片砍去中间竹节，只留两端竹节用以挡水，准备木桩 10 余个，伸缩性较小的棉线若干，小水鸭（漂浮物、纸片、小铜钱均可）2 个，长约 2 尺的两头各有小弯钩的等长细铁丝 2 根（用以吊挂小水鸭，必须绝对等长），小锤，小钉子，一小桶清水。

2. 确定水平面

即测定水准。婺州民间营造通常采用两种做法三种方式。

（1）水准仪法

使用类似宋代《营造法式》中的正规水准仪进行测定。水准仪的式样及现场设置如图 6-2-1 所示。

第一步：在建筑范围的四角及榀位方向的外侧，钉上龙门板或砌砖墩，用以标记水准及方位。

第二步：找平放线要以风水先生用罗盘确定的纵、横两轴线的基桩为基准进行，所以在测定水准前应将纵横两轴线抻好，并在两轴向的两端各砌 2 个砖墩（具体位置应选在基槽之外，不会影响放线挖槽砌墙基之处）。

第三步：把水准仪置于中央间的中部，两端用砖和木楔支起，先调整好轴向，然后，通过调整木楔或塞垫砖瓦片等方法调整水准仪两端的高度，使吊锤稳定时垂线与水准仪立柱上的中墨线重合。这两线重合，说明此时水准仪底座已处于水平状态，最后将两砖墩的四周及顶部（即设计的室内地平）用灰膏抹平并画上方位线，作为以后放线的标基。

第四步：设置好保护标基现状不受损的措施，或及时返到周围龙门板（或砖墩）上，做好明显、稳定的标记。

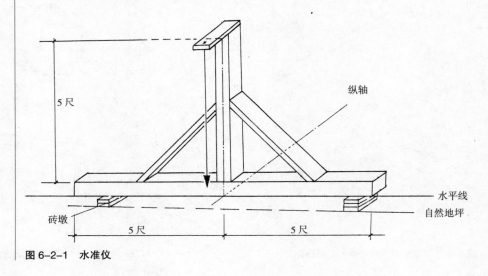

图 6-2-1　水准仪

（2）简易水槽找平法

用简便的水槽测定水准。水槽制作有两种方式。

1）用毛竹作水槽的测定步骤

第一步：在建筑平面的四角及各榀前后柱的外向钉上龙门板（图6-2-2）。把长约1丈的大毛竹剖掉约2/5，然后，把竹子的内节除两端的以外都敲掉，做成竹水槽，仰置于纵轴线中段的下方，对准纵轴方向后垫平置稳，再往毛竹槽内倒入清水，使清水灌满全槽。若水流不满全槽，则应调整水平槽的一端高度，使之能灌满全槽为止。

第二步：把两根等长的细铁丝标钩上"小水鸭"（浮标）后挂于纵轴线上，水槽两端上方各一，看小水鸭是否正对水槽内，若偏离，则应移动水槽的方向，调整至两个小水鸭均在水槽范围内。

第三步：在轴线一端或两端相互配合，紧靠方位木桩上下缓慢移动（不可左右偏移），调整至两个小水鸭都处于刚触及槽内水面的状态（图6-2-3）（注：无论"小水鸭"挂的是何物，均应如此，若细铁丝上不挂铜钱等"小水鸭"，直接观看，铁丝头刚触及水面也可）。此状态说明，此时的纵轴线已是纵向水平线。再将此线此时在两端木桩上的位置分别钉上钉子或画上标记。

第四步：按以上同样的方法步骤，确定横向前小步（檐柱）柱中心位上的水平线（注意此时的水槽应放在中央间的适中位置，以避免线的垂度不等，可能造成误差的影响）。调整准确后也在两端木桩上分别钉上钉子或画上标记。

第五步：量取纵、横两轴线正交点的高差，并记准哪条线在上。若是横向轴线在上，纵向轴线在下，则在纵轴线两端木桩上，以原来画的标记为基准线，向上返一个高差值，画上新标记，废去原标记。此新标记与横向轴线的标记处于同一水平面，也就是纵横两轴线四根木桩上所标记的线位，同处于同一水平面上。

第六步：以同样的方法，通过对纵向轴线的左右平移和横向轴线的向后平移，即可确定建筑四角和各榀位的水平位置，标记在各榀位方向两端的龙门板或标桩上。到此，也就完成了此建筑的水平测定。

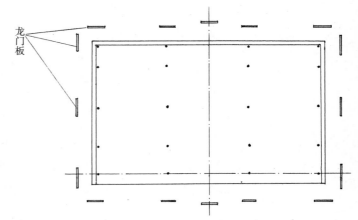

图6-2-2　"三间头"建筑为例龙门板定位示图

图6-2-3　水平测定法

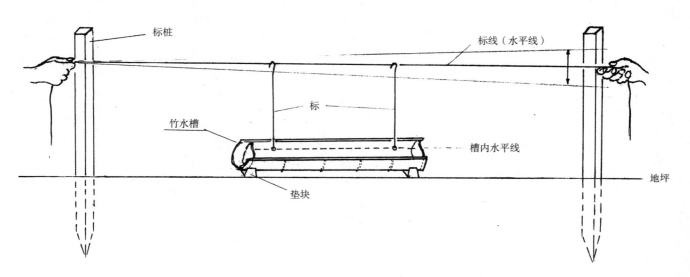

2）地沟水槽测定法

不用毛竹爿，而采取就地挖一条沟作水平槽的方式，其操作步骤完全同毛竹爿水槽法，只是水槽制作不同。因为新挖的沟槽渗水比较快，水面不能保持稳定，调整动作稍慢就可能产生误差，故用者较少。

3. 放线操作步骤

第一步：根据最后设定的室内水平高度，调整（上返或下返）建筑四角及各榀位方向标桩上的水平标记，也就是最后实地确定建筑的室内水平标记，并返到龙门板或砖墩上作新标记，抹掉旧标记。

第二步：用丈竿在前小步横轴上排点出各开间位置，撒出各榀位的白灰线。

第三步：用丈竿排点出各柱基位置，根据设定的边榀柱中线至墙内皮线的距离及墙的厚度，确定墙的外皮位置。

第四步：根据设定的立柱"掰升"尺寸、柱础磉盘尺寸、外墙厚度尺寸，外加基础放脚尺寸，分别撒出各柱基、墙基的挖槽白灰线。

（二）基础设计与做法

婺州传统民居是以木构架承重，墙一般只作围护，不作承重，而且为了柱子防潮，沿外墙各柱均与墙体分离，外墙包边柱的做法在婺州地区极为罕见，所以，基础分为墙基和柱基两种，做法也不相同。

1. 墙基

婺州方言称普通墙基为"墙脚"，称宗祠、庙宇、厅堂豪宅的须弥座或石陡板墙基为"台基"，称砌墙基为"摆墙脚"。因婺州传统民居多为二层建筑，且外墙不承重，所以对挖掘墙脚的深度要求不高，一般以挖到"界"为止（大型宗祠、厅堂、豪宅有的继续下挖约半尺）。"界"（婺州方言念"ga"）有两重含义：一指扰动土层（耕作种植层，俗称熟土）与原生土层（俗称生土、老土）之间的界线；二指原生土层。原生土层的土色呈褐、黄或赭红色，与耕作种植层有明显的区别（图6-2-4）。挖到原生土层时，婺州人说"楼到界了！"（此"楼"为方言谐音，是指挖掘，而非楼屋之意）。

熟土
界线
生土
界

图6-2-4 "界"

（1）墙基设计

婺州地区土地的耕作种植层厚度一般为 1.2~1.6 尺，传统民居的台基高度，除府第豪宅外，一般都遵循古制不超过 2 尺。所以，墙基的设计高度通常取 3.2~3.6 尺（府第豪宅有的达 4.8 尺），上宽取墙身厚度加 2 寸，底宽取墙身厚度加 8 寸至 1 尺（相当于 13% 左右的放脚）。

（2）墙基类型及做法

婺州传统民居的墙基按其用材和做法不同，可分下列五种类型。

1）石须弥座式

用于大型寺院、宗祠、表彰性建筑、厅堂及府第豪宅的台基、明塘、天井的排水明沟、照墙、照壁、门坊的基座等（图 6-2-5），婺州地区更多的是砖石混合砌筑（图 6-2-5e、图 6-2-5f）。做法步骤：

第一步：挖槽，清理找平槽底，用木夯夯实。

第二步：由槽底向上按设计收分垒砌毛石或条石墙至地面。垒砌毛石墙要求最底层的石料大面、平面朝下，其余均平面朝外，纵横上下，犬牙交错，墙基要适当加内外皮间的连接石，每块石料必须用小石块、碎石片垫、插、塞实，不可松动，不可用土塞垫，中间空隙用碎石填实。收分要均匀，不可出现鼓肚。砌条石也必须把每块条石错缝对接，并在内里用石片塞、垫稳固，不可有松动之处。

第三步：协助配合石匠师傅，共同对设计、雕饰好的须弥座构件进行安装。一般是外表面用须弥座雕饰的陡板，内侧则用毛石或条石垒砌，最上面砌压面石（宽为墙身厚度外加 1~2 寸）或窑砖（通常尺寸为长 1 尺、宽 8 寸、厚 3 寸）。

第四步：校验全台基的水平面是否准确一致。若不一致，则须进行修整使之一致，否则影响墙身的砌筑和墙体稳固性。

2）砖须弥座式

适用范围和做法要求基本与"1）"相同，只是把石须弥座部分的石料换成了细磨砖雕件（图 6-2-6）。

图 6-2-5　石须弥座台基

(a)　　　　　　　　(b)　　　　　　　　(c)

(d)　　　　　　　　(e)　　　　　　　　(f)

图 6-2-6　砖须弥座台基

图 6-2-7　石陡板台基（台明壁）

3）石陡板式

多用于富商豪宅，地下埋设部分的用材及做法同"1)"，地上露明部分的做法是：外向在地栿（土衬石）与压面石之间立石陡板，内里砌毛石、条石或砖。石陡板有素面和简单雕饰面两种（图 6-2-7）。

4）压面石式

普遍用于普通民宅。做法是：槽底夯实后，用毛石按上述同样要求砌筑至室内地平线下约 4~5 寸（压面石厚度），最后安装压面石，压面石上皮与室内地坪齐（图 6-2-8）。外墙中也有采用窑砖压面的，做法相同。

5）纯石墙式

一般用于泥墙屋或"披屋"、"小屋"，属最经济型，为简朴型民舍所普遍采用。做法是：槽底夯实后，用毛石、卵石、碎石等杂石混砌，砌至室内地坪后，有的铺一层砖，大多数不铺砖，直接置墙模填土夯筑泥墙（图 6-2-9）。

2. 柱基

婺州传统民居的柱基都是独立的，有以下两种基本形式，均由基石、磉盘、柱子（櫍）等三部分组成。（注：婺州地区俗称柱础为"柱子"，是沿用宋前"柱櫍"之称，称构架的立柱为"屋柱"、"柱脚"或具体称"栋柱"、"大步"、"小步"，而不称"柱子"。实际上，一般概念的"柱础"（清《工程做法》中称"柱顶石"），在婺州传统民居中是由"磉盘"和"柱子"两件组成。"柱子"只是柱础的一部分，

图 6-2-8　石板压面毛石基

图 6-2-9　毛石、卵石墙基

这在婺州地区并不会产生混淆，但其他地区的读者难免造成误会，故此处仍将石"柱子"称柱础）

柱基设计

依据建筑的类型、开间大小、构架用材、柱径的不同确定柱础、磉盘的尺寸。普通型、简朴型民居的柱础尺寸，直径一般取柱径（此指胸高处柱径，而非梢径）约6~8寸加1.5~2寸，高取6~8寸；磉盘尺寸取柱径的1.8~2倍。豪华型宗祠、厅堂、府第豪宅的柱础直径常取柱径（约1~1.8尺）加2~3寸，磉盘尺寸取柱径的2倍。基槽底宽取磉盘尺寸加8寸至1尺（约为13%的放脚）。

1）普通型柱基

为普通型和简朴型民居所采用。它所用的柱础多为方斗形、圆鼓形，磉盘都是正方平板形（图6-2-10），其他类型很少。操作步骤如下。

第一步：照撒好的方形白灰线下挖到"界"，而后清理槽底找平过夯。

第二步：由槽底向上收分砌毛石或卵石墙，砌至距室内水平约4~5寸（磉盘厚度）时找平。

第三步：安装磉盘。安装时要做到"三必须三不可"：磉盘本身必须水平，不可倾斜；上皮必须与室内地坪一致，不可有高低；磉盘下方必须用石片垫稳插实，不可有大的空隙和凸起支点。

第四步：校正磉盘的水平准确无误后放上柱础，然后左右旋转柱础，检查其是否平稳，同时检查柱础上方是否平整。若有问题则应请石匠修整。

2）覆盆形柱基

多用于大型寺院、宗祠、厅堂、府第豪宅等彻上露明造建筑。其制作安装操作步骤与普通型柱基相同，所不同的是：①柱础体形大、形状多，除方斗形、圆鼓形外，更有瓜楞形、花篮形、六角形、八角形等，更有施精湛雕饰的。②磉盘尺寸大，而且中央放柱础部位凸起2~8寸（比北方建筑柱顶石的鼓镜还高），犹似盆子覆扣，故名。更有雕刻与柱础雕饰配套的如意、莲花、海棠花等图案。③挖基时通常到"界"后再下挖半尺，以增强基底两侧的支撑力（图6-2-11）。

3）柱础实例（图6-2-12）

二、墙的种类与做法

（一）墙的概念与类型

墙是建筑物的重要组成部分，其意义如下。

《说文解字》解释：墙，垣蔽也。

《辞源》解释：用砖石土木等砌成的房屋园圃之界城，门屏，装饰灵柩之布帐。

《辞海》解释：房屋或园场周围的障蔽，门屏，出殡时张于棺材周围的帷帐。

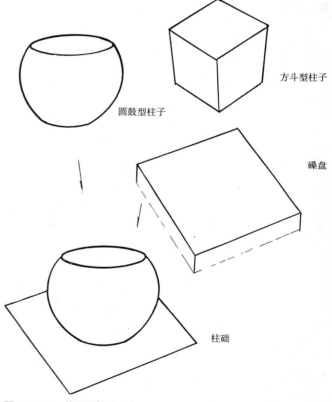

方斗型柱子

圆鼓型柱子

磉盘

柱础

图6-2-10 普通型柱础磉盘

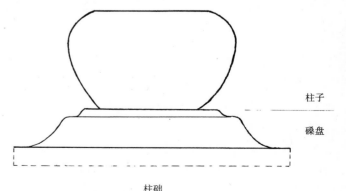

柱子

磉盘

柱础

图6-2-11 覆盆式柱础磉盘

107

图 6-2-12　柱子（础）实例

文字书写之演化过程：籀文（即秦篆）为"牆"，至汉代为"牆"，唐代为"牆"，明代为"墻"，到清晚期出现"墙"，到 20 世纪 50 年代正式简化为"墙"。

从以上辞书的解释和起始文字秦篆的结构（左半部是筑墙工具板模，右下部象征藏储的粮囤，右上部的双禾象征稻禾粮食；又一说象征用稻草盖土墙顶）不难看出，墙的本意最初是象征筑泥板墙，用于储藏，后来才泛指起围（卫）、障（蔽）、阻（挡）作用的物体，概括为"蔽"、"围"二字。若细而分之，则墙在建筑中的型类、艺术文化内涵是极其丰富多彩的，论称谓，更是建筑名称大家族中的望族。其分类及名称：

1. 按使用功能分类

（1）防御性的墙，如长城，都邑城墙，寨墙，要塞、坑道、战壕之壁等。

（2）围护性的墙，如宫墙、垣墙、院墙、围墙、后檐墙、山墙（金字头墙、马头墙、屏风墙、五花墙、五行风水墙、盔式墙、肚兜墙、防火墙）等。

（3）遮蔽性的墙，如照壁、影壁、门屏、帷帐等。

（4）阻挡性的墙，如挡土墙、挡（避）风墙、挡水堤、坎墙、女儿墙、防洪人墙等。

（5）分界性的墙，如界墙、院墙、隔断墙、板壁等。

2. 按受力作用分类

（1）承重墙，如硬山搭桁结构的山墙等，承载外加负荷的墙。

（2）非承重墙，不承载自重以外任何负荷的墙，如院墙、影壁墙、女儿墙，婺州民居中的山墙、后檐墙等。

3. 按材质属性分类

（1）坚（钢）性材质的墙

1）以石、砖、土坯、蚌壳等砌筑或用土夯筑的墙和室内木板隔断墙。

2）以竹木荆条编扎作为壁之骨架，外抹草泥白灰的泥壁墙、竹编墙。宋《营造法式》称之为"隔截编道"。

3）以钢筋混凝土构筑或钢板制作的墙。

4）深而不露的墙，如冰窟、地窟、墓室、坑道、隧道壁等。

（2）软（柔）性材质的墙

如茅苫墙、绸布麻织物或纸制帷帐等遮蔽墙。

4. 按材料和砌筑方法分类

（1）石墙分类（图6-2-13）

1）条石墙：采用加工规整的矩形、方形、条形石砌筑的墙。多见于防御性的城墙、要塞、码头泊岸、江河护堤、府衙及豪宅的基部或底层的外墙。

2）毛石墙：采用不规则的毛石料垒砌的墙。多见于山塞、山区民宅、江河泊岸墙。

3）河石墙：以河卵石为主料垒砌的墙。多见于丘陵山区的民宅及河溪泊岸墙。

4）混合石墙：以不同类型的石料混合垒砌的墙。多见于山区平民住宅及梯田护坡墙。

（2）砖墙分类（图6-2-14）

1）整砖平（卧、眠）砌墙，多见于府衙、庙阁或个别民宅的墙底部。

2）整砖陡（立、斗）砌空心墙，即所有顺砖都是横向陡砌，丁砖是竖立砌筑，成为空心墙，也叫空斗墙。多见于苏南地区，婺州地区十分罕见。

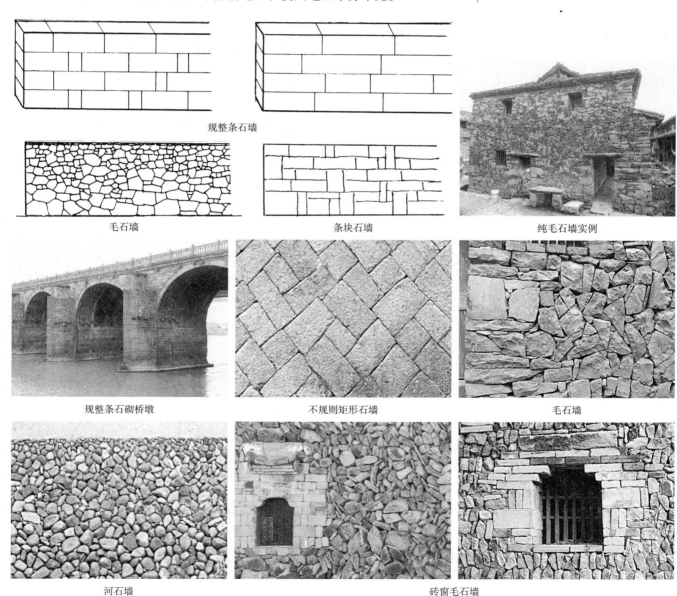

规整条石墙

毛石墙　　　　　　　　条块石墙　　　　　　　　纯毛石墙实例

规整条石砌桥墩　　　　不规则矩形石墙　　　　　毛石墙

河石墙　　　　　　　　　　　砖窗毛石墙

图6-2-13　石墙类型

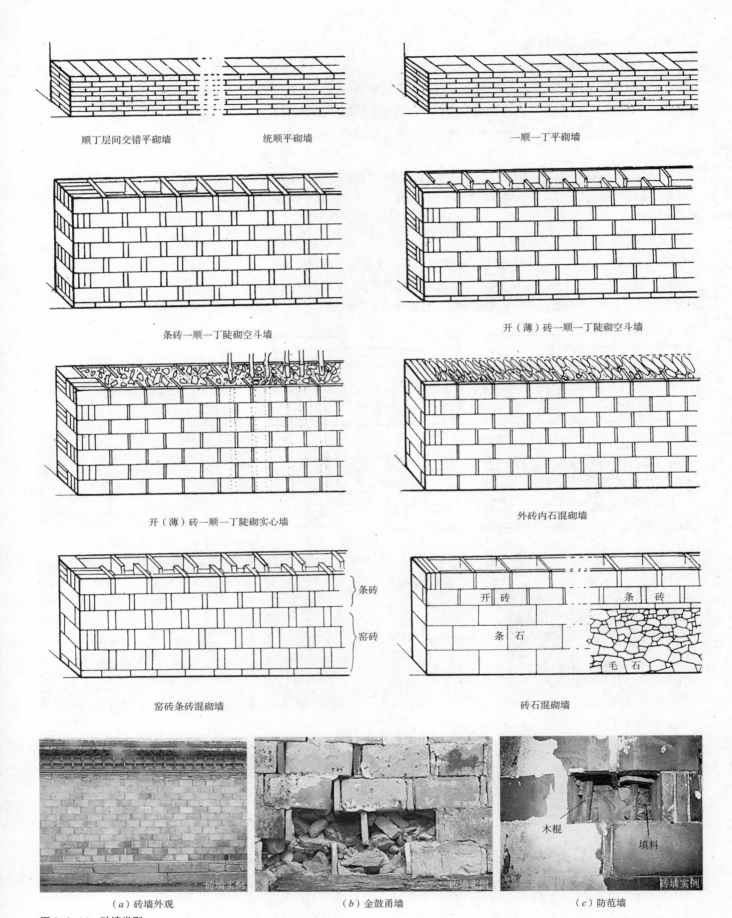

顺丁层间交错平砌墙　　　　统顺平砌墙　　　　　　　　一顺一丁平砌墙

条砖一顺一丁陡砌空斗墙　　　　　　　　　开（薄）砖一顺一丁陡砌空斗墙

开（薄）砖一顺一丁陡砌实心墙　　　　　　　外砖内石混砌墙

窑砖条砖混砌墙　　　　　　　　　　　　砖石混砌墙

（a）砖墙外观　　　　　（b）金鼓甬墙　　　　　（c）防范墙

图6-2-14　砖墙类型

　　3）整砖陡砌实心墙，砌法同空心陡砌，外观也相同，不敲打听声难以区分，但其内里是用碎砖、碎瓦、碎石塞填，而后用石灰碴、黏黄土泥混合搅成的稠泥浆浇灌，使填料与砖结成一体（图6-2-14b）。婺州传统民居基本都是此类做法。"东阳帮"老工匠称采用这种做法的墙叫"今古用"（东阳方言谐音），具体怎么写？究竟是什么意思？工匠们都不太清楚。只知道师父是这样叫的，说是讨彩的话，但又不知是讨什么彩。笔者经长时间考证和与老工匠共同探讨，认为比较确切的写法应该是"金鼓甬"三字，是一种形象美称。"金鼓"指空斗墙的形状似帮鼓；"甬"在《礼记·月令》中有"角斗甬"，而郑玄又注："甬，今斛也"。斛既是古代量器，也是容量单位。古时以十斗为一斛，到南宋末年改五斗为斛。空斗里装满填料的墙，犹似金鼓作为斛用，层层陡砌的实心墙类似层层装满粮食的斛，寓意"五谷丰登粮满仓"。这是朴实的形象美称，是所有屋主人都愿意听的彩话。

　　另外，婺州地区的富豪宅第为了防止盗贼破墙入室作案，还有在塞填碎砖瓦之前，先在空心斗中插上木棍或竹竿，而后塞填灌浆的做法（图6-2-14c）。

　　实心陡砌墙有三大优点：①增加了墙的自身强度；②提高了安全防范的功能；③可及时消纳现场的碎砖瓦块、石灰碴等建筑垃圾。它是营建施工工艺的一大创举。

　　4）整砖碎砖石混砌，即墙外侧用整砖或半头砖，而内侧则用碎砖或卵石碎石混合砌筑，最后内侧用麻刀灰抹平压光刷白。北京地区的普通四合院中十分普遍，称之为"砖头墙"，即不是用整砖而是用半头砖砌筑的墙。整砖砌筑的叫"砖墙"，但在浙江中西部地区的平民住宅中十分罕见。

　　（3）泥墙分类（图6-2-15）

　　1）夯土（筑）墙，用黏土、砾石子、石灰渣等混合土置于墙模内逐层夯筑而成，婺州人谓之筑泥墙。有的晾干后不作任何处理，有的用花秸泥抹面刮光，更有在花秸泥面上加抹纸筋（或麻刀）石灰膏的，最后刷白灰浆以利防雨防潮。前者多见于北方，后者多见于南方。

图6-2-15　泥板墙

　　2）土坯墙，即用未经烧制的生土坯垒砌的墙。土坯，有的用原土切块，有的用花秸泥置于坯模中脱成，待晒干后砌成墙，而后用花秸泥抹平墙面，多见于北方各地。也有用黄黏土与砂子混合置于模中脱成坯，风干后生坯垒砌或烧成半熟后垒砌，表面一般不作任何处理，多见于赣、云、贵、川等地，婺州地区基本没有此类墙。

　　（4）泥壁墙

　　也叫竹夹泥墙、荆笆抹泥墙，"东阳帮"称之为"泥壁"。先将墙面分成若干块，再将编好的竹木荆笆帘子固定好，或直接在龙骨上编插，而后用草泥将帘子两面抹平，最后用白灰膏找平压光（图6-2-16）。多见于南方各地清代以前的建筑，一般用于屋内隔断和山墙上部。西南地区的吊脚楼普遍采用此类经济墙。

　　（5）篱笆墙

　　以竹木树枝荆笆扎成的乡村农家院的围栏墙（图6-2-17）。多见于僻远山区的民舍。

　　（6）其他型类

　　1）茅苫墙，以稻草或茅草编制而成，用作临时性建筑物的防雨或分隔空间（图1-1-2e），多见于江南地区的砖瓦窑场和农村茅厕的外围及男、女厕之分界。

图6-2-16　泥壁墙实例

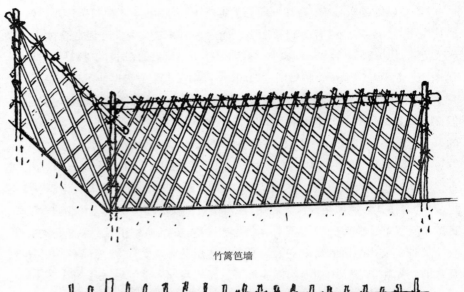

竹篱笆墙

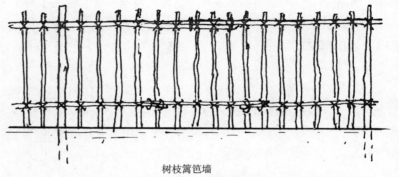

树枝篱笆墙

图 6-2-17　篱笆墙

实例

2）桩墙，桥墩基座的柏木桩墙。

（二）墙身的设计与砌筑操作

上述所列的墙中，除土坯墙、整砖平（卧）砌墙、蚌壳墙外，在婺州均曾采用或仍在沿用。下面将重点介绍砖墙、泥墙、竹夹泥墙、茅苫墙、篱笆墙的设计操作及技术要求。

1. 砖墙

（1）砖的种类

婺州传统民居建筑所用的砖有条砖、开砖、窑砖、望砖、栋（脊）砖、券砖、花脊砖、大方砖等。用于普通民居砌墙的主要是条砖、开砖，另有少量的窑砖；大型厅堂豪宅的山墙内面及墁地也有用大方砖做磨砖对缝活，用望砖铺屋面，用花脊砖做脊（图 6-2-25、图 6-2-28、图 6-2-29）。

条砖：条砖是婺州传统建筑的标准砖，长 1 尺（28 厘米）、宽 5 寸（14 厘米）、厚 2 寸（5.6 厘米）。不同时期的砖稍有差异，如明代前多为长 1.08 尺（30厘米）、宽 1/2 长（15 厘米）、厚 2 寸（5.6 厘米），还有长 1.2 尺（33.3 厘米）、宽 6 寸（16.6 厘米）、厚 2.5 寸（7 厘米）。

开砖：开砖是清代和民国时期婺州传统民居中使用最广泛的一种砖，它的长、宽尺寸均与条砖相同，只是厚度仅为条砖的 1/2。这两种砖的烧制工艺过程都是一样的，只是模具不同，开砖的木模在厚度的 1/2 处有一宽约 2 毫米的细缝（图 11-1-1），制好砖坯，在脱模前用细钢丝弓沿缝向后一拉，就把砖坯切成两半（仅保留后端约 1 寸连接，制木模锯细缝时已考虑预留），但脱模、晾干、烧制、搬运过程仍保持类似条砖的整体不一分为二，直到工地砌墙的一刻，泥水师傅才用瓦刀把它一分为二。因这种薄型砖用于砌"金鼓甬"墙，其效果完全一样，只是丁砖的厚薄不同而已，但开砖的重量、成本、运费都只是条砖的一半，是一种经济型砖材，所以在清代和民国时广为采用。

窑砖：垒砌烧砖瓦的窑所用的大土坯砖，经烧砖瓦后它本身也由土坯烧熟成为砖，拆窑后就作一种特型砖使用。其规格尺寸，一般为长 1 尺至 9 寸、宽 9~6 寸、厚 3~2.5 寸，更有长约 1.5 尺（42 厘米）、宽约 1.2 尺（33.3 厘米）、厚约 4.6 寸（13 厘米）的大窑砖，多用于砌外墙底部（窗台以下）和砌灶台。

（2）砖墙的设计

婺州的砖墙依所用砖的类型不同，砖的布法不同，斗内填料、做法不同，主要有条砖陡砌、开砖陡砌、底部窑砖陡砌、上部条砖或开砖陡砌、砖石混砌等类型（图 6-2-14）。砖墙的厚度设计主要依据所用砖的类型尺寸和布法来确定，一般为一砖长或一砖长加一砖厚（即 1~1.2 尺）。

（3）砌砖墙前的准备

1）泼灰：婺州工匠砌砖墙不用泥，只用石灰膏，砌砖前首先要制灰膏。制石灰膏的原料是生石灰块（即刚出窑不久尚未氧化的石灰块，制灰膏用的生石灰至少有六成以上是大块灰，四成以下是小块灰）。制作的第一步是把灰块堆成一堆，再用清水泼于石灰堆上，泼时要由中心向外，先高处后低处，泼的水量既要保证泼透，使灰块有足够的水分，尽快氧化成灰粉，又不可一次泼得太多形成流淌、造成细灰粉流失，待充分氧化并冷却后用米筛子筛去未烧透的灰渣。

2）沥灰：在灰场挖大小土坑各一个，小坑较浅作沥灰池，大坑较深作沉淀池（用灰量少的也有不挖灰池而用木桶的）。往沥灰池里倒上水，再将已充分氧化过筛的细石灰粉铲到沥灰池中，用四齿耙充分搅拌成浆后通过过滤筛流入沉淀池，经池壁自然渗漏，排吸干清水即成灰膏待用。已经充分氧化的灰粉要尽快沥入沉淀池沉淀成灰膏，以保证灰膏的质量。"13 间头"三合院以下的单体建筑一般要求一次沥够所需灰膏。

3）制备靠墙方杆、挂线及破麻绳、纸筋。

（4）砖墙砌筑的操作步骤及工艺要求

1）砌砖准备

第一步：根据四角标桩（也叫龙门桩）上的水平高度标记，布线检查所砌墙基是否平整一致。如误差不大，可用灰膏薄石瓦片找平或先砌一层卧砖找平，若误差超过 1 寸，则应重新处理。

第二步：在墙基上先弹出后壁（檐）墙的外皮线。弹此线的依据：一是底层墙的厚度和边柱的中线至墙内皮的设计尺寸（一般是 8 寸至 1 尺，视边柱径的大小设定）；二是尽量保证后壁墙都是整砖砌筑，即后檐墙（两山墙外皮间）的总长 =（一顺砖长 + 一丁砖厚 + 灰膏缝厚）× 组数 + 一顺砖长；三是两金字头（山）墙的外皮线要随后壁墙的整砖需要而向里或向外作适当调整。因此，两金字头墙的内皮线至边柱中线的距离可能与后壁墙至边柱中线的距离稍有差别。两金字头墙的总长度也应用此原则确定。但它的后端与后壁墙的正交点是不可调整的，调整必须在前端。所以，在设计墙的基础和出檐尺寸时就应考虑这些因素。

第三步：按所弹外皮线砌好第一层砖，再由把作师在墙的四角处各砌3~5层，而后支杆挂内外标线，依线砌筑。

2）砌砖墙的作业及匠师的组合方式

砌砖墙的作业方式分前进式和后退式两种（图6-2-18a）。

金鼓甬墙的丁砖砌法有两种形式，如图6-2-18b之1、2。

砌砖墙的工匠组合形式：一般是三人组合，即泥水师傅一人，负责砌砖，半作一人，负责塞填灌浆（图6-2-18b），另外，徒弟或蛮工一人，负责提供砖料、灰膏、泥浆等。工程量不大时也可采取两人组合，即塞填灌浆，提供砖料、灰膏、泥浆均由半作（或徒弟）一人承担，或师傅也分担灌浆任务；工程量大，工期紧时也可采取四人组合，即师傅两人，一人在墙内侧，一人在墙外侧负责砌砖（两人在同一作业面上作业，作业中，一人作前进式操作，另一人作后退式操作），半作或徒弟一人，负责塞填灌浆（图6-2-18c），另外徒弟或蛮工一人，负责提供砖料、灰膏、泥浆。

3）砌砖墙的操作步骤

第一步：师傅挂好内外墙皮标线（也是此层砖的上口线，是一线双用），徒弟将灰膏铲于灰桶中，再加适量的水，用木棍充分搅拌。灰膏标准是：用砖刀挑灰膏时既不感到太稠，也不会流淌，又没有砂粒灰粒。

第二步：左手取砖，右手握砖刀，刮去砖四周之毛茬（若用的是开砖，则应用砖刀刃轻砍开砖连接的后端，将砖一击为二）（图6-2-18d（1）），然后放下一块，手拿一块，再用砖刀刃刮去四周毛茬（图6-2-18d（2））。

第三步：左手拿砖（若用开砖，都是一面光，另一面糙，必须认准光面对自己），右手握砖刀从灰桶里刮取适量石灰膏，沿砖的砌接面的好面楞角，约呈30°角刮石灰膏（若角度太大，一则浪费灰膏，二则造成灰缝过粗，影响美观）。若是前进式操作，刮灰膏的顺序应由下向上刮右丁面的灰膏，再从右向左刮顺面灰膏（图6-2-18d（3））；后退式操作时，则应先从右向左刮顺面，接着再由上向下刮左丁面（图6-2-18c左下图），而后左手腕旋转约150°，将砖置于砌口处对准下方砖楞和上口线（图6-2-18d（4）），左手扶稳砖，先用砖刀刃面轻击砖上方1~2下，后用刀背敲击砖的丁端一下，再看上下左右是否与标线符合，调整好后再用砖刀刃面轻击砖上方一次（图6-2-18d（5）），最后用砖刀刃面刮平灰缝，松左手即完成此顺砖的砌筑。丁砖的砌筑顺序也相同，只因砌接面不同，左手拿砖的角度稍有不同，主要是为了刮灰方便、顺手。

第四步：砌好几斗后，由半作随其后负责塞填灌浆（塞填碎砖瓦片要放置平稳，尽量咬合挤严，不可混乱无序；泥浆稠度要适当，既不可过稠滞流，又不可太稀，造成泥浆冲刷灰缝外淌），待完成一层后再将标线升高一层，接着砌第二层、第三层……直至墙顶。

4）后檐墙檐口砌法

婺州传统民居后檐出檐做法，常见的形式如图6-2-19所示。

5）墀头砌法

由于建筑的上出檐与下檐出之比一般都是3∶2，山墙上部墀头必须超出下檐出，否则山墙的上檐口无法交代，所以必须通过墀头来过渡。婺州传统民

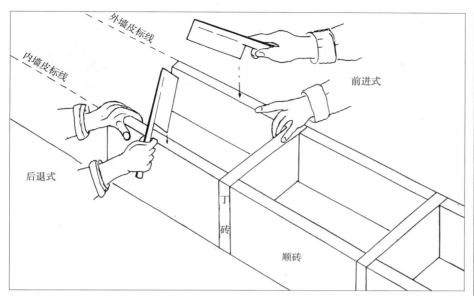

（a）砌砖作业方式

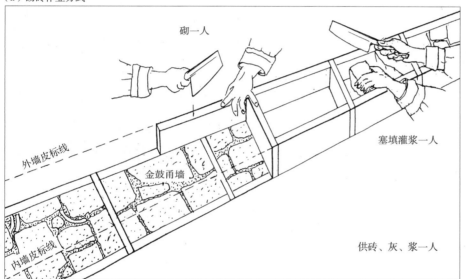

（b）三人组合分工 -1

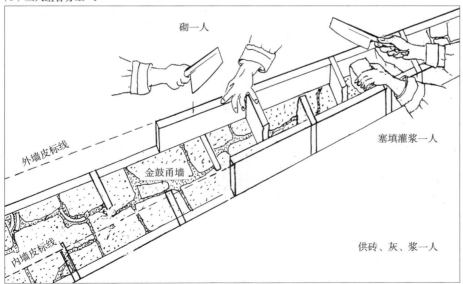

（b）三人组合分工 -2

图 6-2-18 砌砖墙操作图（一）

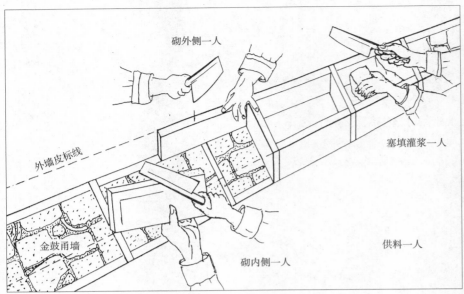

（c）四人组合分工

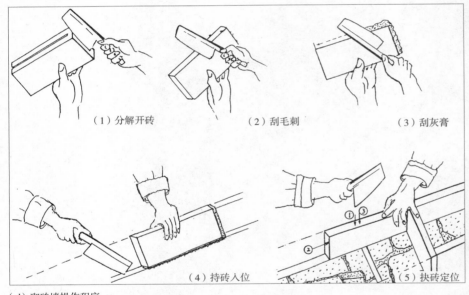

（1）分解开砖　　　　（2）刮毛刺　　　　（3）刮灰膏

（4）持砖入位　　　　（5）抉砖定位

（d）砌砖墙操作程序

图 6-2-18　砌砖墙操作图（二）

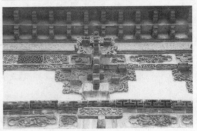

图 6-2-19　檐口做法实例

图 6-2-20　墀头做法

居的墀头过渡做法形式很多，但多数比较简单，大同小异，少数采取砖石雕饰或绘画（图 6-2-20）。

2. 泥墙

泥墙是婺州民间对泥板（筑）墙的俗称，也就是通称的夯土墙、版筑墙、干打垒墙。据史料推测：它源于殷商时期，婺州地区在秦汉时期已广为采用，是宋元以前建筑的主要墙体形式。明清以来，与青砖墙同为婺州民居的主要墙体形式，直至 20 世纪五六十年代仍在沿用。它是起源最早、流传最广、历时最久，又具冬暖夏凉、隔声防火、经济耐用等诸多优点的刚性墙体。婺州传统民居建筑的泥墙没有土坯墙，基本都属于使用板模夯筑的板筑墙。区别在于有的在夯筑中隔层加竹篾，有的不加，有的夯筑后内外均不作任何修饰处理，有的外部不作修饰处理而内部作修饰处理（一般是先抹一层稻草泥，再抹一层麦壳谷糠细泥，待基本干透后再抹一层麻刀或纸浆白灰膏，最后刷一遍白灰浆），有的内外都作同样的修饰处理。

（1）夯筑泥墙的工具

1）泥墙桶。泥墙桶是婺州人在夯筑时所需的制式工具——墙模（版模）的俗称（图 6-1-2）。它的宽度确定了墙的厚度。泥墙桶的尺寸：一般取长 6~6.6 尺（但其中 6.5 尺是棺材的定长尺寸，故在婺州营建中是忌讳尺寸，不被采用），宽 1.2 尺或 1.28 尺，高 1.2~1.36 尺，板厚 2~2.5 寸。

2）手夯木锤 2 个，木锤、锄头、铁锹（因用于铲泥而俗称泥锹）、砂箕、砖刀、泥刮、灰板（图 6-1-1、图 6-1-2）。

（2）泥墙夯筑步骤

第一步：准备墙土。墙土的质量直接影响墙体质量。土的沙性太大，不结实，易塌，黏性太大、湿度太大，易出现干裂缝。所以，在选土时要尽量选择有黏性，含沙量又适当的生黄土。若黏性过大，应掺入适当的砂石或滤透的石灰碴（不可用尚未充分氧化的石灰颗粒，以防颗粒氧化产生热量张力使墙面鼓裂）。筑墙土最好是头天拌合好，洒少量的水，过一夜，第二天再拌合一遍备用。工匠们掌握土的含水量有一经验口诀："生土筑墙，湿度要当，手攥成块，落地便碎。"

第二步：置泥墙桶。首先在墙基的一端或适中位置扒两个相距约 4 尺的小槽，把两根圆木垫棍放入槽内，使上皮与槽口平，再把泥墙桶置于垫棍上，固定好木卡；而后，看端头之线垂调整垫棍的高低，使线垂与泥墙桶端板上的中线重合，塞垫固定好垫棍，最后检查至泥墙桶稳定端正为止。

第三步：填土夯筑。婺州泥墙一般是每桶（层）分三步夯成，每步填土约 6~7 寸，夯实后落 3.5~4 寸。头一步将和好的土填入泥墙内约半桶，摊平后先用手夯的木柄插土（间距约 5 寸，插两遍），而后用锤头夯筑，头一遍中力夯筑，第二遍、第三遍重力夯筑，第四遍中力靠帮边补夯；再填土约 6 寸，照上一步做法夯筑；最后填满桶（中间要超出桶板高），再按序夯筑。

第四步：拆掉木卡与活动端头板，将另备的两根垫棍置于下一墙模位，将泥墙桶后退至下一个模位，再将垫棍抽出作备用。按以上第二步、第三步各项程序操作完成后，再依次后退，直至筑完墙的第一层。

第五步：按第一层操作程序依次夯筑完第二层、第三层……但要注意：①层与层间必须错开接缝，如同砌砖墙不可上下层对缝。②要根据天气状况，掌握好每天连续夯筑的层数，一般每天只可连筑三四层，最多五层。老工匠谚语："打（筑）五勿打六，打六便要哭。"意思是说筑泥墙不可一气呵成，要留有一定的晾晒自然风干时间，每天最多只能筑五层，不可筑六层，否则，就可能因晾晒时间不够，墙体强度还不足以承受第六层的负重而倒塌，到那时，前功尽弃就该哭啦！

第六步：修饰表面。首先抹稻草泥（把稻草用铡刀铡成或剁成 2 寸左右长的段，而后与泥浆拌合均匀，也可掺点经充分氧化的细石灰粉）一层，厚约 3~5 分；待干硬后再抹麦壳谷糠泥一层，厚约 3 分；晾干后再抹麻刀或纸筋石灰膏（麻刀和纸筋都要经浸泡 1~2 天后，放入石臼，充分捣椿成泥状，然后按 100 斤石灰膏：3 斤麻刀或纸筋的比例掺入石灰膏中，再加适量的水搅拌均匀后即可使用）一层，厚约 2 分；最后刷一遍或两遍石灰膏薄浆。

3. 条石墙

采用规整的方形、矩形、条形石板砌筑的墙，如前图 6-2-13a 所示。传统民居中有的用于墙的台基、底层或窗台以下部分，更多是用于桥墩、泊岸、护坡。由于石料规整，砌筑比较简单，单层使用时只要每层及对接处刮一层石灰膏即可（目的是保温防寒、防风隔声），可以勾缝也可不勾缝，多数不作勾缝。

4. 毛石墙

毛石墙，即采用未作特殊加工的荒料石垒砌的墙。所用石料为花岗石、砂砾石、石灰石、火山石、青石等。多数用于住宅的外墙及基础、河堤泊岸、池塘渠壁、梯田护坡等处，如前图 6-2-13b 所示。砌毛石墙的主要技术要求如下。

1）石料使用：①较规整的大块石料用于墙角部分，稍长的条形石料用作内外或前后牵制石。②对每块石料而言，要大面朝下，小面尖头朝上，好（平、光）面朝外，必要时可用铁锤敲打稍作修饰。③石与石之间，上下左右前后都应犬牙交错使用。

2）石料稳固：每块石料的稳固必须是横向用石片、石块垫实垫稳，竖向用石片插实，切不可用泥浆土块填塞。墙内外石都垫稳固后，再用大小适当的小石块填塞空隙，而后在墙芯部位灌适量的稠泥浆，一般宽约 6~8 寸，不可流出石缝，影响美观。灌浆的目的不是为了加固，而是为了防止透风、防寒、隔热、隔声。

3）墙体收分：为了增强石墙的牢固稳定，砌筑的墙体不是上下同宽，而是上窄下宽，俗称"放脚"。婺州民居的石墙收分有三种形式：①内外同时作同样收分；②外面收分，内面不收分；③外面正常收分，内面收分小。正常收分一般设置为 13%~15%。早期石墙，特别是河堤、泊岸、护坡的收分不仅较明清以后的正常收分（或叫放坡）更大一些，而且不是直线坡，要求是弧状坡。婺州人形象地称这类型的石墙为"犁壁坎"。"犁壁"是"犁铧"的俗称，即墙的外向形状像犁铧（图 6-2-21）。这是唐代建筑遗风，也符合今天的力学原理。

4）砌完后，可对缝隙较大之处用小石块、石片进行打点塞垫。婺州传统建筑的石墙通常不作勾缝、包缝处理。

5. 河石墙

河石分两种，一种是块头较大并且不太光滑的，通常称之为河石，多用于砌河堤护坡；另有一种是块头较小、外形圆滑，常称为鹅卵石或河卵石，一般用于铺装地面、路面、较矮的护坡和砌筑墙基、台基。河石墙的用途、砌法及技术要求与毛石墙大体相同，主要是石料不同而已（图 6-2-13）。

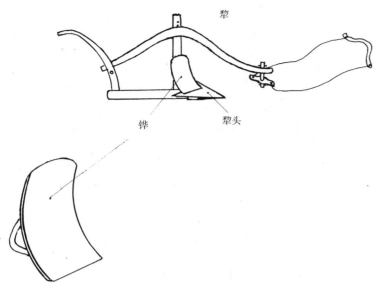

实例

图 6-2-21　犁壁坎

6. 混合墙

泛指砖、石料混合砌筑的墙。实际类型，有条石、毛石、卵石混砌的，有毛石、卵石混砌的，有砖与各种类型的石料混砌的，还有墙外向是砖而内向是石料的，还有外向用整砖，内向用半头碎砖的。这类型的墙一般为交通不便的边缘山区的贫民住宅或畜舍"披屋"所采用，无特殊要求，一般参照毛石墙的做法要求。

7. 荆笆墙

婺州地区多指用竹篾编成壁体，而后两面抹以草泥、石灰膏的隔断墙。这种墙在宋代《营造法式》中称作"隔截编道"，婺州工匠称之为"泥壁"，也有称"竹编墙"、"竹夹泥壁"、"竹木龙骨灰泥墙"、"荆笆抹泥墙"等，一般用于楼层的内"隔间"（隔断）或洞头屋的门面槛墙。明代以前的建筑也有用于外山墙的楼层部分的，楼下比楼上潮湿，一般不采用（图 6-2-16）。另外也泛指用木棍、荆条、竹子、板条、高粱、腰芦秆（玉米秆的俗称）等捆扎成的简便篱笆围墙和用以挡鸡的菜园围墙等（图 6-2-17）。

具体做法如下。

第一步：在两柱间横向竖向各立 1~3 根木龙骨（通常取宽 2~3 寸、厚 2 寸），把墙面分割成 4 樘、6 樘或 9 樘，然后在各樘竖立 2~3 根约 1 寸见方的小龙骨。

第二步：用竹篾片或荆条在小龙骨上编成墙笆（图 1-1-3）。

第三步：把黄胶泥泡透后拣出石子，加稻草段或谷壳搅拌成稠泥浆抹平墙笆。

第四步：待草泥干后抹纸筋石灰膏，纸筋与石灰膏的比例 1：5。

第五步：稍干后压光或再刷 1~2 遍石灰膏薄浆。

三、马头墙

（一）马头墙的概念

马头墙也称"马头山墙"婺州人称为"金字马头"，是婺州传统民居建筑的主要特征之一。这种山墙形式不仅用于砖墙，而且最早是用于板筑的泥墙

（图 6-2-22a）。

"马头墙"的前身是人字形山墙，因为"金"字的上部也是人字形，很像一堵山墙，所以婺州人形象地称"山墙"为"金字"或"金字头墙"（图 6-2-22），自从墙头上增添了马头以后，才称这种有马头的山墙为"金字马头"。有人称此类山墙为"封火墙"，这个称谓不确切。"马头山墙"与"封火墙"是两个不同的概念，两者间既有统一的一面，又有独立的一面。只有马头山墙位于两组建筑之间的共用山墙，或是两座窄巷建筑的山墙时，它才能起隔离火源的作用，可称之为"封火墙"、"防火墙"；而位于独立建筑或普通山墙的位置时，它就不是封火墙而是普通山墙。图 6-2-23 是一座前厅后堂式的"24 间头"单体建筑，共有 10 个马头山墙（若前后两厢不是共用山墙时，则应有 12 个），其中有 4 个只能称"山墙"、"马头墙"、"金字马头"，而不能称之为"封火墙"、"防火墙"，因为这 4 个山墙并不起封火、防火作用。

（二）马头墙的砌筑

规则口诀："头五加泥，余四无泥"，"仰四覆五，前垫三后垫一"，"五四三二一"。

第一步：把山墙砌到设定的檐口穿枋下方（图 6-2-24a 的 a 点）后，继续向上砌墀头至下金桁或金桁上皮同高（b 点）。

第二步：按图 6-2-25 所示，由 b 点开始按前出四层、两侧出三层（每层出约三指，即 2~2.5 寸）继续高砌至 c 点；再按"头五加泥，余四无泥"的口诀由 c 点砌至 d 点，即往上再加砌四层（前端直砌，两侧收分砌），外端共五层砖，层间加泥浆或灰膏；其余为四层，层间不加泥浆或灰膏，即内收三层的层间均不坐泥灰（图 6-2-24b）。

第三步：分瓦垄。通常马头长约 1~1.3 檩步（4~5.2 尺），瓦的宽度约 6.5 寸，所以瓦垄数一般为 6~8 垄。

图 6-2-22 婺州民居山墙类型（一）

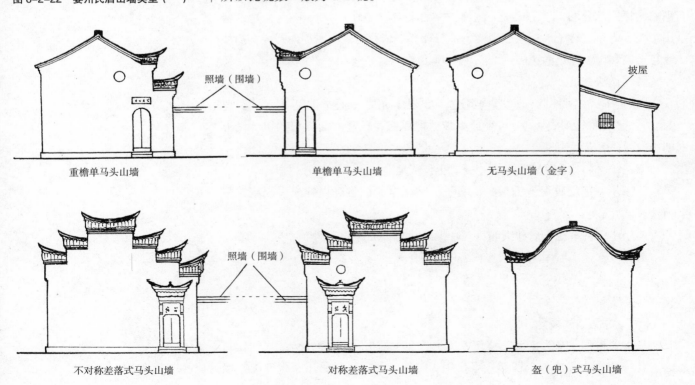

重檐单马头山墙　　　　单檐单马头山墙　　　　无马头山墙（金字）

照墙（围墙）　　披屋

不对称差落式马头山墙　　　　对称差落式马头山墙　　　　盔（兜）式马头山墙

照墙（围墙）

（a）泥马头墙实例

（c）石马头墙实例

（b）砖马头墙实例

图6-2-22　婺州民居山墙类型（二）

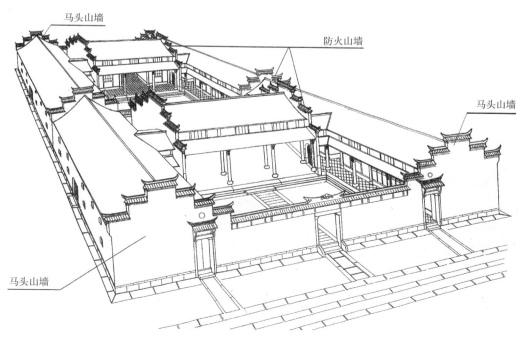

马头山墙

防火山墙

马头山墙

马头山墙

图6-2-23　马头山墙与防火山墙的区别

第四步：布瓦口诀"仰四覆五，前垫三、下垫两、后垫一"或"五四三二一"，即仰瓦（底瓦）每垄用瓦4片，覆瓦（盖瓦）每垄用瓦5片（靠马头端两垄适当增加1~2片）。因婺州传统民居的仰瓦、覆瓦均采取冷摊法，不坐泥背不用灰，一般只在椽头钉檐头板，也不采用连檐和瓦口条。为防檐口第一片仰瓦奄头、覆瓦张嘴，影响整齐美观，在覆瓦（猫头、冒头）下面垫3片半截瓦，如图6-2-24f所示。半截瓦的纵向尺寸约为整瓦的1/3，如图6-2-24f右图所示，后端脊部垫1片半截瓦，在檐口仰瓦或滴子的下面垫2片或1片半截瓦，后端脊部垫1片半截瓦，这就是口诀所说的"前垫三下垫两后垫一"和"五四三二一"。最后在末垄仰瓦与墙面接触处用灰膏抹缝压光处理，以防雨水渗漏。

第五步：砌脊。布完仰瓦、覆瓦后即可做脊，先在脊中线两侧各扣盖一行瓦，再在两行瓦的上面与先扣盖的错开接缝加扣一行正脊瓦，最后在正脊扣瓦上立瓦，立瓦可以是直立，也可以是斜立，斜的角度也无统一规定，均视用瓦数量

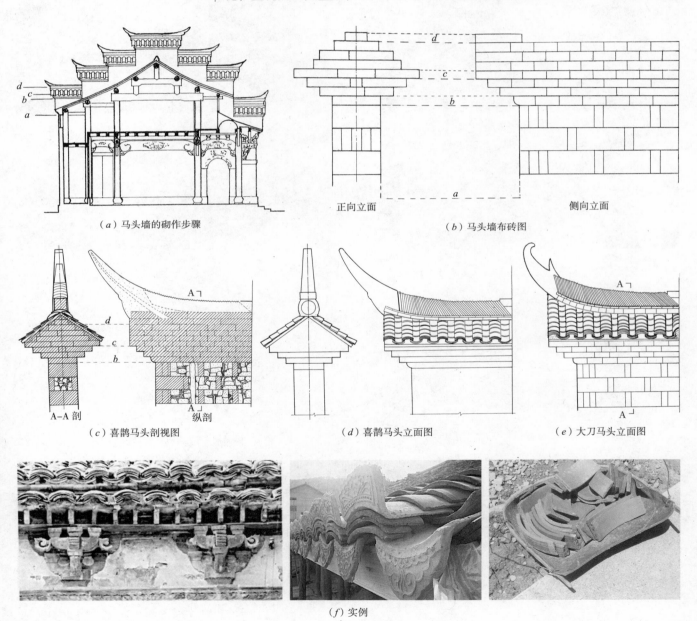

（a）马头墙的砌作步骤　　　　　　　　　　　（b）马头墙布砖图

正向立面　　　　　　侧向立面

A—A剖　　　　纵剖

（c）喜鹊马头剖视图　　　　　（d）喜鹊马头立面图　　　　　（e）大刀马头立面图

（f）实例

图6-2-24　马头墙的砌法

及主人爱好而定（图6-2-24e）。

第六步：堆塑马头上翘部分。这部分的堆砌首先要埋设好骨架，骨架材料可取木棍、竹片、铁片、钢筋等，不论用何种材料，均需用草绳或麻绳缠绕紧密，而且在堆塑前要把草麻绳用水湿透，以便与外面的塑灰结合。喜鹊马头（图6-2-24d）的骨架也有用瓦与麻绳缠绕连接而成的。大刀马头的端部卷曲部分也可用瓦制作，只是瓦片连接的方向不同而已。

婺州马头墙的马头形式虽有三种典型模式，但不同的师傅发挥不同，最后成果也不尽相同。可以说，婺州马头墙形式像中华民族一样是一个大家族。

四、屋顶设计与做法

婺州传统民居的屋顶做法比较单一，宗祠、厅堂、住宅基本都是两坡、平脊、硬山形，只有寺院、宫观、庙阁建筑才有施歇山、庑殿或攒尖顶，脊部灰塑佛道神话故事，两端起翘。间深特别大的厅堂建筑有的采用前后勾连搭的做法，前后坡之间的雨水向两山排出。东阳卢宅肃雍堂的前厅与中厅间即采用此法，而且进行了特殊处理，历经500多年至今不漏。具体做法：首先在前后坡共用檐桁的上部挖出凹槽，槽上置"U"形石槽，石槽接口处用桐油石灰粘接，再在石槽上铺一层锡板，而后用纸筋石灰膏抹成排水天沟伸出山墙外。个别的也有在勾连搭上加草架柱作复水顶的，如东阳厦程里村堪称中华大地第一民宅的"位育堂"，这种结构的屋面做法仍同普通两坡顶。"披屋"一般都是单坡顶。

婺州建筑的屋面用材普遍使用青布瓦，山区可偶见石片顶，筒瓦只在庙宇歇山顶中作垂脊用，不作覆瓦用。布瓦的尺寸历代略有不同，明代以前的较大，清代以后的稍小。青布瓦的尺寸一般为：长7~8寸，大头宽7寸，小头宽6寸，厚约0.4~0.5寸，弧长为瓦筒外圆的1/4。

婺州民居建筑体系砖瓦尺寸调查表详见附录［2］九。

（一）屋面类型及操作步骤

婺州传统民居的屋面活，无论用什么材料垫瓦，均不坐泥，也不用灰，而是采用冷摊法，即把瓦直接摆于瓦垫或椽子上。具体做法主要有望砖垫瓦、杉皮席垫瓦和杠杠落三种类型。

1. 望砖垫瓦

此类做法多用于大型宗祠、寺庙、厅堂、府第豪宅等彻上露明造建筑的屋面（图6-2-25a）。操作步骤以下。

第一步：取望砖（长约8寸，宽约6.5寸，厚约1寸的青砖），用砖刀刮去四周的毛茬，放入青灰水中浸泡半天以上，捞出晾干后再刷一遍青灰浆，使砖的色泽一致并防渗漏。

第二步：平铺于两椽子上，两砖接口处刮少量白灰膏挤缝以防渗水。

第三步：在望砖上用冷摊法布瓦，摊瓦时不论用不用冒头、滴子，均要按"三二一"或"前垫三下垫两后垫一"的口诀做。也就是在布每一垄檐口仰瓦时，要在下面垫2层半截瓦，在覆瓦下面垫3层半截瓦，在布靠屋脊一端的最后1片瓦时要在下面垫1层半截瓦。口诀是通常规则，但实践证明，经烧制后的瓦，其弧度多少都有形变，厚薄也有差异，所垫半截瓦条的弧度。厚薄都可能有差异，叠起的高度也会有差异，所以实际操作中运用口诀不可死板，要灵活掌握，有时可能要垫4片甚至5片，这种现象并不罕见。采用此法布瓦就可避免檐口仰瓦奄头、覆瓦和靠脊瓦张嘴，造成漏水和影响美观。瓦的搭接密度，一般是2~3搭，视瓦的实际长度和主人的实力而定，实力强的也有在脊部采用3~4搭的。

冒头、滴子瓦的迎面一般都烧制有花卉、蝙蝠、古钱、福字、寿字或厅堂的堂号等图案。清末建筑出现了以木板，替代望砖（图6-2-25d），称之为"望板"，板厚约6~8分，柳叶缝拼接。

2.杉皮席垫瓦

杉皮席垫，婺州方言称为"篦（音bi）"，是用宽约1.5寸、厚约2分的杉皮或薄杉木片编成的席垫（图6-2-25b）。用它托垫瓦面有三大优点：①可降低对椽子的规格要求，许多不太直溜的杉树尖、松木棍、木板膘皮均可用作椽料。②杉树不怕潮湿、不易腐朽，有利于保护椽和桁。③经济实惠，其造价仅为望砖、望板的几十分之一，甚至百分之一。所以，民国以前一直被普遍采用。

操作步骤：

第一步：把编好的席垫（也有在屋面上现编）铺于椽上。

第二步：布瓦垄。婺州传统民居布瓦，一般不画线分垄，只挂正中一垄的线，摊布好正中一垄的仰瓦后，则以此为准分别向两边布瓦，最后到山墙边视实际情况作两种处理：①最边一垄仰瓦的外边正好靠垄或接近山墙时，则在与墙结合处抹白灰膏，以防漏水（图6-2-26d）。也可以贴墙斜向先放一趟仰瓦，而后再抹石灰膏，如实例1。②最边一垄仰瓦的外边离山墙的距离大于3寸又少于一片瓦的宽度时，则可贴墙再布一垄稍有倾斜度的覆瓦，也在与墙结合部抹白灰膏（图6-2-26d），若在马头墙下方也可不抹石灰膏，如实例2。

第三步：冷摊瓦。冷摊瓦的口诀方法步骤均同以上"1"之第三步。

3.杠杠落瓦

"杠杠落"是婺州方言俗称，即椽上不施任何铺垫物，直接在两椽间布瓦，每隔一空档摊一垄仰瓦，而后在两垄仰瓦间布覆瓦（图6-2-25c）。冷摊的口诀方法步骤也同以上"1"之第三步，这是清末民初才出现的做法。采用此法要求椽子规格方直，不会变形，椽档准确；否则，会造成屋面不平而漏水。同时，瓦直接接触椽子，瓦湿椽子也湿，南方雨水多，椽子长期潮湿，容易腐朽，所以，普遍采用杉木做椽。

（a）望砖垫瓦　　　　　（b）杉木皮蔗垫瓦　　　　　（c）杠杠落　　　　　（d）望板实例

图6-2-25　屋面垫瓦类型

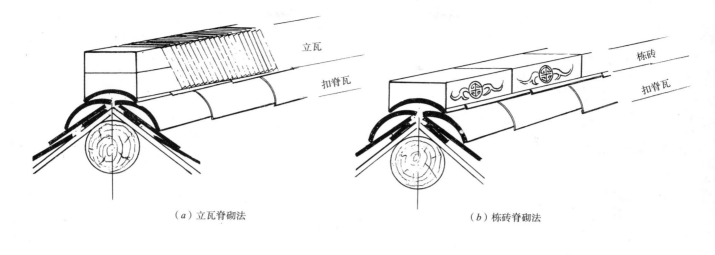

（a）立瓦脊砌法　　　　　　　　　　　　　　　　（b）栋砖脊砌法

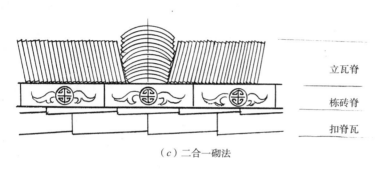

（c）二合一砌法

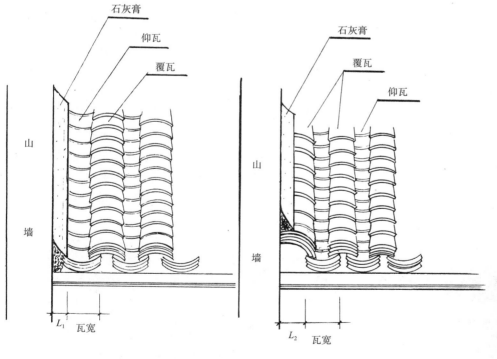

L_1<3寸时采用　　　　　　　　3寸<L_2<瓦宽时采用

（d）边沿处理

（e）实例

图6-2-26　立瓦脊、栋砖脊砌法

（a）

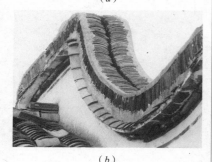

（b）

图 6-2-27　立瓦脊实例

（二）屋脊的类型与做法

婺州传统民居的屋脊做法类型大体可分为立瓦脊、栋砖脊、花砖花瓦脊、灰塑脊等。

1. 立瓦脊

俗称"子孙瓦"、"子孙脊"，是婺州传统民居建筑中使用最广泛的一种正脊形式，它应用于各种不同等级的建筑上。具体做法及步骤如下。

第一步：在已做好瓦面的脊端，不用灰泥，干布 3 片扣脊瓦（图 6-2-26a、图 6-2-26b）。

第二步：在扣脊瓦上由两山各向中央竖立青布瓦（竖子孙瓦虽为直立，但要有适当的倾斜度，因为垂直而立的脊瓦与扣脊瓦的接触面小，相对说，稳固性差。不管倾斜度多大，两侧的斜向、斜度必须对称），布至正中轴位，最后在中轴位置向两头斜的瓦之间，横压一叠瓦或用 8 片瓦拼成古钱或其他吉祥图形（图 6-2-27a）。多数是只横压一叠瓦（图 6-2-26c）。由于所立的瓦形似排列整齐、前后接踵的队伍，象征子孙绵绵，所以俗称为"子孙瓦"，称这种屋脊为"子孙脊"。

2. 栋砖脊

栋砖脊就是以特制的"栋砖"（也叫脊砖）替代立瓦的一种正脊类型。这类脊的砌法与立瓦脊完全相同，只是把立瓦换成栋砖而已（图 6-2-26b）。还有一种是在栋砖脊上再加立瓦，就是把立瓦和栋砖二合一同时并用（图 6-2-26c）。这种做法虽然多用了材料，但其视觉美感效果提高了，稳固度也增强了。因为栋砖的下面与扣脊瓦的弧度是一致的，两者结合非常稳定，而栋砖的上面是平的，瓦立在其上，无论是垂直竖立还是倾斜而立，都非常稳定，所以是一种很好的正脊形式。栋砖的式样形状种类很多，如图 6-2-28 所示。

3. 花砖花瓦脊

花砖花瓦脊与立瓦脊、栋砖脊的基本做法完全相同，只是用的压脊材料或方式不同而已。花砖脊是在栋砖脊上增砌花砖，花瓦脊是在栋砖脊上用瓦拼砌一层瓦花。花瓦脊没有预制的成品件，式样都是工匠的临场发挥，最常见的有古钱形、玉兰花形、十字花形、莲花形和龙鳞形。花砖多为预制，式样也很多，各地各窑厂烧制的也不一样，通常用得最多的有海棠形、双胜形、梅花形、葫芦形、元宝形、福字形等。花砖脊一般都比立瓦脊、栋砖脊高 1~5 倍。它的优

图 6-2-28　栋砖脊实例

点是更显建筑的宏伟华丽，增强美学感受，同时它的立面通透的空隙多，提高了抗风能力。这类花脊多用于大型宗祠、厅堂、府第豪宅等彻上露明建筑的正脊、岔脊或马头墙上（图6-2-29）。

4. 灰塑脊

灰塑，也叫堆塑，就是在砖瓦做脊的基础上，再增加灰塑造型，使屋脊增高增美，更具文化色彩和艺术感染力，多用于大型寺院、宫观或宗祠建筑。题材内容多为龙凤瑞兽、吉祥动物、佛道神话故事、人物等（图6-2-30）。比较大型和复杂的灰塑活由专门的雕塑师傅负责制作。主要步骤是先根据题材内容勾画造型，用木棍、铁丝等制作造型骨架，再用草麻绳缠绕，用麻刀、桐油、石灰或石膏腻子进行造型塑制，最后作精细修饰。

五、券洞门窗及雨罩的种类与做法

（一）券洞门的设计与做法

婺州传统民居的大台门、小台门一般都采用八件套或六件套式石库门；而正屋两山墙的通廊门和左右弄堂门多采用券洞门；后弄堂门有的也采用券洞门，但多数采用六件套、四件套石库门或过木门。

券门的尺寸设定及操作步骤如下。

1. 简易制胎法

第一步：制作券胎（模）。确定券胎半径的依据是门内口宽度。最简便的办法是量取门内口宽度除以2（或再减去1~1.5寸）作为券的半径画半圆于胎板上，用绕锯锯成半圆，券胎制成。

第二步：用1~2根支柱将与门口同宽的厚木板稳定支撑于上皮与门口的平水线同高处，如图6-2-31a的A_1B_1线，券顶如虚线位。

第三步：在木板两端各放1块同样厚的条砖或同样厚的条砖、薄开砖各1块，再将券胎稳定于砖上（图6-2-31a之A_2B_2线上）。此时的券胎顶已比以门口为直径的半圆提高了1~1.5砖的高度，实际券顶由虚线位置升至实线位置，等于现在的券胎线已比原半圆上拱了1~1.5砖的厚高，相当于门宽3.8尺的5%~8%左右。这样砌成的券门，一来可增强抗沉降能力，二来可提高人们的视觉效果，给人以舒服感。

第四步：沿券胎边缘砌筑半圆。砌筑时，用砖有两种形式：一是采用丁砖陡砌，还有一种是使用券砖（楔砖）陡砌。

第五步：撤券胎。待一两天后即可松动下端支柱，使券胎自然下降，而后轻易地撤去胎具。

图6-2-29 花砖花瓦脊

图6-2-30 灰塑脊

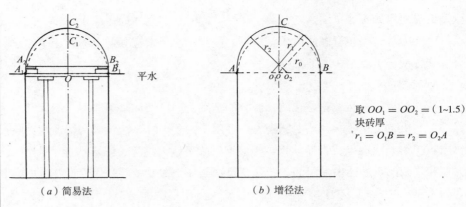

取 $OO_1=OO_2=(1~1.5)$
块砖厚
$r_1=O_1B=r_2=O_2A$

图 6-2-31　券门胎制作

（a）简易法　　　　　（b）增径法

2. 增径方法

第一步：如图 6-2-31b，先在平水线上点出门口宽度 A、B 两点和圆心点 O，再点出 O_1、O_2 两点，使 $OO_1=OO_2=1~1.5$ 砖厚。

第二步：分别以 O_1、O_2 两点为圆心，以 BO_1、AO_2 为半径画弧交接于 C 点。再沿 ACB 弧下锯券胎制成。

第三步：用支柱将券胎支好。以下砌砖、撤券胎等步同"1"之第四、第五步。

（二）外墙窗

婺州传统民居早期建筑底层不设外墙窗，楼层设木棂小窗，明后期的建筑底层设外墙窗的渐多，窗口尺寸也有增大。楼下窗通常取高 4~6 块砖宽（2~3 尺），宽取 2~2.5 块砖长（2~2.5 尺）；楼上窗取高 4 块砖宽（2 尺），宽取 1.5~1.8 块砖长（1.5~1.8 尺），但形状基本没有变化。一直沿用的几种类型如图 6-2-32a 所示，实例如图 6-2-32b 所示。到清末、民国初期才出现矩形窗，窗棂改为圆棍式。

（三）雨罩

婺州地区雨水多，传统民居的外墙门窗，除楼层窗因距后檐口较近，多不另设雨罩外，底层的外墙门及窗均设计雨罩。主要形式有砖檐式（一般民居的外墙门窗普遍采用）、瓦檐式（豪宅和中等以上民居的外墙门窗均用）、密檐式（厅堂豪宅普遍采用）这三类。

砖檐式做法

第一步：当砖墙砌至超过窗口顶部 2~3 层砖时，在窗口上部 3~4 块砖的长度范围内改用卧砖砌法，砌雨罩的第一层砖，砌时向墙外伸出约 3 寸。

第二步：砌雨罩的第二层、第三层砖。各层的正面和左右两侧各向外伸出三至四指（2.5~3 寸）。外伸的形式有平直的，有犬牙交替的，有用砖雕饰成斗栱等多种形式，见图 6-2-33 实例。

第三步：在贴墙处再卧砌一层顺砖（或出半砖），而后在上面用灰膏刮成斜坡，再铺一层斜向的顺水砖（一般都用薄开砖），砌时两端要略呈 30 度角上翘（图 6-2-33a）。

瓦檐式做法

第一步：参照砖檐式做法的头两部，完成出檐部分的基础。

第二步：在砖檐基础上再加做瓦檐（图 6-2-33b）。

密檐式做法

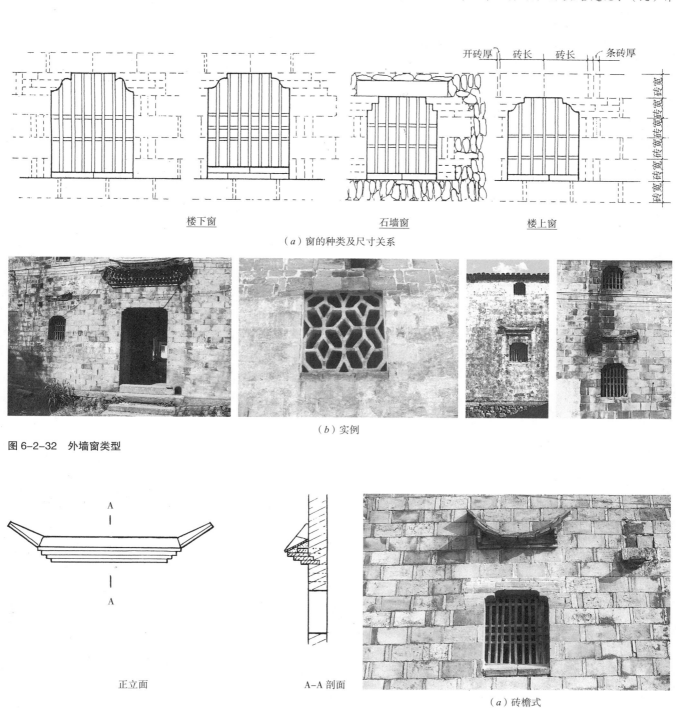

楼下窗　　　　　　　　　　　石墙窗　　　　　　楼上窗

（a）窗的种类及尺寸关系

（b）实例

图 6-2-32　外墙窗类型

正立面　　　　　　A-A 剖面　　　　　　　　　　（a）砖檐式

（b）瓦檐式　　　　　　　　（c）密檐式　　　　　　　　（d）简易式

图 6-2-33　雨罩

第一步：参照瓦檐式做法的第一步。

第二步：参照密檐塔的出檐做法在砖檐前两步的基础上做密檐（图 6-2-33c）。

实例中也有采用单层薄开砖砌成人字形的简易做法，如图 6-2-33d 所示。

六、排水的设计与做法

婺州是多雨地区，雨量也比较大，排水工程十分重要，民居营建中也倍加重视。20 世纪 50 年代以前，婺州也是农耕为主的社会，有污水的大型工业基本没有，手工业作坊大都是木雕、竹编、制蓆、制桶、制棕、打铁、酿酒、制糖、腌制火腿、油麻饼等小食品的加工，都没有污染废水排放；农村家家户户都养猪，菜根菜叶、剩菜剩饭、刷碗刷锅水都是猪饲料，也没有生活垃圾和污水，人畜粪便更是农耕的主要肥料，是最最宝贵的，丝毫不能浪费，全部送至田地里，甚至洗澡洗脚的水也倒入大粪缸内发酵成肥料。所以，排水问题实际上就是雨水的及时排放问题。婺州地区每个村落的排水都是构成体系的。一般设计都是由各院落排至小巷—大巷—街路或小池塘—沟渠或大池塘—溪水江河。整个系统分两部分，单体建筑院落至小巷部分属内排水，由院落主人负责；小巷以外部分全属外排水，由村落公共负责。

（一）内排水

建筑内天井、明塘至小巷段的排水。一般都采取明暗结合的方式处理，即天井、明塘四周用明沟（图 6-2-34a），天井与明塘至小巷间采用暗沟。明沟按沟壁用材不同，分为石板壁、毛石壁、砖壁三类。石板壁又分普通陡板壁和须弥座壁两种。明沟内分段设置石隔板，在泄水口安装用石板或砖镂刻成古钱形的水箅（图 6-2-34b），水可以从小孔流过，较大的柴草纸块等被阻隔，以防此类杂物排入暗沟堵塞向外排水。暗沟有石砌和砖砌两种，通常高 1 尺，宽 8 寸。明

（c）犬门

（a）明塘排水沟

（b）泄水口

图 6-2-34　内庭排水设施

（a）明排实例

（b）暗排实例

图 6-2-35　巷弄街路排水实例

沟泄水口一般设在院落的左前方靠近照墙处（以坐北朝南的三合院为例，泄水口设在院子的东南角）。有的从明沟底泄入暗沟，有的从明沟的侧方泄入暗沟；有的从明沟底泄水，还把高约 1 尺，宽约 7 寸的犬门（俗称狗洞，图 6-2-34c）设在照墙下部，平时是狗进出的门，下大暴雨时又可通过此洞加速向外排水，以防院内积水过多。这些小设置既简便，又科学实用，能解决大问题。

（二）外排水

实际上就是建筑群落和村落排水系统。基本做法：

1. 巷弄排水

婺州村落的单体建筑之间一般都有巷弄相隔，有的是 1~2 尺不可通行的小巷，多数是宽约 3~6 尺的巷弄（俗称"弄"或"弄堂街"），它既是通道又是防火巷，也是排水系统的一部分，排水方式分明排和暗排两种。通常的明排做法是在巷弄的一侧或两侧用石或砖砌一条宽约 1~1.5 尺，深约 1.5 尺的小排水沟，其余部分铺石板块或河卵石（图 6-2-35a）。暗排有两种方式：①在巷弄一侧砌筑明排沟的基础上，用石板把排水沟封盖（图 6-2-35b）；②在巷弄中心部位用石或砖砌一条宽约 1.5~2 尺，深约 2 尺的排水沟，上面用石板封盖。石板既作路心石，又是沟盖板，两侧用河卵石或三合土铺筑（图 6-2-35b）。

2. 大巷弄排水

大巷弄宽约 6 尺至 1 丈，可通 4 人至 2 人抬的轿子（俗称"避弄轿"、"备弄轿"、"便弄轿"），故叫"避弄巷"、"便弄巷"。此类排水普遍做在巷的中部，用砖或石砌沟壁（沟宽约 1.5~2 尺，深约 2.5 尺），上封盖石板，两侧铺河卵石路面。也有在巷的一侧砌一条宽约 2~3 尺的明沟，与引流入村的来水沟通，成为引水和雨水排放共用的渠道，也是村民流水洗涤之水渠。有的后门正对沟渠，就用石板铺搭成为小桥供出入方便。

131

3. 街路排水

村落主路、乡镇商街，宽度一般在1~2丈之间，多为排水系统的主干线走向。做法有三种基本形式：

（1）街路两侧各砌宽约2尺，深约3尺的排水沟，沟顶横盖石板，两沟之间的正中央铺设宽约2尺的石板条（俗称路心石），其余部分铺装河卵石，做法与图6-2-35b基本相同，只是体量加大了。

（2）街路中央部位修筑宽约3~4尺的排水沟，沟顶横盖厚约5寸的石板，两侧全部铺河卵石或打三合土地面，类似图6-2-35b。沟水排入池塘、渠、溪或河道。

（3）比较窄的街路一般只在一侧修筑排水沟，沟顶盖石板，其余部分全部铺装河卵石或打三合土地面（图6-2-35b）。

七、地面的类型与做法

婺州传统民居的室内地面主要是三合土地面、方砖（磨砖对缝）地面两种；天井、明塘的地面有三合土、方砖、鹅卵石、石板四种。具体做法：

（一）三合土地面

用黄黏土、石灰、砂子三者按6：3：1的比例配合拍打成的地面，普遍应用于婺州民居，包括许多大型宗祠、厅堂、豪宅，是一种经济、实用、耐久的地面做法。操作步骤如下。

第一步：将原土层平整夯实（低于磉盘上皮约1尺），再用碎石砂砾打6~8寸垫层，俗称"硪地下"。这样的地面不会返潮，适合居住。

第二步：将黄土、石灰、砂子分别过筛，按6：3：1配比混合拌匀后洒水翻拌均匀，再闷1~2个小时，再翻拌一次。

第三步：测试含水量是否合适。测试口诀："手攥成块，落地就碎。"用手抓一把灰土用力攥一下，如果攥不成块，说明太干，需要再洒点水；若落地散不开，则是含水量过大，需要再按比例加一点干料再拌匀重测，直到合适为止。

第四步：湿度调整合适后，再均匀地铺于垫层上（略高于磉盘上皮约1寸），用铁锹摊平拍实，先用木夯夯实，然后用"手地拍"或"蒙锤"（方言俗称，即洗衣服用的木棒锤，图6-2-36）用力拍打，拍出浆后即可停止，收浆后再拍，拍2~3遍后喷洒或用手沾水甩洒少量水，过一夜后再用手地拍拍打，最好一天内拍打2~3次，直到拍后无手地拍的印痕，并发出清脆的"当当"声，感到震手时为止，然后再洒少量水养护，气候干燥时要洒3~4次水，以防收缩过快出现细裂缝。

（二）磨砖对缝地面

细磨方砖地面。民间建筑采用此类地面的不多。婺州传统民居中采用此种铺地者都是府第建筑或财力充足者，多用于厅堂、阶沿（走廊）的地面。也有用于天井、明塘地面的，实例如东阳十字街花园里梅树巷1号院的明塘。常用的方砖尺寸有尺两（1.2尺）、尺四（1.4尺）、尺七（1.7尺）、2尺等。

1. 细磨方砖地面的准备工作

（1）找平夯实原土层后打好垫层（三合土）。

（2）熬制灰油：灰油的成分比例为100斤桐油：7斤土籽灰：4斤樟丹。

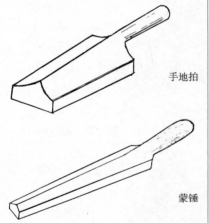

手地拍

蒙锤

（a）拍打工具

（b）实例

图6-2-36 三合土地面

熬制时，先将樟丹与土籽灰混合放于铁锅中加热翻炒（炒锅必须置于露天空旷之处，以防油火相遇发生意外，最好用柴草烧火加热，以便及时撤火降油温，防止溢油和油温不能及时控制而熬过火候造成损失），炒至水气消失时倒入生桐油，继续加火熬。熬时要不断用木棍油勺搅拌，防止樟丹与土籽灰沉底。熬至油面翻滚时，用油勺不断舀起油又慢慢倒回锅里，以扬油烟。当油烟放净，油面呈黑褐色时，取油滴于凉水中，如油成珠不散，说明已熬成灰油，撤火出锅晾凉即可使用。若油滴入水中即散开，则需继续熬，直至成珠不散为止。

（3）熬制光油：光油原料的成分比例为苏子油 2 ：生桐油 8，混合倒入锅中加热熬至将开未开时，将土籽放于勺内浸入油中颠翻浸炸。土籽与桐油之比例为 4 ： 100。土籽炸透后倒入锅中，待油滚开时再将土籽捞出，以微火继续熬，并用油勺扬油放烟。当油烟基本放净时，即可测试油熬的火候。测试方法：以油勺舀油，再用一块铁板沾油后投入冷水中，待凉后取出铁板，甩掉水珠，用手指尖沾油，看拉丝长短，丝越长油越稠，丝越短油越稀。用于涂刷砖表面的光油稍稀为好。油的火候适当即可出锅继续扬烟，待油温已降低又未凉透时加入黄丹粉拌匀加盖备用。黄丹粉与油的比例为 2.5 ： 100。

（4）磨砖：磨砖也有叶砍砖，是磨砖对缝（细墁）地面砖按设计尺寸进行五面（即正面和四肋）砍磨加工的过程。加工步骤如下。

第一步：根据设计要求选择尺寸适当的没有破损的好毛坯砖（图 6-2-37a）。方法是一看二敲三听，即首先看外表有无缺损，再轻敲听其声是否清脆，若声音发闷则有暗伤不可选用。将较平整细致的一面进行铲磨加工，用平尺检查是否平整无皮弄翘角（图 6-2-37b）。

第二步：用直尺或角尺在经过铲平磨光的面上，选较规整的一边画一直线，用扁凿凿去线外多余部分，然后将此侧面（肋）削平磨光（图 6-2-37c）。此侧面为标准肋面，必须线直面平。

第三步：用做好的四方模板（即 1 ： 1 的大样板）对齐标准肋面画出其他三面的边线（此线要保证磨平后达到设计尺寸），再用扁凿凿去线外多余部分，而后削平磨光（图 6-2-37d）。

第四步：检查两对角线是否等长，若等长，说明经加工的方砖是正方的合格品，如不等长，则需修正或报废改作他用。确定尺寸准确后，再在四侧面各距正面约 1 寸处画一线，然后将线与糙面间的部分剔成楔面即成活（图 6-2-37e）。

2. 铺砖

第一步：以磉盘水平面为准挂好纵横双向水平线。

第二步：在纵轴正中先铺一趟，而后前后左右四边各铺一趟，然后以这五趟砖为基准线进行布线，完成整个地面的铺设。铺地要由外（前大步）向里（后壁）铺，确保正面外向是整齐划一的整砖；若有半砖或斜趟，应推至里边或两侧。阶沿铺设要注意稍有泛水，切不可外高内低。

第三步：铺砖时，要先把砖摆放调整合适后，再揭起来移出，若垫层有低凹处应作补垫，而后往垫层上由右下方向左上方浇灰膏浆，再将砖放回并挤严两肋，要求既不露浆又不张口（即两肋面之间不可有膏浆），砖楞要跟线，最后用木锤在砖上向前推震几下，使灰膏浆挤严挤实楔口。

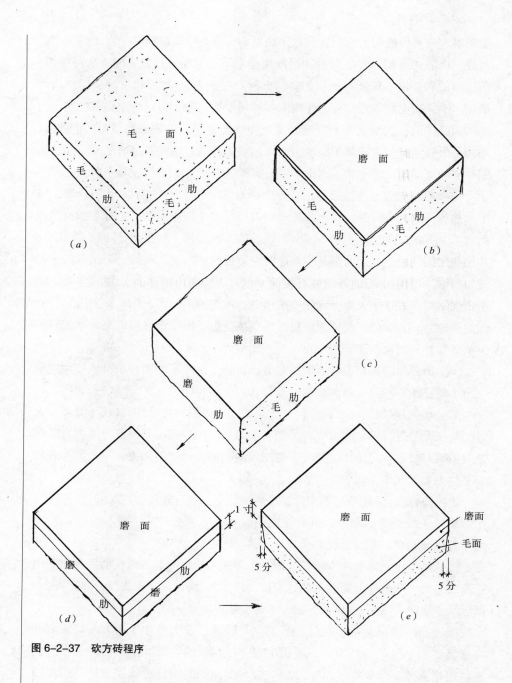

图 6-2-37 砍方砖程序

第四步：灰浆干后要全面检查砖面有无残缺或坑洼不平，若有则应用矾水灰膏进行打点修补和用磨石打磨。

第五步：全部用软布或麻丝沾水揉磨擦拭干净。

第六步：钻生，即在铺好、擦净、干透的地面上倒生桐油，油的厚度应达到 1 寸左右，用木耙来回推匀。一两天后，若还有油层，说明砖已吸足油，则可用牛皮纸等物刮去余油，再用生石灰面与砖灰面掺和拌匀后撒于地面上，厚约 1 寸。

第七步：过两三天后扫去灰面，将地面打扫干净，并用软布反复擦揉地面。

第八步：用软布或麻丝沾"灰油"搓揉 1~2 遍

第九步：隔天后再刷 1~2 遍"光油"。室内铺地全程告成。

室外铺地一般不施灰油与光油，其他各步基本相同。

（三）石板地面

多见于宗祠、厅堂、豪宅的天井地面，稍大的明塘地面，除大型宗祠、大寺院外，多不采用。因为婺州地区日照充足，特别是夏天，炽热阳光可把石板地面晒得烫脚烤人，使本来已很炎热的天气更加酷热，不利于人们舒适地生活。更有认为这种地面地气不足，不适合宅院铺装。石板地面多用花岗岩条石板铺装，有的铺成方形或回字图案，有的按宫廷甬路格式铺装，有的随意（图6-2-38a）。此外，更多的采用横向铺装。

铺装步骤如下。

第一步：摊平原土夯实，再根据设定的明塘底面标高减去石板厚度，计算出所需垫层的厚度，打好垫层。

第二步：砌好排水明沟。

第三步：由中心向外铺装石板面（也有由外向内铺装的），要求每块石板垫稳塞实，不可有松动，大面和四周都要平整一致。

第四步：铺装最外圈边框石，条石间均用明榫或暗销（多用元宝榫）连接。

石板路：婺州地区因雨水多，黏性土多，道路泥泞难行，所以州道、县道、乡道等均有使用宽约1.5~2尺的石板作路心石，两侧铺装河卵石或夯筑黄黏土和砂石的混合土的路面做法。

（四）卵石地面

普遍用于天井、明塘、巷弄、街路的地面和山岭官道的路面铺装。其做法基本分三类。

1.用于天井、明塘地面的做法

特殊之处是所用卵石的个头比较小（一般选长约3寸，厚约2.5寸之河卵石，因个小、光滑似鹅蛋，故又称鹅卵石，实际使用中多选光滑的椭圆片状石，这类卵石侧立铺装，稳定牢固，不会脱落），规格比较统一。做法步骤如下。

第一步：夯实基土，打好三合土垫层。

第二步：在做好的垫层上浇灌厚约2.5~3寸的石灰膏浆，待稍沉淀，浆表面开始呈现清水时，将鹅卵石直向插入灰膏浆中（要求2/3以上插入浆中，横竖方向要一致或按设计图案要求摆），若设计有金钱、梅花鹿等图案，则应用选好的卵石先将图案轮廓码好，而后用一般卵石填充码满。

第三步：待灰浆自然沉淀渗干后，再洒少量水，盖草帘养护数日。

第四步：先用湿布擦净卵石表面的浮灰，最后用柔软的旧破布或棉纱干擦1~2遍即成（图6-2-38a、图6-2-38b）。个别讲究的再刷一遍"光油"。

2.用于巷弄、街路地面的做法

做法基本同上，但所用卵石个头较大，规格要求较宽松，有的用石灰膏坐浆，也有不用石灰膏而用黄胶泥掺石灰粉打浆的（图6-2-38c）。

3.用于山岭官道路面的做法

此类卵石路面所用卵石都较大，多数的规格大小不一，做法都是原土夯实后铺约两三寸厚的黄胶泥摊平稍加夯实，再用大块石平面朝上糙面朝下砌台级，塞垫稳固后再用卵石墁大面，铺墁完一段后撒一些黄胶泥扫于石缝中，最后泼1~2遍黄胶泥浆即成（图6-2-38c）。

（a）石板明塘铺设

（b）卵石铺设

乡村石板路　　　　　　　　山区水汀步石板山路

（c）石板路实例

（d）块石坡道实例

图 6-2-38　地面道路铺装

八、镬（锅）灶的砌筑

婺州人称生铁锅为"镬"，称锅灶为"镬灶"。20 世纪 50 年代以前，婺州城镇乡民的生活燃料主要是"柴架"（短木爿）、柴（树枝、灌木）、腰芦秆（六谷杆）等，没有煤炭，所以做饭的镬灶砌筑必须适应这些燃料。一般都用砖砌筑，分二眼（二口锅）灶、三眼灶、四眼灶三种类型。二眼灶为人口少而贫困又不养猪的人家所采用，大镬直径 2~2.4 尺，小镬直径 1.4~1.8 尺；三眼灶是最普通的灶（图 6-2-39），大镬直径 2.6~2.8 尺（多用于节日蒸煮食品、蒸糯米饭做酒、杀猪烧开水、煮猪饲料等），中镬直径 2~2.4 尺（一般用于煮饭），小镬直径 1.2~1.8 尺（用于炒菜），最普遍的搭配是大镬直径 2.6 尺、中镬直径 2.2 尺、小镬直径 1.8 尺；四眼灶、五眼灶为人口特别多的大户人家所采用，多烧"柴架"，不烧柴草。

（一）三眼灶的设计

1. 设计原则

（1）灶的高度依据主妇的身高和习惯、喜好来设定。一般取 3.2 尺（约 90 厘米，相当于一般主妇的肚脐高度）。这一高度适合江南妇女的身材，可以直立做饭炒菜，不必弯腰抬臂，干活舒适，不累。

（2）灶面采光好，可省灯油。

（3）一人烧火，不动座位可同时监视和管理三口锅（即三口锅的灶门同对一点，如图 6-2-39b 虚线所示）。

（4）排烟顺畅，不会倒烟，灶火不会闯出灶门口。

（5）省柴，即火膛高低要适合。太高，火苗与锅底距离大，影响受热；太低，压火苗，火势不足也影响热效能。所以，大、中、小三口锅的火膛底高一般各差 1 砖（2 寸，图 6-2-39d），通常取锅脐距火膛底 8~9 寸。

2. 设计实例

（1）灶间透视图（图 6-2-39a）

（2）灶间平面布局图（图 6-2-39b）

（3）镬灶前立面图（图 6-2-39e）

（4）镬灶后立面图（图 6-2-39d）

（5）A—A 剖面图（图 6-2-39e）

（6）B—B 剖面图（图 6-2-39f）

（7）C—C 剖面图（图 6-2-39g）

（8）五眼灶实例

（二）三眼灶的砌筑步骤

第一步：在做好地面的灶基上布置好三口锅的位置并画出灶的外轮廓底线。在外轮廓线范围内平砌一层或两层条砖作为灶的基座，不挖基础。俗话说"镬灶无脚"，来源于此。

第二步：在基座砖的外缘内收寸半至 2 寸立砌一圈窑砖或条砖，而后填充砌筑内部（可以不砌实，留小于一砖的空隙），然后在立砖上平砌 2~3 层条砖，外缘伸出与基座齐。

第三步：在平砌砖上准确地确定三口锅的位置，以锅的实际尺寸减 2 寸后折半为火膛的半径画圆，先用条砖立砌火膛壁和外缘轮廓，再填实空隙处，然

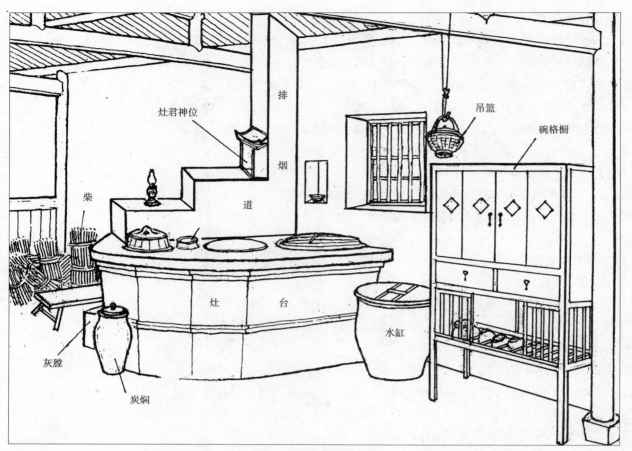

（a）镬灶间透视图

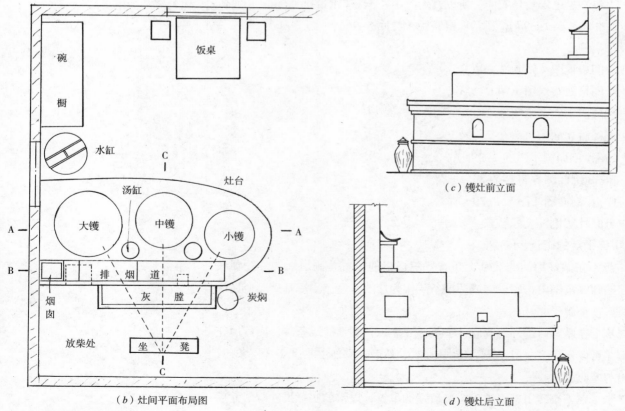

（b）灶间平面布局图

（c）镬灶前立面

（d）镬灶后立面

图6-2-39 镬灶（一）

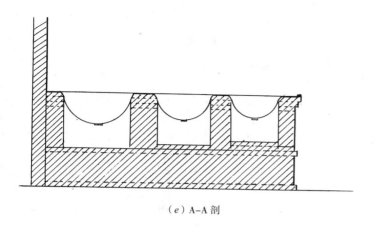

（e）A–A剖

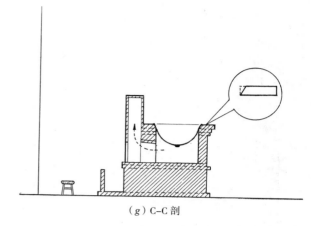

（g）C–C剖

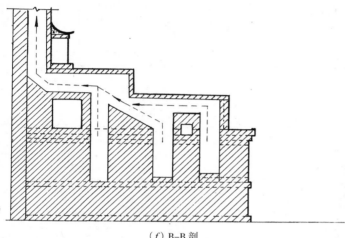

（f）B–B剖

（h）五眼灶实例

图6-2-39 镬灶（二）

后在上面平砌3~4层条砖（视主妇要求的灶台高而定），一般取3层，最后两层各向外伸出寸半至2寸，最后一层的火膛口端后退1寸或把砖的丁头砍成斜角，以便增加与锅的支托面。砌完后支锅，检查是否严实，若有架空之处，必须调整合适。

第四步：砌排烟道。砌排烟道的关键是要排烟通畅，有抽力，不会倒烟，三口锅之间的烟互不串门，所以婺州镬灶的特点是烟道逐级爬高，烟囱直立高耸。烟囱的做法通常有三种形式：①在室内贴墙直接穿过屋面，再高砌2~3尺后做一小亭子防雨（图6-2-40a）。②在室内高约8尺至1丈处打一墙孔，把烟道伸出墙外后不再做其他辅助设施（图6-2-40d实例1）。这种做法简单，省工省料，但排出的烟会熏黑墙面，更有可能进入楼窗内，如图6-2-40d实例2、3。所以，更多的做法是伸出墙外后再贴墙向上砌烟囱，如图6-2-40b虚线所示，详见图6-2-40d实例4。③建屋砌墙时就在适当位置预砌好烟囱及连接口，砌灶时把烟道砌至预留的口与之连接即可（图6-2-40c）。

第五步：砌灶君神龛。先用一块条砖砌于烟道最高一级台上，作为神龛的基座，再在其两侧各立砌一块条砖，上面再压砌一块条砖，形成单间门屋状，然后取瓦两片各砍掉一角，砌于卧砖上抹成小亭阁状（图6-2-39a）。

第六步：用纸筋石灰膏（配比一般为100斤石灰膏，配3斤纸筋浆）刮于火膛壁上口，将锅各就各位，双手旋转并压锅口，调整平稳后以纸筋石灰膏抹

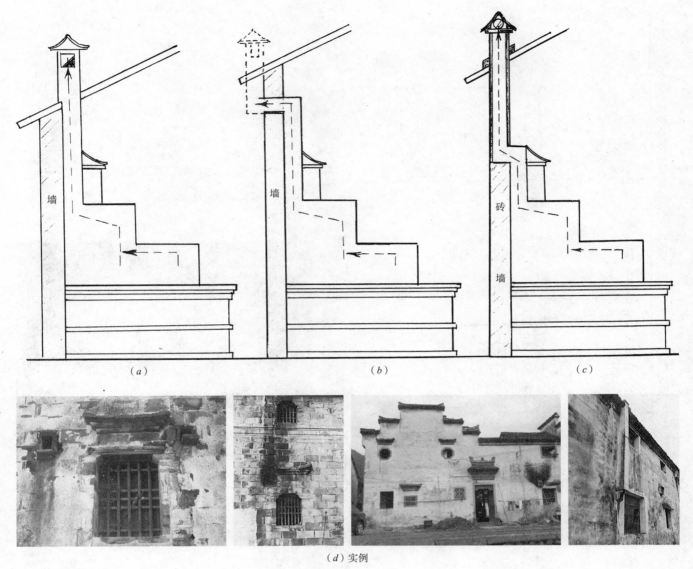

（a）　　　　　　　　　　　（b）　　　　　　　　　　　（c）

（d）实例

图 6-2-40　烟囱

灶台面，锅口要略高于灶台面约 3 分，并用灰膏抹圆滑，既防灶台有水流向锅内，又防锅边伤手。

第七步：在等灶台面灰膏固化之时，将烟道和灶体全部抹薄石灰膏和刷白浆。待灶台面稍干后用小泥刮（小铁抹）压抹 3~4 遍，使之平整光滑。

第八步：待小泥刮压不动台面后，取芋头或萝卜切成两半，用切口面在灶台面上反复地磨，至少磨 3~4 次，以增强台面的长期洁白光亮。

第七章　婺州传统民居营建的木作设计与操作技艺

　　婺州传统民居营建的木作工匠，早期分为"大木"、"中木"、"小木"三种。此处所说的"大木"是指负责伐木、拉大锯解板料的工匠（图 7-0-1）；"中木"是指负责大木构架设计、制作，立架上梁的木匠，因他们一切不离中、件件不离中，所有构件都有中线、中心，所以称他们为"中木"；"小木"也称"细木"，是指负责门窗隔间构接（装修），木质家具、用具制作的工匠，包括构接的细木匠、花匠、箍桶匠。大概到明中期以后才把与营造有关的木作工匠，细分为"大木"、"小木"、"雕花"、"箍桶"、"解板"等五匠。匠师称谓也以其分工不同而有区别：一般称大木构架制作安装者为"大木匠"（方言称"木匠老司"、"竖屋老司"、"木

破 8 尺以上长料　　　　　　　　　破 6 尺以下板料

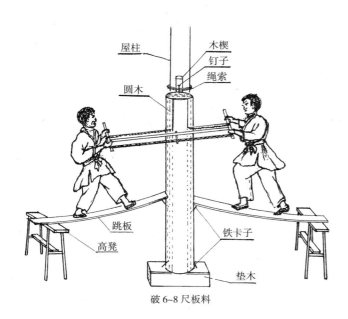

破 6~8 尺板料

图 7-0-1　解板匠破料解板示图

141

匠"）；把箍桶者和门面槅扇构接者统称为"小木匠"，称箍桶者为"桶匠"，称构接者为细木匠（方言称"细木老司"、"构接老司"，也就是装修老司）；把与细木、大木配合作业的木雕匠独立为"雕花匠"（方言称"雕花老司"、"花匠"）；把伐木取料、锯解板料者称为"解板匠"（方言称"解板老司"）。

第一节　大木作常用工具

大木工具通常分画线尺具、斧、锯、刨、凿、锤、钻、三脚马等（图7-1-1）。

划线尺具：墨斗、划线签、角尺、线规。

斧类：婺州人称斧为"斧头"，分双面斧、单面斧两种；又按重量分大、中、小三类。大斧重约6~10斤，一般为双面斧，用于双手握斧砍劈大料，可以双手轮换左右向砍劈大料；中斧重约4~6斤，多为单面斧，用于单手劈削活；小斧重约2~4斤，常作凿孔、敲打之用。

锯类：锯分团锯、大锯（解板匠锯解大树料时用）、中锯、小锯；以其锯条宽窄、锯齿大小不同又分截（料）锯、开（料）锯、榫头锯、绕锯（圆弧锯）、手锯、铜丝锯。

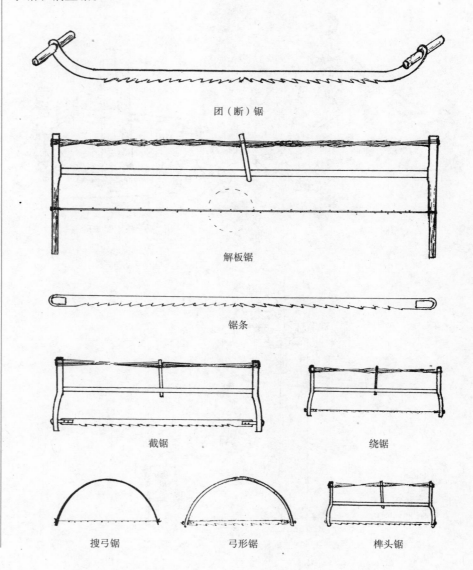

团（断）锯

解板锯

锯条

截锯　　　　　　　　　　　　绕锯

搜弓锯　　　　弓形锯　　　　榫头锯

图7-1-1　木作工具（一）

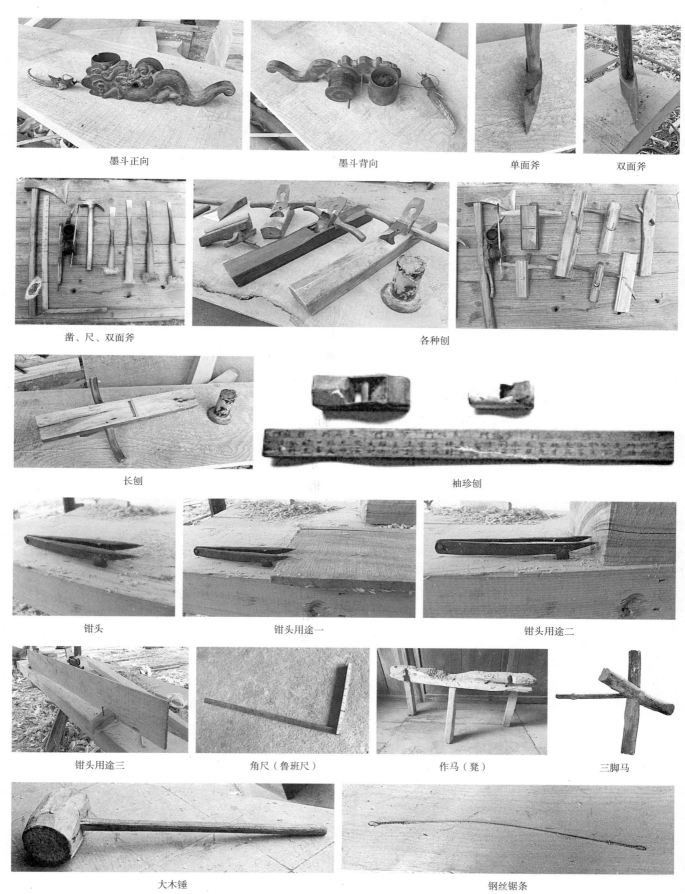

墨斗正向　　　　　　　　　墨斗背向　　　　　　单面斧　　　双面斧

凿、尺、双面斧　　　　　　　　　各种刨

长刨　　　　　　　　　　　　　　袖珍刨

钳头　　　　　　　　钳头用途一　　　　　　钳头用途二

钳头用途三　　　角尺（鲁班尺）　　作马（凳）　　　三脚马

大木锤　　　　　　　　　　　　　钢丝锯条

图7-1-1　木作工具（二）

刨类：以刨床长短分长刨、中刨、短刨，以其刨刀的倾斜角度不同分粗刨、细刨，以形状不同又分甜瓜刨、圆刨、角刨、槽刨、起线刨。

凿类：以其刃的宽窄不同，分为四分凿、六分凿、八分凿、一寸凿等。

锤类：一般分大木槌、小铁锤两种。

钻类：常用的有牵钻、压钻。

锉类：钢锉用于锉锯，板锉为小木作所用，砂布和植物木折草为雕花匠所用。

支架类：三脚马、作马。

第二节　大木作设计操作技艺

一、"挠水"（举架）设计

挠水是婆州地区的俗称，宋《营造法式》中称之为"举折"，《清工部工程做法》中称"举架"，苏南《营造法原》中称为"提线"，广东潮州等地叫"折水"，实际上就是从屋脊到檐口的屋面坡度水线。婆州地区传统民居建筑与官式建筑一样，从侧面看这条屋面坡度水线，不是斜向直线，而是一条上部陡、下部缓的下悬折线。确定这条线是传统建筑设计的首要一步。有了它，整个木构架的屋面形状，柱、梁枋的长度尺寸就都确定了，同一榀构架各柱子间的高差也就定了。各地对这条线的称谓与做法虽不相同，但设计原理基本相同，都采取设定系数的方式。具体处理方法大体有三种：①由檐桁向脊桁方向按设定的系数逐桁（步）递增，婆州"东阳帮"、苏南《营造法原》、《清工部工程做法》都采用此法；②由脊桁向檐桁方向逐桁递减，宋《营造法式》即采用此法；③由檐桁、脊桁分别向中间（金桁）递增、递减，广东"潮州帮"采用此法。

（一）婆州"东阳帮"的挠水设计步骤

1.选定系数

婆州传统民居建筑屋面瓦的做法是采用"冷摊法"，盖瓦时既不用泥也不用灰，直接在椽或蓆箔上布瓦，所以，在设计屋面坡度时既要考虑瓦面稳定，又要保证雨水不滞流。东阳帮工匠对"挠水"的设计用一个顺口溜作口诀："四五六好眠熟（睡觉）"，即由前小步桁（檐檩）往上至栋桁（脊檩），各步架分别按四分、五分、六分递增设置，则可以在屋面上躺着睡觉，不会溜落（滑下）来。也就是说，这种屋面坡度是最适当的，瓦不会滑下来，雨水不会滞流。所谓四分、五分、六分，就是指系数为0.4、0.5、0.6。四分即举架（两桁之间的垂直高差）为0.4步架（两桁之间的水平步距，婆州俗称"橙距"），六分即举架为0.6步架，余类推。

婆州地区民居营造常用的"挠水"设置是：

五架住宅选四分、五分；

七架住宅选四分、五分、六分；

宗祠、厅堂、府第、豪宅等九架建筑常选四分、四分半、五分半、六分半至七分；

亭阁类常选五分、六分半、七分半至十分（即1∶1）。

常见的，也是典型的六种类型屋架的挠水系数组合如图7-2-1所示。

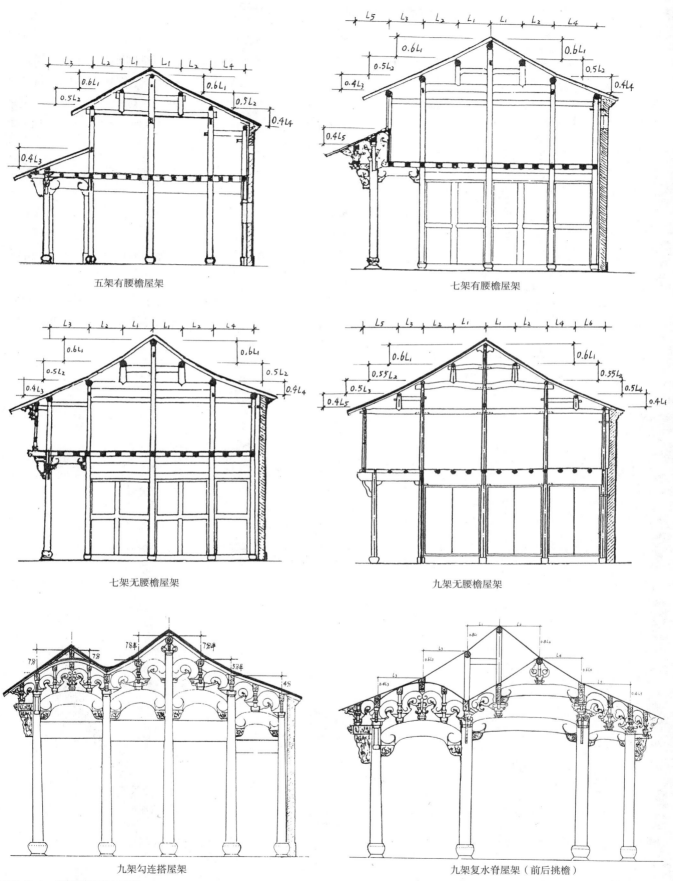

五架有腰檐屋架

七架有腰檐屋架

七架无腰檐屋架

九架无腰檐屋架

九架勾连搭屋架

九架复水脊屋架（前后挑檐）

图 7-2-1　常用屋架挠水系数

2.绘制实地侧样图

传统民居建筑的营造，既没有专门的营建设计机构，也没有设计施工图纸，更没有工程师、施工员。婺州地区也同样没有施工图和工程师。承揽工程的包工头、把作师傅，既是设计师，又是工程师，他们施工不用建筑和施工图纸，只凭一幅"实地侧样"图，实际上就是一幅工匠师傅自己画在工地或住地墙壁上的举步架草图，宋《营造法式》中称之为"定侧样"，也有称"点草架"的，东阳帮匠师称之为"实地侧样"和"实地草样"（图7-2-2a、图7-2-2b）。

绘制步骤如下。

第一步：在作业场就近选择一块宽与高分别为5尺与4尺左右的平正墙面（或板壁），然后在墙面的适当位置画一条水平直线，代表前后小步桁背（上皮）高度线（前后小步不同高时则应画两条，有腰檐的还应画一条楼栅的上皮线）。

第二步：以一代十（即按十分之一的比例）把间深方向的各樘步（步架）尺寸依次点在水平线上，并在各点上画垂直线，表示各桁柱的中线，两线间的水平距离即为两桁的间距（樘距、步距）。

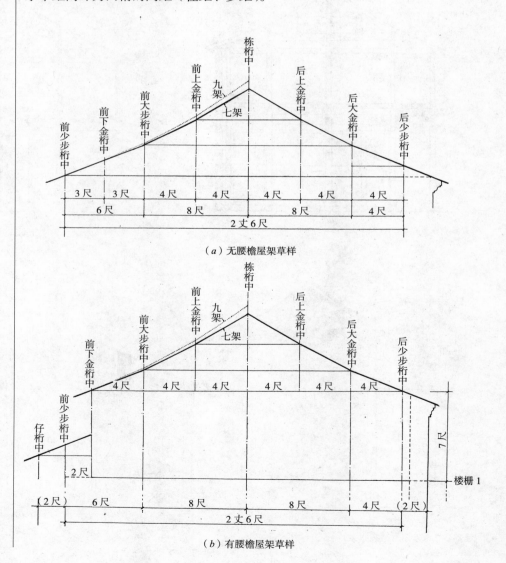

（a）无腰檐屋架草样

（b）有腰檐屋架草样

图7-2-2 实地草（侧）样图（一）

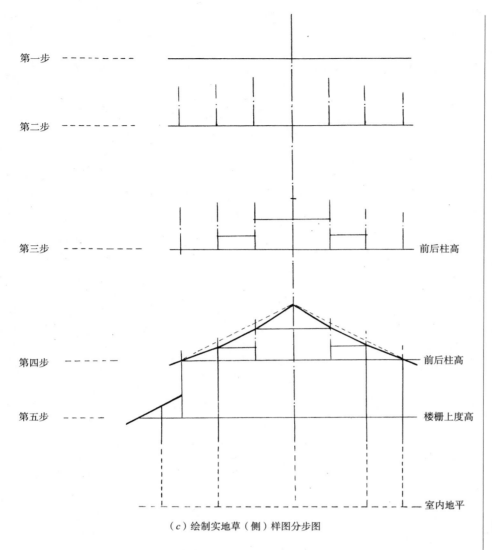

第一步 - - - - -

第二步 - - - - -

第三步 - - - - -　前后柱高

第四步 - - - - -　前后柱高

第五步 - - - - -　楼栅上度高

室内地平

（c）绘制实地草（侧）样图分步图

图 7-2-2　实地草（侧）样图（二）

第三步：从前小步（檐柱）桁开始向上，按选定的系数算出来的递增尺寸，逐次点出各桁背在各自中线上的位置。点完后进行核对，必须确保准确无误。

第四步：连接各点，所得之下悬折线即为此建筑的挠水线。前后两坡的对应橙步距及柱高完全相等时，则后坡部分可以省略不画，如果不相等，则应以同样方法画出后坡挠水线。

第五步：再次认真审核各项尺寸及挠水线的形状是否正确，确认准确无误后，无腰檐（下檐）建筑的"实地侧（草）样（图）"即告成。若是有腰檐的建筑，则应在下面再画一条代表楼栅上皮高度的水平直线，而后依据檐廊的设计画出腰檐的水线。图中虚线部分一般都省略不画。经检查无差错后，"实地侧（草）样（图）"全部告成（图7-2-2c）。完成此图即完成了本建筑的椆架设计，据此，并结合师父传授之口诀就可制成木构架的全部构件。

（二）东阳帮营造与《营造法式》、清工部《工程做法》、《营造法原》的举折比较

1. 比较图（图7-2-3）

2. 举折组合比较表

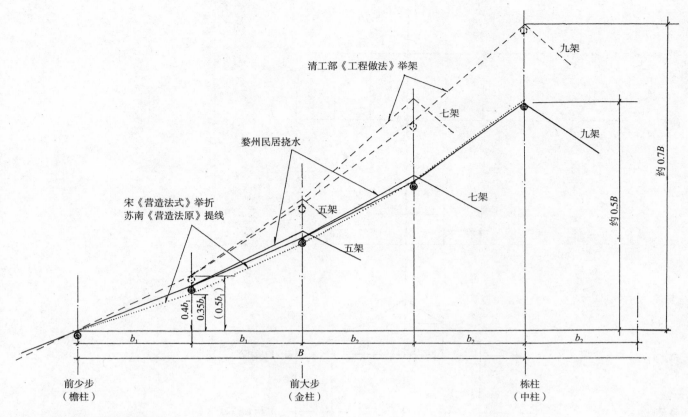

图 7-2-3　屋架举折比较图

法式	九架				七架			五架	
婺州民居	0.4	0.45	0.5	0.65	0.4	0.5	0.6	0.4	0.45
	0.4	0.45	0.55	0.7	0.5	0.65	0.75~1	0.4	0.5
宋《营造法式》	0.35	0.45	0.55	0.65~0.70	0.35	0.45	0.5	0.35	0.45
	0.5	0.65	0.8	1.0	0.5	0.65	0.8		
苏南《营造法原》	0.35	0.45	0.55	0.65	0.35	0.4	0.45	0.4	0.45
					0.4	0.45	0.5		
清工部《工程做法》	0.5	0.6	0.7	0.9	0.5	0.6	0.7	0.5	0.7
	0.5	0.65	0.75	0.9	0.5	0.6	0.7		
	0.5	0.65	0.75	1.0+平水	0.5	0.7	0.9		

　　从上表可见，婺州与宋《营造法式》及苏南《营造法原》的法则基本一致，略有差异，但比清工部《工程做法》平缓很多。分析原因如下：

　　（1）婺州民居的屋面瓦不用灰梗坐泥，而是直接摊放于椽望上（称冷摊法），若坡度过陡，则瓦易下滑造成脱接漏雨，所以不宜太陡。

　　（2）婺州地区飓风较多，建筑物不宜过高，但为保证楼层的高度，又不能降低檐高，所以只能适当调整坡度，降低脊高来控制总高，使瓦面平缓稳定。

二、大木构件名称编号规则

　　婺州传统民居是木构架建筑，以"13间头"及前厅后堂"24间头"等大型院落和二层楼屋为主，而且是采取预先制作构件，后组装立架的作业方式。

成百的柱子和上千的梁枋、桁栅等构件，立架上梁时要在不同的位置和方向，通过榫卯连接定位。要使这一步顺利实施，对所有构件进行分类分组编号，做好标记是十分必要的。东阳帮工匠所采取的"开关式编号法"（由中间分别向两山编排序号），是根据自己的立架方式（先由两山分别向中间按榀组装，而后又由中间向两山立架）制定的。这是一套以榀（缝）为总成单位的科学、简便、易行、可靠的编号标记方式。具体做法如下。

（一）统一编号规则

以中央轴线为界把建筑分成东、西两部分（无论建筑的实际朝向如何，均以它本身朝向的左侧为东，右侧为西）。中轴左侧的第一榀架（从前小步至后小步间各柱、梁枋构成的总成）为"东一榀"、"东一缝"，或简称"东一"，第二榀架为"东二榀"、"东二缝"，或"东二"，靠山墙的一榀为"东边榀"、"东边缝"或"东边"；同理，中轴右侧的分别对应为"西一榀"、"西一缝"和"西一"，余依次类推。左右厢屋分别为东厢、西厢，各以小堂屋为界分为东、西。如左厢屋小堂屋左边的分别为"东厢东一"、"东厢东二"、"东厢东边"，小堂屋右边的分别为"东厢西一"、"东厢西二"、"东厢西边"；右厢屋也以同样原则依次类推（图7-2-4）。（注：①因婺州方言"山"与"丧"同音，在建筑用语及名称上都忌讳用"山"，所以均称"山墙"为"金字"或"金字头墙"，称"山榀"为"边榀"。②实例中常见的错别字，如"厢"写成"相"，这与工匠的文化程度有关，但不影响应用，组装时工匠师傅自己写自己认，不会出错）

（二）统一构件命名

将每榀架的柱子由前向后依次命名为"前小步"、"前大步"、"栋柱"、"后大步"、"后小步"，编号时将东一榀（缝）的各柱分别编为"东一前小步"、"东一前大步"、"东一栋柱"、"东一后大步"、"东一后小步"，五架梁为"东一大梁"、

（b）编号实例

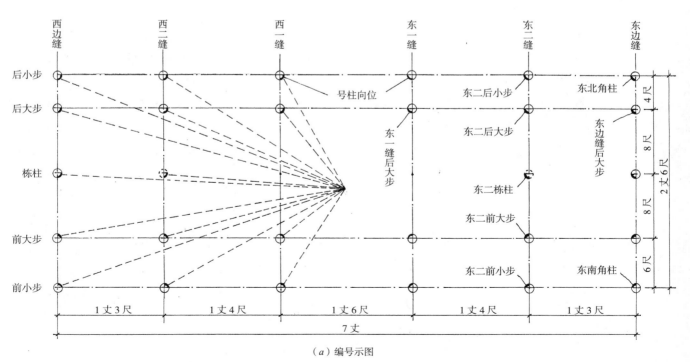

（a）编号示图

图7-2-4　开关式编号图

三架梁为"东一小梁"，余类推。

（三）统一标记位置

预制好每一构件后随即用毛笔或墨签标记编号，以免错乱。标记在构件的哪一部位有统一的法则，即"向中、向内、向上"，栋柱的柱号朝前、朝中，其他各柱写柱号的位置都面向中轴又面向栋柱，位于梁下巴下面约2尺之处。按此规则号柱，站在中央间中心偏前约2尺之处观察四周，可以看到每一根柱子的柱号，无一遗漏。同理，东面各榀的梁、枋、桁的标记位于上方西侧，西面各榀的梁、枋、桁的标记写于上方东侧，以便在上方安装其他构件时一目了然。

三、"柱升"设计

"柱升"，也称"侧脚"、"拨升"，婺州方言叫"生"，是木构架建筑为增强屋架整体稳定性而采取的力学措施，即建造时使四周各柱不是垂直而立，而是柱头向内微微倾斜，产生一定的向心支撑作用。柱头向内倾斜的称"正升"，东阳帮工匠形象地称之为"布裙生（升）"，也有向外倾斜的升，称为"倒升"，东阳帮工匠也形象地称之为"稻桶生（升）"。后者一般用于水边建筑，比较少见。东阳帮常用的"正升"设置方式有两种。

（一）抬梁式构架的"升"

此类型"升"用于宗祠、庙宇、大厅等既是彻上露明造，又是减柱抬梁式构架的建筑。具体做法有两种：①将中央间（明间）两榀的栋柱减掉，前后大步（金柱）等四根柱的柱脚均向对角方向外侧各拨斜2寸左右（相当于柱高的1/100），四周各柱则随四柱同样的角度平行倾斜，即次间、边间的柱中上下间距是一致的，称为"靠升"（图7-2-5a）。②中央两榀的前后大步等四根柱均不设升，而四周各柱均设约2寸的靠升（即中央四柱均垂直而立），四周各柱下端各向外拨出约2寸，基本与图7-2-5（b）穿斗式构架设升相似。

（二）穿斗式构架的"升"

此类建筑多采取中央各榀的中柱及前后大步均不设"升"，前后小步的柱脚各向外拨约一寸。边榀中柱，前、后大步柱的柱脚各向外拨约一寸，四根角柱则各向45°方向外拨约一寸，也就是四周各柱设靠升，其余均不设升（图7-2-5b）。"13间头"等三合院，若正屋的边榀与厢屋的前小步成一线，则不设升，以避免出现"反升"。若不在一条直线上，则仍设靠升。

简朴型贫民住宅用料比较单薄，特别是立柱的柱料多用细高的杉木或松木，胸径约6~8寸的原木料，大都根部弯曲。东阳帮工匠就巧妙地利用这自然的弯曲，以曲代"升"。具体做法是：在料中选取没有弯或弯小的作中柱，弯大的作前、后大步和前、后小步。作前大步、前小步的弯弓向中柱，根翘部向前；作后大步、后小步的弯弓也向中柱，根翘部向后，中央各榀各柱均不另设"升"，只是边榀设靠升（图7-2-5c）。

实现柱升的做法：一般木作工匠的做法都是在柱上弹"升"线，东阳帮工匠的做法是在柱上只弹中线不弹升线，而把升的尺寸划在套照的照板上（图7-2-6），安装照板时，把此线对准柱端中线，在套照结果中反映出升。泥水作在基础（柱基、墙基）放线时要外加升的尺寸。在核定基础放线时，木匠与泥水匠的"把作师"必须同时在场，以免木构架与基础对不上位，立架时无法交代。

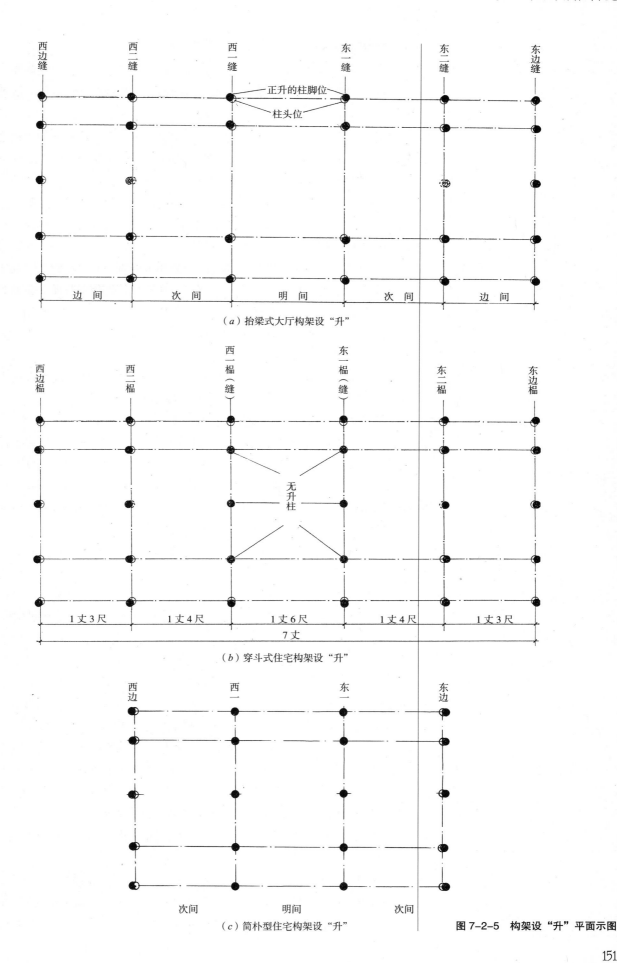

（a）抬梁式大厅构架设"升"

（b）穿斗式住宅构架设"升"

（c）简朴型住宅构架设"升"

图 7-2-5 构架设"升"平面示图

四、大木作的特艺——"套照"

民居建筑不同于皇家建筑，其所用材料多为就地取材，因陋就简，婺州地区的民居也不例外，除宗祠、厅堂、豪宅的柱料都较粗大，规格一致外，多数建筑的柱料都是粗细不一，不圆不直，自然弯曲，甚至扭曲。在一个榫孔（也叫卯孔，俗称榫头孔）的范围内也有扭曲现象，特别是那些简朴型民宅和"披屋"，几乎每个榫头孔的上下左右各点的弧度、深度都不一样，这就给构件连接带来了难度。同时，婺州民居建筑，无论是宗祠、厅堂、豪宅、普通住宅还是简朴的贫民住宅和"披屋"，对构件连接的严丝合缝、牢固稳定、美观都很讲究，要求组装时每个榫头入孔都要听响（即必须用斧、锤敲打到位），榫卯结合部不可张嘴露出榫头。柱料不规格，质量美观，要求又高，这是难为木工的一对矛盾。东阳帮工匠为解决这一矛盾在宋前就摸索总结出了一套既简便又准确的方法，称之为"套照"。"套照"，顾名思义是套样照做，也就是先套出榫卯连接部的周边尺寸样子，而后照样制作，是制作榫头的操作工艺，既有口诀，又有一套完整、科学的操作程序（图7-2-6）。

（一）"套照"所用的器材工具

（1）照板2块（长约2.2~3.2尺，宽约3~4寸，厚约0.8寸，均视柱径大小适当选定），其大样及穿线示图（图7-2-6（一）a_3）。

（2）弦线（鱼线）一卷，总长度应长于栋（脊）柱高的4倍。

（3）照篾若干（长约2~3尺，宽约8分，厚约3分，削去竹子内黄后刮光了的竹签，形似古代书写用的竹简，分青、白两面。数量相当于本组建筑的榫卯总数，即每个榫卯一根，每根写明对应构件的名称，如图7-2-6（一）a_2所写"东二前小步群枋"、"西二前小步群枋"），每柱扎成一小捆，每榀扎成一大捆存放，以免混乱弄错。

（4）墨斗、角尺、小斧各一，三脚马两个。

（二）"套照"口诀

"天青地白，笃天勿笃地，交正勿交背"。

"天青地白"，即照篾的竹青面表示天位（榫卯的上口端），记录此位的正向、背向（图7-2-6（三）d_1的a、b点）尺寸，照篾的白面（竹黄面）表示地位（榫卯的下口端），记录此位的正向、背向（图7-2-6（三）d_1的c、d或e、f点）尺寸。

"笃天勿笃地"，即套量卯孔长度时，照篾要由下向上（柱顶端）顶（如图7-2-6（三）b的c、d向a、b方向顶），不可由上向下顶，因为凿孔规矩是上口留墨线，平正光滑，下口不留墨，故上口相对准确。

"交正勿交背"，即套量卯孔正向尺寸线时要在照篾上画的两道尺寸线上再打一道叉。记背向尺寸线时则不打叉，以便区分正、背向，如图7-2-6（三）d_2所示。

（三）"套照"操作程序

第一步：把凿好卯孔的柱子架于三脚马上（图7-2-6（一）a_5）。

第二步：吊正柱的方向（正向向上），检查柱两端的十字中线是否准确（图7-2-6（二）b_2），且忌扭曲。

第三步：安装照板 按图7-2-6（一）a_3所示，把弦线穿于照板上，调整好线的长度，使四根线松紧一致；再抻紧弦线，把照板稳固于柱两端并校正，使照板上的中线与柱头十字中线准确重合（图7-2-6（二）b_3、图7-2-6（二）b_4）。

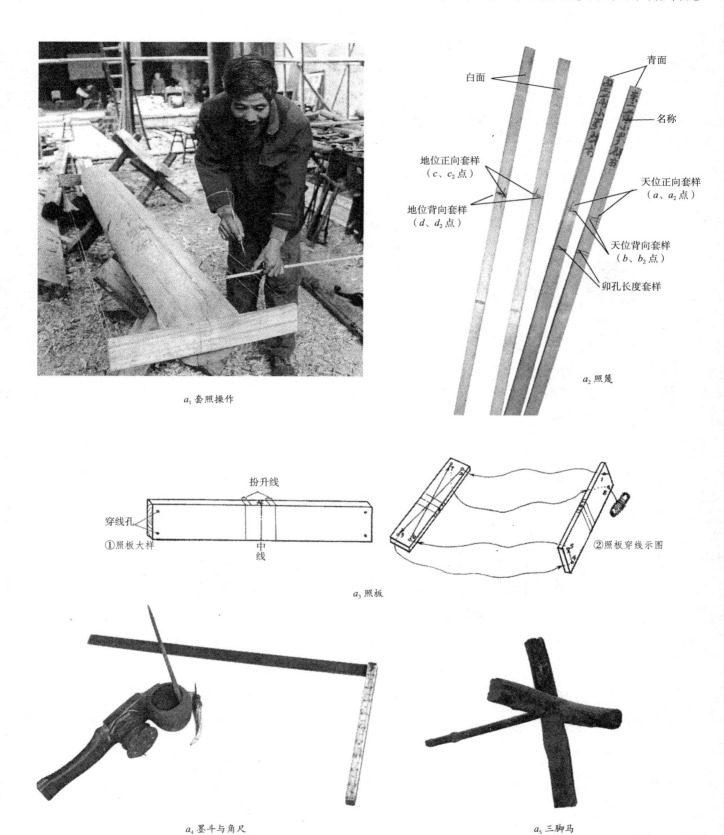

白面

青面

名称

地位正向套样
（c、c_2点）

地位背向套样
（d、d_2点）

天位正向套样
（a、a_2点）

天位背向套样
（b、b_2点）

卯孔长度套样

a_1 套照操作

a_2 照篾

扮升线

穿线孔

①照板大样

中线

②照板穿线示图

a_3 照板

a_4 墨斗与角尺

a_5 三脚马

（a）"套照"操作及工具

图7-2-6 "套照"附图（一）

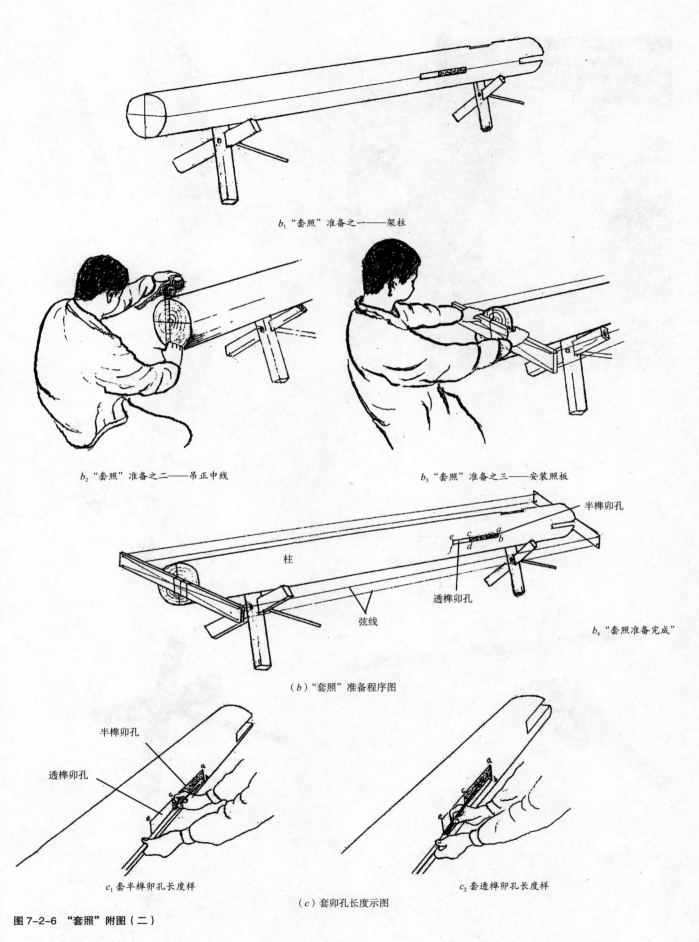

b_1 "套照"准备之一——架柱

b_2 "套照"准备之二——吊正中线

b_3 "套照"准备之三——安装照板

半榫卯孔

柱

弦线

透榫卯孔

b_4 "套照准备完成"

（b）"套照"准备程序图

半榫卯孔

透榫卯孔

c_1 套半榫卯孔长度样

c_2 套透榫卯孔长度样

（c）套卯孔长度示图

图 7-2-6 "套照"附图（二）

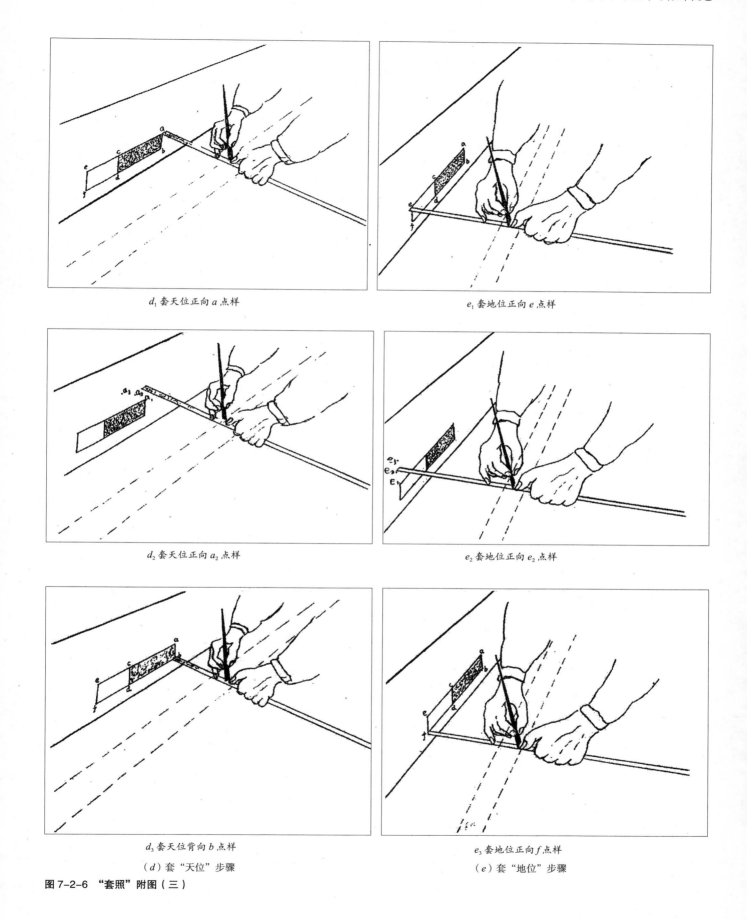

d_1 套天位正向 a 点样

e_1 套地位正向 e 点样

d_2 套天位正向 a_2 点样

e_2 套地位正向 e_2 点样

d_3 套天位背向 b 点样

（d）套"天位"步骤

e_3 套地位正向 f 点样

（e）套"地位"步骤

图 7-2-6　"套照"附图（三）

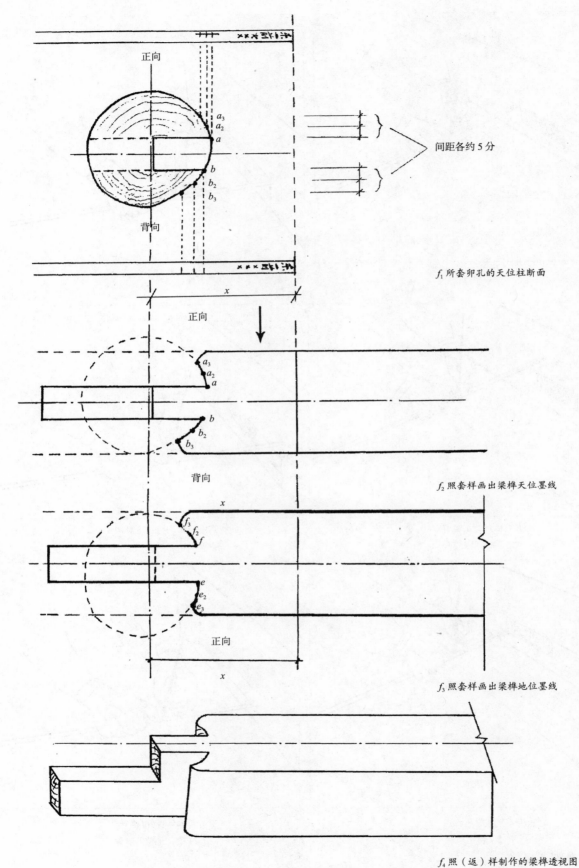

间距各约 5 分

f_1 所套卯孔的天位柱断面

正向

背向

f_2 照套样画出梁榫天位墨线

正向

f_3 照套样画出梁榫地位墨线

f_4 照（返）样制作的梁榫透视图

（f）照（返）样制作示例图

图 7-2-6 "套照"附图（四）

若是设计有"升"的柱，则应根据此柱拔升的方向，将照板向相同方向移动一个升位，即以与此对应的升位线对准柱头中线准确重合。

第四步：按口诀进行套样

（1）套卯孔长度：操作者面向柱，左手持照篾（青面向上）由左向右顶至天位（b 点），右手持墨签笔，对准地位（d 或 f 点）于照篾青面画线，线长与照篾宽同，如图 7-2-6（一）a_2 所示。

（2）套卯孔"天"位柱断面弧度：操作者面朝柱子大头方向，左手平持照篾，青面朝上，顶于"天"位正向点 a 处，使照篾水平与弦线垂直正交，右手持竹签笔在正交的照篾前沿画一道短线，如图 7-2-6（一）a_2 及图 7-2-6（三）d_1 所示，而后将照篾顶端移到 a_2 处（图 7-2-6（三）d_2），以同样方法画短线于照篾上，并在两短线上画一叉，一般套 a、a_2 两点即可，直径在 1.2 尺以上的大柱料也有套 3~4 点，每点间相距 5 分，如图 7-2-6（四）f_1 所示。

套完正向各点后，则套背向各点，其方法同上，所不同的是画线于照篾青面后沿而不打叉（图 7-2-6（三）d_3）。

（3）套"地"位断面弧度，即套 c、c_2、d、d_2 及 e、e_2、f、f_2 各点尺寸，如图 7-2-6（三）e 所示，其操作方法同上，所不同的是前者画尺寸线于照篾青面，而此是画尺寸线于照篾的白面，体现"天青地白"。

第五步：照样制作榫头

（1）将相对应的横向构件（梁枋）正面（天位）向上放置于三脚马上，而后在构件（梁枋）的两端画出柱中线（两中线的间距即开间或檩步距）。

（2）在构件（梁枋）一端柱中线的内侧画出弦位线。此线与柱中线间的距离 X，即套样时柱中心线与弦线间的距离。一般取 X 值为 1 尺、1.5 尺、2 尺，通常取 1~1.5 倍柱径，视柱料曲直程度、直径大小适当选定。

（3）将照篾的顶端顶于弦位线，分别将 a、a_2、a_3、b、b_2、b_3 各点及榫长尺寸返到构件（梁枋）上，各点连线即为此榫头天位的两肩（图 7-2-6（四）f_2）。

（4）将构件（梁枋）翻转 180° 成背面（地位）向上，以同样的操作方法画出地位两肩及榫长尺寸线（图 7-2-6（四）f_3）。

（5）连接并校准四面连线，全部套照操作完成。

（6）按照墨线锯截，即为理想之榫头（图 7-2-6（四）f_4）。

按此法制作成的榫头及相贯线，必定与相应的柱卯孔紧密结合，严丝合缝，绝对不会出现张嘴露榫头现象。这是保障东阳民居构件结合严紧、圆润、美观的绝技。

第三节　大木构件制作准备

一、大木制作程序

（1）选材：根据树料的品种、长短、直径大小、曲直状况量材使用，初步确定其用场（处）。

（2）审材：去净树皮后检查有无糟朽腐烂之处，再用大斧由一端敲打到另一端，听其声是否清脆，若是声音发闷，则必有折断损伤或内部空心腐朽之处，需仔细查出损伤点及类型后，根据损伤情况改作他用，以保证不因选材不慎而

（3）取材下料：在无折伤、腐朽的树料中，以"因材使用"的原则选定柱料和构件。具体做法是：先长后短、先大后小。即先选定栋柱、前后大小步柱、桁栅等长料和梁枋大料后，再取其他短料、小料；先选定必须独块的构件料，后选取可拼接的构件料。

（4）分类码放：将选定并按所需长度裁好的木料分门别类码放，以免弄错毁料。

（5）风干处理：选料要选基本干透之料，未干透之料应作风干处理。处理方法：①将新伐的树料放入池塘中浸泡3个月以上；②锯解成方材或板材，而后纵横层次交错、疏松地码放在日照和通风条件良好之处（码放时要把板材码在下部，方材大料码在上部，避免板材变形），利用自然光照和通风催干。

（6）砍劈成形："东阳帮"工匠有句俗话："快锯不如钝斧"。意思是最锋利的锯子，也没有钝斧子的效率高。所以东阳帮工匠都愿意用重磅双面斧将构件砍劈成型（图7-3-1）。

（7）削平过刨：根据构件表面的加工要求，进行削平过刨。过刨分粗刨、细刨、精刨，用短刨、用中刨、用长刨刨光等不同要求。

（8）划线：弹出中线（俗话说"大木不离中"，就是说木匠离不开中线，大木制作开始先弹、划中线，构件加工完成后又要依据迎头的十字线再弹上中线，大木安装时，中线又是构件定位的标准线），点划出榫卯位置及类型墨线，构件外形轮廓线等。划线有统一规定的符号（图7-3-2）：一条直线表示"柱中线"（实际上也就是"升线"，因为东阳帮的传统习惯，只在柱上弹"柱中线"，而不另弹"升线"，拔升问题在"套照"时通过调整照板对中来解决，照板移位一个"升"后，就使"柱中线"成了"升线"），一条直线上画一个叉表示有用线，一条直线上画两道斜线表示"废线"（不用之线），两条并列线表示裁截线，画卯孔线时要标明透孔与不透孔，其标记符号是：卯孔框线内画两个叉表示是透孔；卯孔框线内画两根斜线表示是不透孔（半榫孔）。

（9）凿孔：依照墨线凿出单榫、双榫、半榫、透榫、银锭榫等所对应的卯孔。凿孔时一定要注意是透孔还是不透孔，切不可弄错。

图7-3-1 大斧砍劈成型操作实例

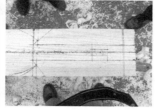

实例

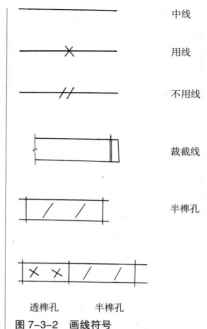

图 7-3-2　画线符号

（10）套照：按"套照"口诀要求套取各连接构件的制榫参数（榫头的长、宽、高及肩的尺寸）。套照操作方法详见上节。

（11）书写编号：每加工完成一件构件，必须按大木构件编号规则随手书写槄号及构件名称，并分门别类顺序摆放。若木料尚未干透，则在摆放时必须平整放置，并在上面用重物压住，以防变形影响安装。

二、榫卯种类、用处及制作（图 7-3-3）

（1）全榫，也叫直榫、单榫，普遍用于各种构件。制作步骤：先用榫头锯照线锯开顺向两线，而后锯横向两肩线，最后用截锯锯去余（荒）头，并用刨子修刨四边棱角毛刺，用角刨修两肩。

（2）半榫，即半透半不透榫，也叫大进小出榫，多与柱中销、羊角销配合使用。

（3）双榫，一般用于骑栋矮柱的下端与梁枋的交接处，其制作法与单榫制法基本相同，只不过是多一道用宽凿凿掉两榫头间的小木块。

（4）燕尾榫，也叫元宝榫，多用于桁、栅、楣楸的交接处。

（5）套榫，也叫拍掌榫、抄手榫，多用于穿斗式构架的前、后单（双）步枋间及上、下楸间的对接，一般与雨伞销同时使用。

（6）柱头榫，有两种形式，如图 7-3-3f，多为花篮斗、瓜斗、盘头与柱头的稳定结合。

（7）柱枋榫，多用于后檐柱与单步枋、檐桁的交接（图 7-3-3g）。

（8）柱头元宝榫，多用于"披屋"类建筑的柱顶直接搭桁。

（9）桁头元宝榫，是元宝榫的一种，使用于东西两桁直接连接时，必须是东凸西凹，即东西两间屋桁头连接处的榫头做法，一定要东边的做成凸榫，西边的做成凹榫（俗称"东公西母"）。常与柱头榫配合使用（图 7-3-3j）。

（10）倒榫，也叫楔子榫、万年榫（图 7-3-3k）。因它由图示虚线位置（状态）击进至实线位（状态）后，不损毁构件，剔凿出榫头，是永远拔不出来的，故称"万年榫"。

（11）钩榫，也叫扎榫、推拉榫，是燕尾榫的特殊应用，是为了便于安装和维修、拆卸而设置的榫，多用于牛腿与柱的结合，如图 7-3-4 及实例。婺州传统民居中，牛腿与琴枋的安装有两种方式：①先安装下面的牛腿，而后安装上面的琴枋。②先安装琴枋，后安装牛腿（多因牛腿雕刻精致，尚未完成，但立架日子已到，不能等待时）。这两种方式都需要用钩榫把牛腿锁固在立柱上，否则牛腿与立柱无法连接。采用这种连接法不仅连接牢固，而且修理牛腿时不用拆卸琴枋，只要把牛腿下面的小木方抠出，把牛腿往下一拉就可卸下，十分

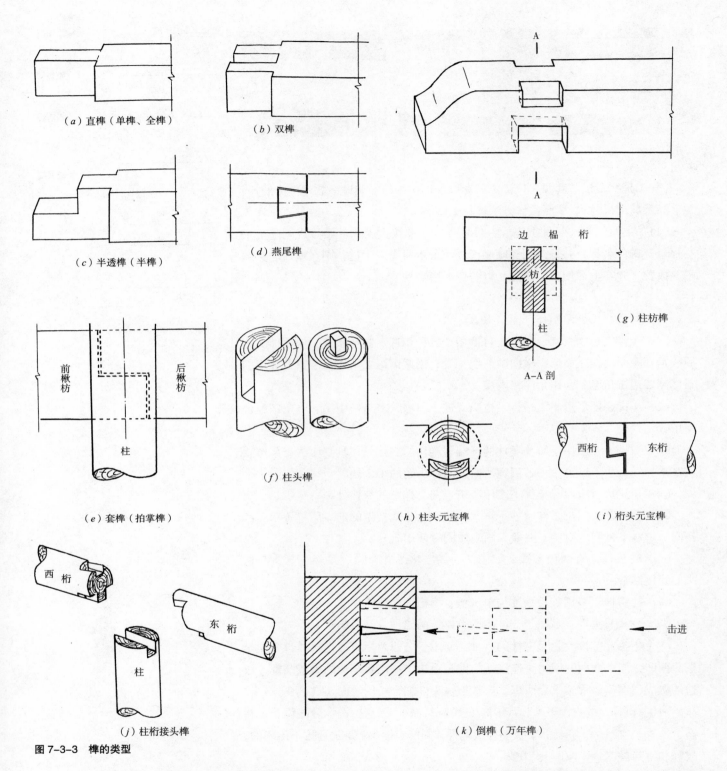

(a)直榫（单榫、全榫）　(b)双榫

(c)半透榫（半榫）　(d)燕尾榫

(g)柱枋榫

A–A剖

(e)套榫（拍掌榫）　(f)柱头榫　(h)柱头元宝榫　(i)桁头元宝榫

(j)柱桁接头榫　(k)倒榫（万年榫）

图7-3-3　榫的类型

方便。不过，这一方便之举的创造者万万没有想到，会给今天偷盗牛腿高价倒卖文物的盗贩们提供了便利。

（12）柱脚榫，从遗存的旧柱础看（图7-3-5），元代以前的建筑应用较多，明清以后的建筑已基本不用。

三、销的种类、用处及制作

（1）雨伞销：东阳帮工匠对"燕尾榫"使用的一大创新发展，多用于前后

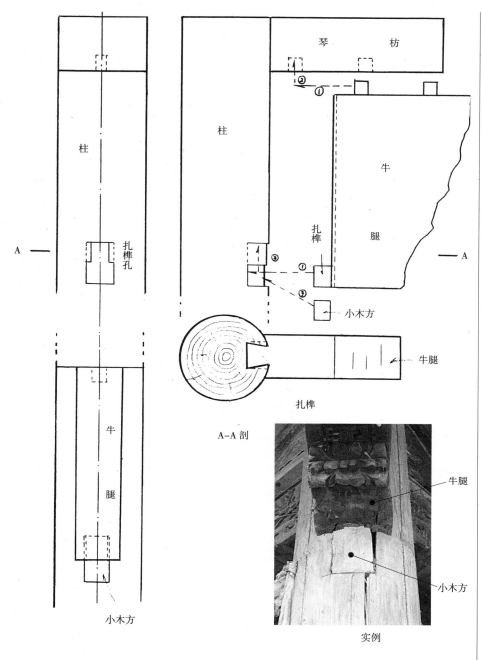

图 7-3-4　扎榫应用

琴枋

柱

牛腿

扎榫

小木方

扎榫

牛腿

A–A 剖

牛腿

小木方

实例

柱

扎榫孔

牛腿

小木方

图 7-3-5　元代前柱础

楸（枋）板在柱间的连接（图 7-3-6），作用是增强榀架自身的稳固性，同时也有利于整榀立架。用青冈木、栎木、木荷等硬木制作。与柱中销、羊角销合称"三销"。制作及安装程序：

第一步：①在已做好抄手榫的前后楸枋的下方（若是上下均设，则应在上下两方）分别凿好雨伞销孔；②在柱的楸枋抄手榫卯孔下方（或上下方）各凿好高、宽相当于雨伞销杆件高、厚尺寸的透孔（伞销槽）；③做好雨伞销，如图 7-3-6 第一步所示。销的尺寸没有严格规定，一般做法是取总长为柱径加 1 尺，高 2 寸，销头长 2 寸，销杆厚 0.5 寸。

第二步：安装：①先把雨伞销正面向下（楸枋上方的应正面向上）穿过楸枋对接的卯孔，而后向下置于伞销槽内；②先将楸枋对接入位，再将雨伞销对准楸枋上下的伞销孔，用斧锤鼓击入位，至外口平整。

161

第三步：最后用小木方将伞销孔塞填，如图7-3-6第三步所示（因为在楸枋下方一般都要做板壁隔间，所以也有不作塞填的）。

（2）柱中销：多用于插柱抬梁或枋与柱间的结合，是河姆渡建筑文化的传

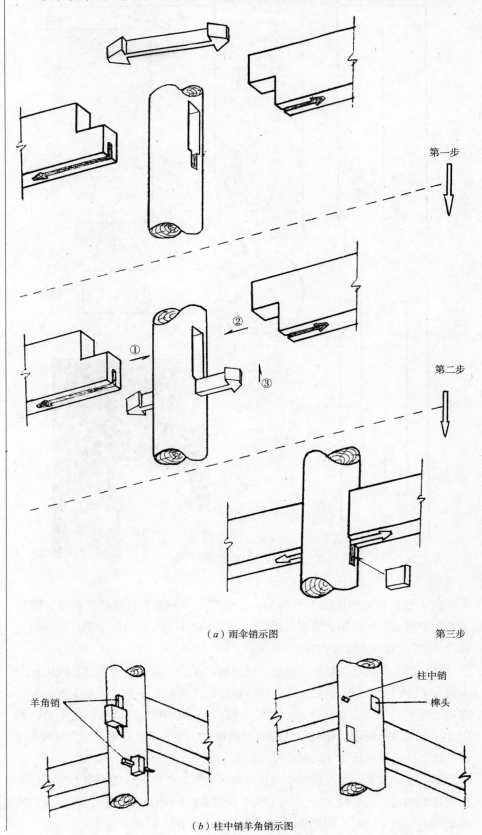

第一步

第二步

（a）雨伞销示图　　　　　第三步

羊角销

柱中销

榫头

图7-3-6 "三销"示图及实例（一）

（b）柱中销羊角销示图

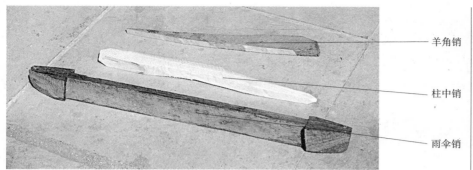

羊角销

柱中销

雨伞销

（c）三销实物样

（e）柱中销应用实例

楸枋上雨伞销孔

羊角销

雨伞销

（d）雨伞销、羊角销应用实例

柱中雨伞销孔

图7-3-6　"三销"示图及实例（二）

承发展（图7-3-6b、图7-3-6c）。

（3）羊角销：多用于单（双）步枋的大进小出一端（图7-3-6b、图7-3-6c）。

（4）暗销：分木销和毛竹销两种。木暗销一般是使用厚约0.5~1寸，宽约2寸的扁方木条，多用于下楸枋、前楣楸、后堂楸、边椽的象鼻架（劄牵）等拼料的暗销（图7-3-7a）。毛竹销是用毛竹的根节锯成长约2寸后，劈削成约二分半见方的钉形销，多用于薄板拼接和小木作拼板。拼板时，首先将甲、乙两板的拼接面用长刨刨平，再将两板侧立拼接，细看接缝有无透亮之处，若有透亮点，说明两板拼缝不严密，需进一步刨平，而后在需要设暗销处画一垂线；再用牵钻在垂线处的两板拼缝中心各钻一小孔，然后将毛竹销的小半截钉入乙板，再把外露部分用刀斜削成尖端，最后将甲板的各销孔对准乙板的毛竹销尖，敲击甲板使两板严密结合（图7-3-7b）。多块板拼合如法炮制。

（5）屏门销：也叫"栓"。有的为防脱落而做成燕尾状，故又叫"燕尾栓"。用于固定可拆卸屏风门的可滑动销（图7-3-8）。

（6）木钉销：用硬木销于楼栅两侧，用以悬挂火腿、腊肉、菜篮等（图7-3-9）。

（7）墙牵：如前图2-2-4所示。用于加强墙体与木构架的稳定性。

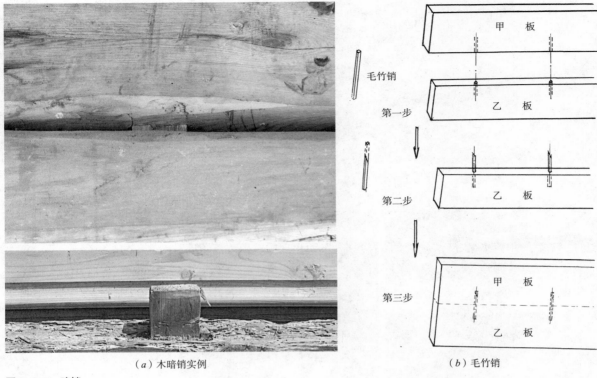

（a）木暗销实例　　　　　　　　　　　（b）毛竹销

图 7-3-7　暗销

图 7-3-8　屏门销

图 7-3-9　格栅木钉销的用途

第四节　大木预制构件的名称与制作

一、柱

即立柱，俗称"屋柱"、"柱脚"，是构架的承重主体，依其所处位置不同可分为"前小步"（檐柱）、"前大步"（前金柱）、"栋柱"（中柱、脊柱）、"后大步"（后金柱）、"后小步"（后檐柱）、"骑栋"（童柱）、"花篮柱"（垂柱）、"楼廊柱"等。

柱的制作：

（1）确定柱向：将所选取的柱料放于两只"三脚马"上，旋转柱料调整方向，使之正向朝上（若是弯曲的柱料，则应将柱料的凹面朝上）。

（2）取定柱高：将柱排竿放在柱料上的适当位置，点画出所对应柱的长度尺寸后，再画出两头的去荒线，并用角尺将去荒线过画到两侧（图7-4-1）。画去荒线时，下端要预留1~2寸，以备由于设"柱升"而出现的柱根斜面角度所需。上端要考虑是否做馒头榫，若要做，则应外加2寸的余量，用以做馒头榫。如果要做馒头榫，但柱料长度已无余量时，也可不考虑外加尺寸，而采取在柱中心另栽植馒头榫的做法。最后复验画线是否准确，确认无误后截去荒料。截荒料时，必须保持端面平整。

（3）画迎头十字线：柱两端断面之四方纵横轴线（方形、圆形断面均画纵横正交的十字线）。立柱一般先画下端（大头）的十字线。画法步骤如下。

第一步：画柱下端"十字线"

左手持墨斗，右手拉出墨斗线坠约一尺，将线坠线置于距柱头断面一指之处的上方适中位置进行吊中，待线坠稳定不摆动时，右手持墨签沿垂线上下各点画一个点（图7-4-2a），然后用角尺副尺的一边对准这两点，用墨签贴靠副尺画直线（图7-4-2b），此线即为柱的纵向中线，再用角尺画出柱端的横向中线（图7-4-2c），纵横两中线直角相交即为柱端面的"十字线"，也称"十字中线"、"迎头十字线"（图7-4-2d）。

第二步：画柱上端"十字线"

用线坠吊正纵向中线是否准确，再验证横向中线是否准确，确认无错后要保持柱料方向不再变动（这是保证立柱上端、下端中线不产生扭曲的关键，切不可粗心大意）；而后，按第一步同样的做法画出立柱另一端的十字中线。

（4）弹柱中线：把柱正向朝上，将墨斗线坠钉于柱顶端断面的适中位置，将墨斗线对准十字线的正向位置，墨篾压住墨斗线边走边拉至柱下端，将线抻紧，用墨斗压于十字线上端，用右手拇指和食指将墨斗线撮起抻紧，而后迅速

（a）

（b）

图7-4-1　画去荒（盘头）线

图 7-4-2　画十字中线

（a）　　　　　　　　　　　（b）

（c）　　　　　　　　　　　（d）

图 7-4-3　弹中线

（a）弹线　　　　　　　　　（b）弹好中线

松手，使墨斗线利用自身弹力在柱上弹出正向的中线（图 7-4-3）。然后，旋转柱料，以同样的操作步骤依次弹出其余三个方向的柱中线。

（5）圆形柱加工：婺州传统民居通常分为豪华型、普通（或普及）型、简朴型三类。不同类型建筑的立柱除对材质、材分要求不同外，对柱面的加工要求也有较大差异，如宗祠、大厅、豪宅的立柱加工要求用八角、十六方、二十四楞线（通称"八卦线"）来找圆，最后还要过中刨、细刨甚至精刨。

圆形柱加工主要是要画"八卦线"。"八卦线"的简易画法如下。

第一步：根据"取外圆径六十有五，各面二十有五，得面面六十"画八角

图 7-4-4　八卦线

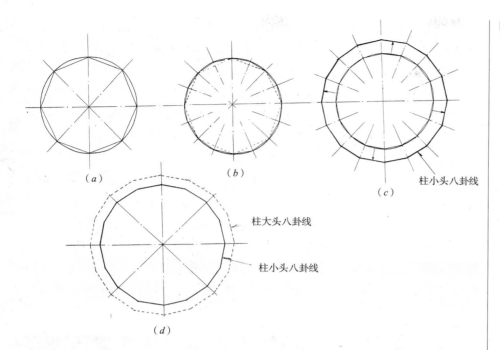

（a）　　　　（b）

柱小头八卦线

（c）

柱大头八卦线

柱小头八卦线

（d）

形的口诀，先画一个直径为 6.5 寸的圆，然后以 2.5 寸的长度为弦，沿圆周顺向画出八个面（图 7-4-4a），再将各面一分为二（或一分为三），连接各点即为十六或二十四楞的近似圆样图（图 7-4-4b）。

第二步：在 6.5 寸直径的样图各角（16 或 24 个角）的延长线上，点出立柱小头半径的相应位置，连接相邻各点，即为此立柱小头的十六或二十四角近似圆，经校验无误后锯掉线外部分，即成为此立柱小头"八卦线"的大样板（图 7-4-4c）。画柱小头"八卦线"时，只要把大样板放在柱头的适中位置，对准十字中线后，把大样板的周边画在柱头上，此近似圆就是此柱小头的"八卦线"。画立柱大头端面的"八卦线"时，先把大样板放在柱大头断面的适中位置，对准十字中线固定好，再以大样板周边为基准，平行向外推出一个立柱大小头半径之差（一般取一寸，即角尺副尺的宽度），各边形成的近似圆即为立柱大头的"八卦线"（图 7-4-4d）

第三步：按照第二步做法画出的柱大头、小头"八卦线"，由两端正面十字中线开始，逐次弹出各自对应的线，再用斧、刨子除去楞角线，找圆刮光。用双手轻掐圆柱转圈滑动，手无棱角之感时说明柱料加工已达到圆的规矩要求。最后，依照迎头十字中线弹出柱的四面中线，并标记名称、编号。

普通型宗祠、厅堂、住宅的立柱比上述豪华型建筑的立柱，无论是材质、材分还是加工要求都低一些，一般不要求用"八卦线"过圆。其他做法程序是一样的。简朴型住宅、披屋的立柱要求更低，东阳帮木匠有一传承口诀："不论松树杉树，只要够长（高），树头能摆个馒头就可做柱。"这说明对立柱的曲直、圆度、材质条件要求是很宽松的，或者说，除了长度以外就没有要求。实际上，在长料不够时，少数地差一尺二尺也可用，以增高柱础的措施来加以弥补，一般都用于边榀或后小步，即靠墙的立柱（图 7-4-5）。其他加工程序、要求基本一样。

（6）画卯孔线：把立柱正面朝上架于三脚马上，将柱排竿放于柱料上，对

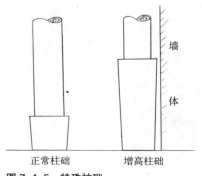

正常柱础　　增高柱础

图 7-4-5　特殊柱础

齐两头端线（必须准确无误，否则影响构架安装），而后将正面的各卯孔位置、类型画出，经校验无误后将柱面翻转180°，以同样方法画出背面的卯孔及类型。再以同样的方法画完其他两面的卯孔类型及位置。

（7）凿孔：依据卯孔的不同宽度使用不同的凿子凿孔，凿孔必须注意的问题：①不可弄错透孔与半孔（不透孔）；②要准确保留上口墨线，既不亏线又不让线；③孔壁要正、要直，不可扭斜。

（8）套照：操作方法（详见本章第二节4）

方形柱的加工：方形柱的加工步骤与圆形柱基本相同，但做法不同，它与楸枋等矩形构件的加工步骤基本一样。首先画好两端的十字中线及柱的见方尺寸框线，若是圆木而不是方材，则应再弹各面加工线，随后用大斧砍劈成型，再刨平、刨光。然后，用角尺检验尺寸、角度、平整度是否合乎要求（图7-4-6c），检验合格后弹好四面的中线，再取相对应的照篾把套照参数返到构件上，画出各面的榫头、卯孔线。经校正无误后进行加工制作，完成后分类码放。主要过程如图7-4-6所示。

(a)　　　　　　　　　(b)

(c)　　　　　　　　　(d)

图 7-4-6　楸枋加工程序

(f)

(e)　　　　　　　　　(g)

楣楸

后堂楸（正面）

后堂楸（背面）

上下楸

下楸

图 7-4-7　楸的类型

二、梁楸

梁、楸与栿、枋四者本属同一概念，北方多称栿、枋，不过婺州地区不叫栿、枋，而称抬梁式构架的五架梁为大梁，称三架梁为二梁或小梁，称穿斗式构架的双步枋、单步枋为楸，楼层的为上楸、云楸，底层的为下楸，前额枋为前堂楸、楣楸，厅堂后部的为后堂楸（图 7-4-7）。梁与楸因其所处构架的形式不同，它们的形状和做法也不同：

（一）梁的制作

梁是抬梁式构架的构件，一般都是彻上露明造建筑中使用。婺州地区的建筑装修装饰有一大特点，就是外界视线所不及部分的装修只讲实用，不求华丽，对门面、廊轩等外界视线所及部分，除实用外，更讲究高大宽敞的气魄和华丽的雕饰，普遍把梁头做成微弯并雕刻成佛道教共用礼器"木鱼"状或冬瓜状、马屁股状、龙须状，人们形象地称之为"木鱼梁"、"冬瓜梁"、"马屁股梁"、"龙须梁"，如图 5-3-9 所示。

婺州传统民居的大梁、小梁、月梁的形状与做法基本相同，只是梁的长度和断面尺寸有差别。制作步骤，以五架大梁为例：

第一步：将选取的梁料架于两只三脚马上，调整好方向，使弓背面朝上；把丈竿放在上面适当位置（尽量使有疤结之处避开受力点和榫头部位），依据丈竿所标四步架及两端榫头长度在料上点画出三柱中线（即前大步、栋柱、后大步的柱中位置）及定长截线，校对无误后用横截锯截去荒料，将梁料两侧面砍、刨平整，使梁料略呈椭圆形（图 7-4-8a_1）。

第二步：检查料的放置方向是否弓背朝上，调整好后用墨斗线坠吊好两端垂线并画出十字线，再以两端十字线为准，弹上四面的纵向中线，而后再把丈竿放在中线一侧，将五架的中线位置照点于梁料中线上，再用角尺画出与中线正交的五架中线，再勾画出梁头及熊背的轮廓线（图 7-4-8a_2）。

第三步：按轮廓墨线进行砍削并用各种刨子进行刮平刨光，轮廓成形后依据两端十字线复弹中线，补画五架垂中线，取对应的照簥，把套得的尺寸按照照规则做法（图 7-2-6）返到梁头上，画出榫头线及梁肩的轮廓线，而后按相关墨线锯制榫头，用刨子将榫头的毛刺楞角倒去，凿好柱中销方孔（图 7-4-8a_3）。

第四步：雕刻。简单的雕刻一般由木匠一手完成；若是复杂、精致的，特别是梁枋中部设群雕的，则转交雕花匠，根据主人的爱好要求，设计题材内容图案，而后进行打坯、粗雕、细雕、修光、打磨成活（图 7-4-8a_4）。最后写上楢架名称、编号，分类整齐码放。

梁下巴：梁下巴是婺州工匠使用的形象俗称，实际就是梁垫、替木，是梁的辅助件，其发展过程及实例如图 7-4-8c、图 7-4-8d。

（二）楸（枋）的制作

第一步：依据不同位置设计楸板高度，用与设计厚度相同的板方料拼好料，拼料要用暗木销拼接。

第二步：把拼好的板方料架于作马或三脚马上，先弹好中线，再把丈竿放在中线一侧的适当位置，将此步架两柱的中对中垂线画在板料上，再在柱中线内侧画上套照时所用的弦位线（即柱中线至照板弦线的距离 X），并用角尺过到其他三面画线，最后核查四面的柱中线和弦位线是否都交接在各自的断面。检查无误后，再将此楸此端的照簥顶端对准弦位线，而后把套照各点的尺寸按套照规则方法返到楸板上，连接各相关线。

第三步：再次检查各相关线是否准确。确认无误后，即可锯去荒料，进行

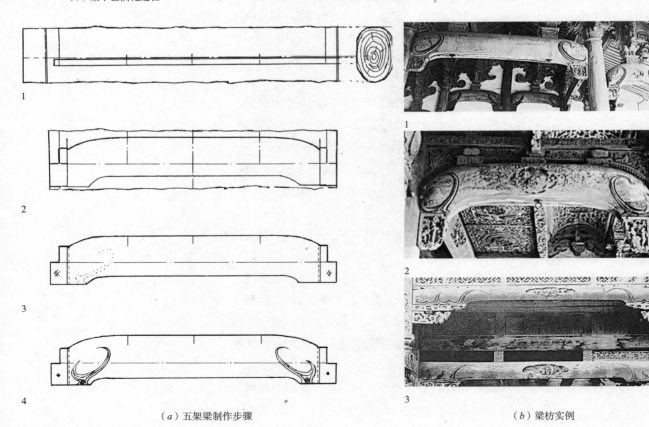

（c）梁下巴演化过程

（a）五架梁制作步骤　　　　　　　（b）梁枋实例

图 7-4-8　梁与梁下巴（一）

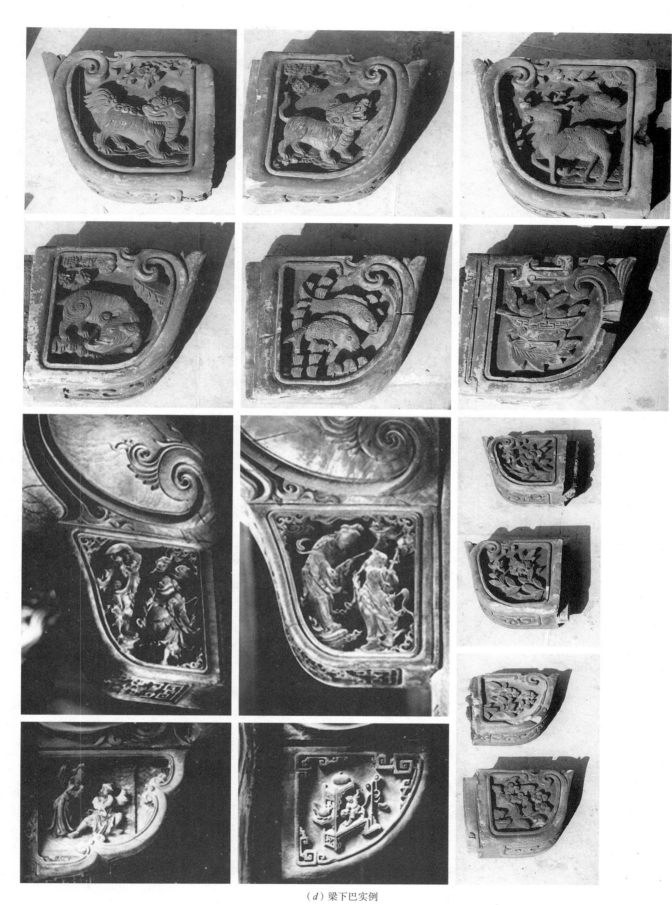

（d）梁下巴实例

图 7-4-8 梁与梁下巴（二）

（e）寿字梁下巴

图 7-4-8　梁与梁下巴（三）

榫头制作（参看本章第二节四）。

第四步：画雨伞销槽孔线，依线凿好槽孔（图 7-3-6），最后在上方写上榀架和构件名称、编号。

三、楼栅

楼栅既是两榀架间的连接构件，又是楼板及存放物资荷载的直接承重件。按它所处位置可分为穿栅和搁栅两种（7-4-9），在柱中用对头榫穿接的为穿栅，搁在楸枋上用元宝榫（燕尾榫）搭接的为搁栅。按其断面形状又可分为圆形栅和矩形栅两种。矩形栅俗称方栅，但实际尺寸并非正方，其高宽之比一般为 4 : 3 或 5 : 4。断面尺寸，一般是穿栅比搁栅稍高 3~6 分，材质也略优。两者的制作工艺除榫头做法不同外，其他均相同。

制作步骤如下。

第一步：将所选栅料置于三脚马上，操作师蹲在一端旋转栅料，选定最平直的一面为正面（即楼面、上面），用墨斗线弹出此面的平面线，再根据自己的身高和持斧习惯，将栅料旋转一个适当的角度，用中斧照所弹的平面线削出一个宽约 2~3 寸的平面，然后用中刨刨平。

第二步：将已刨平的一面朝上，把栅料置稳，把丈竿放在上面点出相对应开间的尺寸位置，再根据榫头做法增减总长，截去荒料，而后画两端垂直中线，再以两端中线为准在刨平的平面上弹出栅的中线，然后在中线两边各 1.5 寸处弹直边线，再将这两边线以外部分加以处理，凸出过大处适当削去一点，使之总体圆直美观（图 7-4-9a）。

第三步：画好两栅对接的榫头线，做好榫头，标记编号。

方栅的料都比较直溜的，或者是方料，容易成型，但方栅一般都要将下面

图 7-4-9　楼栅实例（一）

（a）圆栅

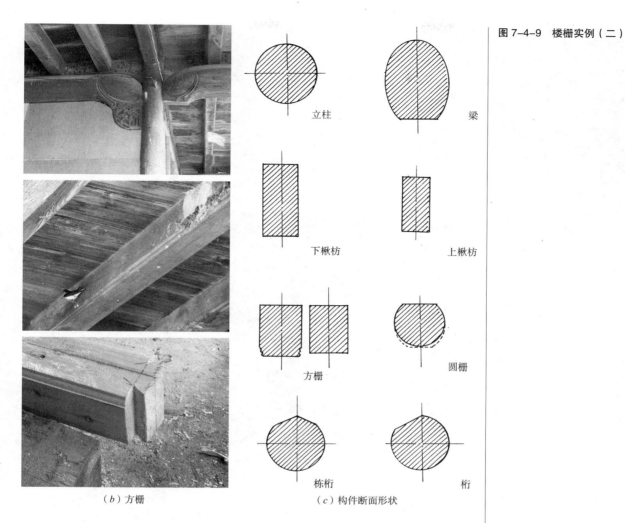

图 7-4-9 楼栅实例（二）

立柱

梁

下揪枋

上揪枋

方栅

圆栅

栋桁

桁

（b）方栅

（c）构件断面形状

两个角做成梅花线或单双线（图 7-4-9b），是用专用的起线刨刨成的。

上穿栅的制作与下穿栅基本相同，但用料及加工要求则较低。

四、桁

两榀架之间的连接构件之一（《清工部工程做法》中称檩），是直接承受椽望瓦件等屋面荷载并传递于立柱的构件。其直径一般同柱径，但婺州地区简朴型住宅的柱径都偏小，故桁径应大于柱径 1~2 寸，最小不应小于 6 寸。

制作步骤与搁栅制作基本一样，不同之处是桁的正向平面与柱中线不成直角，而是与挠水坡度基本一致，栋桁的平面应在顶部做成前后双向，平面宽度约 2 寸即可，连接榫头均采取东公西母的燕尾榫（图 7-3-3i）。

五、骑栋

它是婺州人对矮柱、童柱的俗称，多立于五架梁、三架小梁上，直接承托上大步桁、栋桁或小梁，也有用于廊部支承船篷轩。构件形状基本分有雕饰与无雕饰两类。无雕饰的柱形一般是上小下大，下端与梁的结合都用双榫，与梁背的相贯部都做成鸟喙状，如图 7-4-10a 所示，虽无雕饰但也有精巧秀气之感。有雕刻的多用于彻上露明造的厅堂建筑，形式做法很多，都十分华丽，更富艺术感受（图 7-4-10b）。

（a）无雕饰骑栋

图 7-4-10　骑栋（童柱）

（b）雕饰骑栋

六、椽望

椽分圆形、方形两种。望板在婺州地区约于清末以后才出现，所以很少见，多使用"望砖"、"杉皮篾"（席）和"杠杠落"（即在椽当上直接铺瓦，一仰一覆，如前图 6-2-25 所示）。采取杠杠落和使用望砖铺瓦的建筑要求椽料必须条直，在杉皮篾上铺瓦的对椽的条直度要求稍低。明清时期的建筑使用杉皮篾的较多，其优点是：①经济；②杉木皮料防潮耐腐性好，有利于保护椽子。椽的长度为两桁中到中的斜向距离外加两端接头长，一般住宅椽径取 2.5~3 寸，大型宗祠厅堂取 3~3.5 寸。一般宗祠厅堂和住宅建筑多不施飞椽，大型宗祠厅堂虽有使用飞椽，但多数做法比较简便随意（图 7-4-11a），不同于《法式》做法。

椽多为圆形，少数厅堂豪宅采用方椽和望砖。椽的钉接方式如图 7-4-11 所示。

七、牛腿

它是用以支撑挑檐或楼厢的承重构件，最初是用一根圆木斜向支撑，称之为"斜撑"或"撑栱"。因它位于前小步柱外侧的突出位置，是外檐装饰画龙

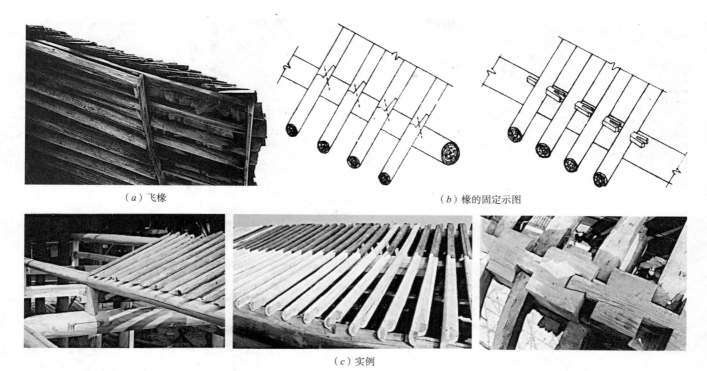

（a）飞椽　　　　　　　　　　　　　　　　　　（b）椽的固定示图

（c）实例

图 7-4-11　椽的固定方式

点睛之处，南宋以后婺州地区的"东阳帮"工匠，为发挥"东阳木雕"这一特色工艺在建筑装修装饰上的艺术效果，历经六七百年的不断改进、创新，把一根简单的圆木件演变成上宽下窄，与前小步柱构成牛腿状，并施精雕细刻，制成既实用又能供人欣赏的木雕工艺品。因它形似牛腿股，又是受力件起牛腿的作用，故形象地称之为"牛腿"。

根据婺州地区现存传统建筑的"牛腿"实物及其建筑年代综合分析，它的发展经历了由圆木棍、木方籽、葫瓜形、壶嘴形、倒鸥形、如意形、草龙形、夔龙形、"S"形、回纹形、混合形，狮、鹿、象、凤、鹤、麒麟等动物形、故事人物形到清末民初的亭台楼阁、山水人物形的过程（图 7-4-12）。牛腿股尺寸视建筑类型、高度、规模、雕刻题材、雕法的不同稍有差别，通常取高 2.6~3 尺，上宽 1.8~2.2 尺，下宽 0.8~1.6 尺。也有施上下重叠的双层琴枋牛腿（图 7-3-13）。婺州地区最常见的牛腿雕饰实例如图 7-4-14 所示。

图 7-4-12　"牛腿"发展历程（实例）（一）

图 7-4-12 "牛腿"发展历程（实例）（二）

图 7-4-12　"牛腿"发展历程（实例）（三）

图 7-4-13　双层牛腿

图 7-4-14　常见"牛腿"雕饰实例（一）

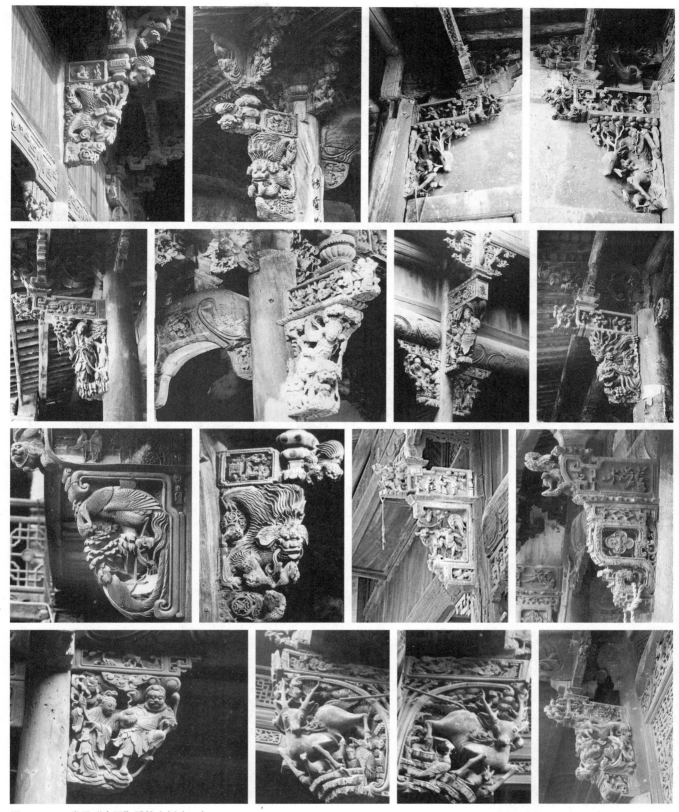

图 7-4-14　常见"牛腿"雕饰实例（二）

图 7-4-14 常见"牛腿"雕饰实例(三)

制作步骤如下。

第一步:根据建筑高度、柱高、柱径、花篮斗高度加以综合考虑后选定适中的牛腿琴枋尺寸。若所备材料不够宽,应行暗销拼接,暗销位置要躲避镂空雕之处。

第二步:依选定尺寸画毛坯框线,将套照套得的尺寸返画到与柱的结合部,并画出与琴枋连接的榫头线(图 7-3-4)。

第三步:依墨线锯割成形并制作好榫头。牛腿与柱的连接通常用扎榫,与琴枋的连接一般使单榫或双榫(图 7-4-15)。

第四步:交由雕花匠进行雕刻。

第五步:雕刻完成后再交还大木匠进行安装。安装有两种程序方式:①先安装牛腿,后安装琴枋。这种方式的牛腿扎榫榫卯,要做成在暗燕尾槽上方先入口再向下推敲入暗燕尾槽到位的形式。②先安装琴枋后安装牛腿。这种方式的扎榫是在暗燕尾槽下方先入口再向上推入暗燕尾槽到位的形式,如前图 7-3-4 所示。

八、琴枋

琴枋是婺州工匠和民间的俗称,实际就是挑檐枋,它位于牛腿上方,其长短高宽比例形似古琴,故称"琴枋",也写作"群方"。其迎头俗称"刊头"。习惯上常把琴枋与牛腿视为一体,实际上两者的位置、作用并不完全相同。琴枋早期是一块长方形的木方,后来在前端和两侧面进行了精细的雕刻,与牛腿

图 7-4-15 牛腿坯料

一起成为木雕艺术品。通常长取 2~3 尺、厚取 5~8 寸、高取 7~9 寸。左右两面均雕刻"三英战吕布"等戏剧故事人物、瑞兽或博古；刊头多圆雕"刘海戏蟾"等故事人物、花卉或平雕"吉、祥、如、意"、"福、寿、康、宁"等书法（图 7-4-12~ 图 7-4-14）。

制作步骤如下。

第一步：选料成形，画十字线弹出中线，画好榫头线。

第二步：依墨线制作与柱结合的榫头，凿好下皮与牛腿结合的榫孔及上皮与坐斗或檐廊柱结合的馒头销孔。

第三步：交由雕花匠画样雕刻。

第四步：由大木工匠安装到位。

九、斗栱

清代以前历代对营造都有严格的等级制度法规，虽然各代的明令规制不尽相同，但"庶人庐舍不过三间五架，不许施斗栱、饰绘藻井"是必无遗漏的。婺州传统民居建筑的间架超制现象极为普遍，不过对斗栱、彩绘的使用应该说是严格遵守规制的，除宗祠、寺庙、大厅及官府宅第外，一般百姓住宅均不施斗栱与彩绘。

（一）斗栱的应用

婺州地区建筑的宗祠、寺庙、厅堂等彻上露明造建筑多施斗栱。明初以前多施工字形、一斗三升、一斗六升、一斗九升和单翘品字斗栱，后来逐渐使用重栱品字斗栱、单翘单昂四铺作（五踩）、溜金斗栱等。东阳卢宅肃雍堂是使用斗栱种类最多、数量最多，也是东阳唯一一处使用溜金（从受力角度讲应是挑金）斗栱的明代建筑。其外形做法与宋代《营造法式》、清代《工部工程做法》和元代建筑武义延福寺的挑金、溜金斗栱做法都不同。其起秤杆不是方直的，而似弧形琵琶杆上翘，尾部以一斗三升厢栱承托上金桁；尾端耍头雕草龙状，十八斗下之冲天销雕莲花垂头；弧形琵琶杆根部雕羽状花纹，两侧各雕宝相花一朵。柱头科坐斗雕成四瓣海棠形十字栱。肃雍堂外观为悬山屋脊，内部则是歇山式梁架，故有角科。角科的斗口 3 寸，硕大的斜昂也采用弧形琵琶杆，施一斗三升厢栱与两侧之挑金斗栱形成三足支撑搭交桁。这种风格特殊、造型优雅、雕饰精致的斗栱，在婺州地区仅此一例，可能在全国也是独一无二的（图 7-4-16）。

婺州民居建筑中最常见的斗栱有一斗三升、一斗六升斗栱，多用于宗祠、大厅等彻上露明造建筑的梁枋与檐桁、金桁之间，一般每间设 2~4 攒。品字斗栱多施于内檐楣枋上承托上桁，通常每间各施 2 攒，3~4 攒的较少。单翘单昂四铺作（五踩）斗栱，都使用于身居高位、功名成就者的府第建筑或宗祠的前檐楣楸上。结构做法基本沿用《法式》做法，更接近清《工部工程做法》，但也有改进：①昂嘴增长下拉 1.2 斗口，总体变细变长呈象鼻形，昂端多雕三福云（如图 7-4-19 昂头大样图中虚线所示部分）。②为适应婺州天气炎热，通风纳凉更重于保暖的实际环境，在制作斗栱时常省略闸挡板和栱眼板。

（二）斗栱的模数

斗栱以斗口为单位，以攒为结构单元，由坐斗、栱、升、翘、昂等件组合而成不同类型的斗栱。斗栱的尺寸比例采用模数化，以斗口（即最下面的大斗，也叫坐斗，中央置栱和翘的槽口宽度）为模的基数单位。四铺以上的斗栱，每攒长 11 斗口（如斗口取 2.5 寸，则每攒总长为 2.75 尺）。坐斗也称大斗、方斗、斗，一般取正面宽为 3~3.2 斗口，侧面厚为 2.8~3.2 斗口，高为 2 斗口，分为斗耳、斗腰、斗底三部分，斗耳、斗底的高均为 0.8 斗口，斗腰为 0.4 斗口。正心瓜栱长 6 斗口、宽 1~1.2 斗口、高 2 斗口，正心万栱长 9 斗口、宽 1~1.2 斗口、高 2 斗口，单材瓜栱长 6 斗口、宽 1 斗口、高 1.4 斗口，单材万栱长 9 斗口、宽 1 斗口、高 1.4 斗口，厢栱长 7 斗口、宽 1 斗口、高 1.4 斗口。昂长 15.3 斗口、昂宽 1 斗口，高向内部分仍为 2 斗口，向外部分要加下垂一斗口共 3 斗口。

　　斗栱除按弓、翘、昂的数量不同，采取不同组合方式有许多种类外，按材料不同又可分木、砖、石三种类型。木栱多用于彻上露明造的宗祠、寺庙、府第、厅堂建筑；砖栱多用于门坊、照壁；石栱用于石门坊、牌坊、碑亭（图 7-4-17）。

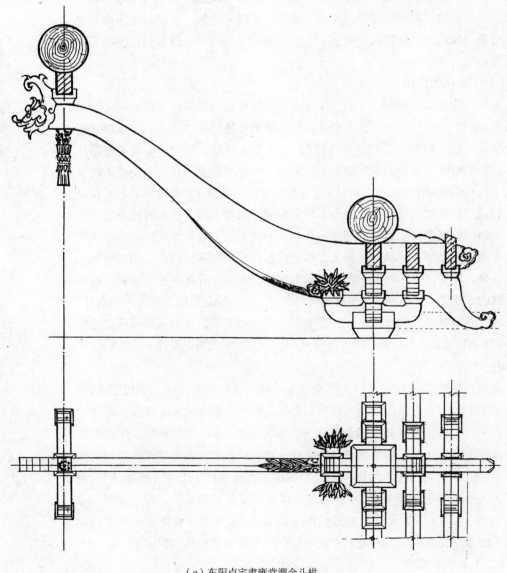

（a）东阳卢宅肃雍堂溜金斗栱

图 7-4-16　溜金斗栱（一）

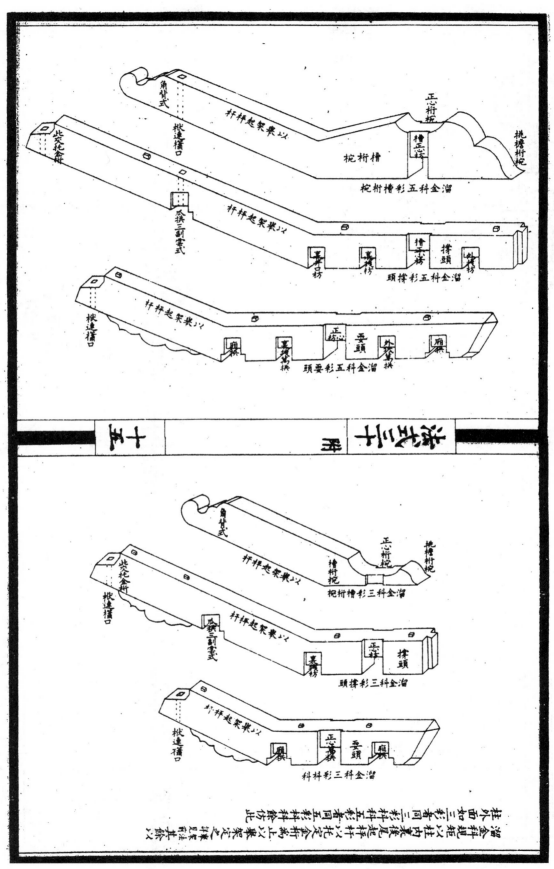

（b）宋《营造法式》溜金斗栱

图 7-4-16　溜金斗栱（二）

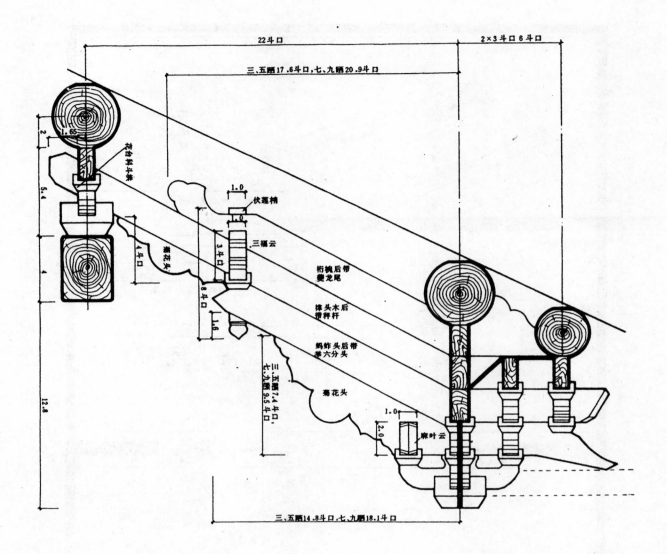

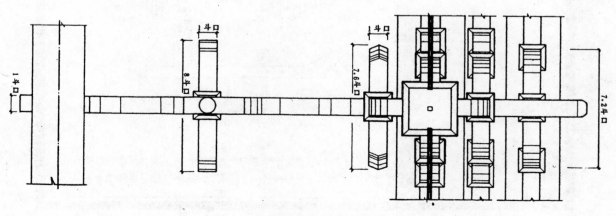

（c）清工部《工程做法》溜金斗栱

图7-4-16　溜金斗栱（三）

东阳卢宅肃雍堂溜金斗栱　　　　　　武义延福寺元代溜金斗栱

（d）溜金斗栱实例

图 7-4-16　溜金斗栱（四）

（三）斗栱的制作（试举普遍应用的一斗六升和单翘单昂四铺作两例）

1. 一斗六升斗栱的制作

第一步：选择材料。取红松等纹理细腻无结巴的，适合制作坐斗、栱、翘、昂、升的板材。可以用长料四面刨光，使之满足正面宽度、侧向厚度或高度等三个尺度中的两个所需标准尺寸，而后按长或高进行断截。

第二步：制作模板。图 7-4-18 为二寸半斗口的一斗六升牌科斗栱图，所注尺寸以东阳鲁班尺的寸为单位。用薄板或硬纸板分别制作好坐斗、栱、升的 1：1 轮廓大样板。

第三步：画线。分别用坐斗、栱、升的大样板，在预备好的板料上套画各件的外轮廓线，而后照墨线锯截、去荒，锯截后刨光锯截面。画轮廓线时，要注意在两件之间留出锯口和刨光所需的量，避免成品亏线。锯刨时不可将栱、翘拐弯处三折楞线去掉成为圆弧。

第四步：画好十字中线，按尺寸开好坐斗的顺向槽口，同时在坐斗下方中心凿出与下方构件结合的暗销孔，在上方中心植与栱结合的木销，在栱的两端升的位置中心植木销，在各升的底部中心钻销孔，在上层两端升的上槽口中心植木销。

第五步：组装成攒。一斗六升斗栱的应用实例如图 7-4-18d。

2. 单翘单昂四铺作（五踩）牌科斗栱制作

单翘单昂四铺作斗栱多用于宗祠、寺庙、大厅等彻上露明造建筑的檐步（图 7-4-19）。因婺州地区的传统建筑除个别寺庙的殿宇采用歇山或庑殿式构架外，宗祠、厅堂、住宅基本都是错落马头式硬山构架，所以常用的是牌科和柱科，角科则很少用。下面着重介绍牌科的制作。

单翘单昂四铺作牌科斗栱主要由坐斗、槽升子、三才升、十八斗、翘、正心瓜栱、正心万栱、单材瓜栱、单材万栱、厢栱、昂、蚂蚱头、撑头木麻叶头等件组成（图 7-4-20）。

（1）坐斗的制作：

第一步：备料。取适合制作坐斗的圆木或方料锯解成大面略大于 3.2 斗口，小面略大于 3 斗口的长方料，四面刨光成四角均为直角，并且净尺寸刚好是 3.2

图 7-4-17　砖石斗栱实例

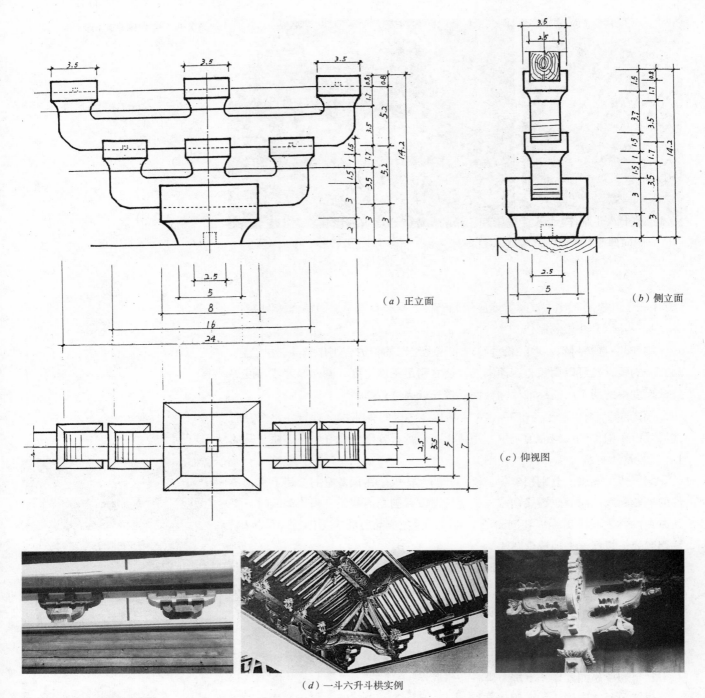

（a）正立面

（b）侧立面

（c）仰视图

（d）一斗六升斗栱实例

图 7-4-18　一斗六升斗栱图

斗口和 3 斗口。同时，画好两端十字中线，弹出四面中线。制作 1∶1 正侧两面的大样板。

　　第二步：画线。先用角尺画出一端的去荒线，再由此线开始每 2 斗口画一坐斗分线（画此线时要注意留出锯口和刨平所需的荒量，以保证斗口的准确高度），用大样板画出每斗的斗耳、斗底的高度线（各为 0.8 斗口，中间的 0.4 斗口为斗腰）和翘、栱槽口的端面线。

　　第三步：制斗。按所画的坐斗分线准确分锯成斗方料，刨平锯面，再依四面中线画斗上下两面的十字中线，再画上方的翘、栱槽口线和下方斗底的收分斜线(也称倒楞线),然后按墨线锯凿槽口和斗底,分别用槽刨和小刨刨平、刨光,最后凿斗下方正中与枋结合的榫孔。

（2）槽升子制作:槽升子位于正心瓜栱、正心万栱的两端,承受正心万栱、正心枋。正向宽为 1.4 斗口,侧向厚为 1.6 斗口,高为 1 斗口(耳、腰、底高分别为 0.4 斗口∶0.2 斗口∶0.4 斗口)。升底斜倒楞取 0.2 斗口。制作步骤基本同坐斗步骤。

（3）三才升制作:三才升位于里外拽的瓜栱、万拱、厢栱的两端,承受上层栱或枋。正面宽为 1.3 斗口,侧向厚为 1.4 斗口,高为 1 斗口。其他基本同槽升子做法。

（4）十八斗制作:十八斗位于翘、昂的头上,承受上层栱和昂。正向宽 1.8 斗口,侧向厚 1.4 斗口,高为 1 斗口(耳、腰、底之高也为 0.4 斗口∶0.2 斗口∶0.4 斗口)。做法基本同坐斗。

（5）翘、栱的制作:翘位于坐斗上面、昂之下面,是纵向受力件,栱位于坐斗上面、栱枋之下面,是横(顺)向受力件,翘在坐斗上方中心与正心栱相互正交,两端与里外拽单材栱相互垂直相交,都是承受上方压力的构件,形状相似,制作方法、步骤也基本相同。所处部位及各件名称、尺寸详见图 7-4-20。

各构件尺寸:

翘:长 7 斗口,宽 1 斗口,高 2 斗口;翘头"卷杀"四分位。

正心瓜栱:长 6 斗口,宽 1.2 斗口,高 2 斗口;栱头"卷杀"四分位。

正心万栱:长 9 斗口,宽 1.2 斗口,高 2 斗口;栱头"卷杀"三分位。

单材瓜栱:长 6 斗口,宽 1 斗口,高 1.4 斗口;栱头"卷杀"四分位。

单材万栱:长 9 斗口,宽 1 斗口,高 1.4 斗口;栱头"卷杀"三分位。

厢栱:长 7 斗口,宽 1 斗口,高 1.4 斗口;栱头"卷杀"五分位。

制作步骤:

第一步:备料。取厚略大于 1 斗口(或 1.2 斗口),宽略大于 2 斗口的板料(最好是红松料),四面刨光后落小面 1 斗口,大面 2 斗口,用角尺检验是否直角方楞。

第二步:制作样板。按图 7-4-20 所示构件的尺寸及样板画线制作法,在薄板上画出翘和各种栱的 1∶1 大样图,进行复核有无差错,确认无误后锯出样板轮廓,打磨锯口毛刺,写上名称。

第三步:画线。一般先画翘(按所需翘的总数一次画齐)后画栱。首先将板料置于作马上放平垫稳,再取构件的相应样板放于板料上,从一端开始画第一件轮廓线,点出与坐斗及里外拽瓜栱对应的垂直中心线的线位,而后向另一端依次画出第二件、第三件……画完后,用角尺画全中心线,并过画到其他三面,核查各中线在四面是否交圈,若有岔口,则应重验并纠正。然后,将样板置于另一大面,认准方向后对准三中线,以同样方法画轮廓线于此面。

第四步:制作。先锯截分件,再锯各件轮廓(锯"卷杀"时必须按分位节凑锯,切不可连汤带水锯成圆弧),剔刻栱眼,再刨平修光,在相应位置准确凿销孔,打眼植销。

（6）昂与菊花头的制作:昂位于坐斗、翘的上面,与栱成十字正交。昂与菊花头实际是同一构件上两端不同的形式,外端做昂嘴叫昂,内端尾部做菊花

图 7-4-19　其他不常见斗栱实例

头（图 7-4-20）。昂总长 15.3 斗口（即五拽架 15 斗口加昂嘴 0.3 斗口，五拽架中菊花头占一个拽架 3 斗口），宽 1 斗口，高有内外之分，外拽瓜栱以内部分高为 2 斗口，以外部分昂头下垂 1 斗口（北方工匠叫“奆拉一”，即昂头向下奆拉 1 斗口），故昂的总高为 3 斗口。这是清《工部工程做法》的规制，婺州工匠所传承的做法与此略有差别，通常奆拉的不是 1 斗口而是 2.2 斗口，昂的总高约为 4.2 斗口。

制作步骤如下。

第一步：备料。选取净料（刨光后）厚 1 斗口，宽 3 斗口之方料。

第二步：制作样板。按图 7-4-19 所标尺寸 1 ：1 仿画到薄板上，检查无错后，锯剔轮廓线以外之荒料，打磨掉轮廓线之内的毛刺。

第三步：画线。把备好的方料置于作马上垫稳，画好正心万栱和里、外拽瓜栱三者的垂直中线，将制好的样板放到方料上，对准三条中线，而后画出全部轮廓线。画完一面后，再用角尺把三条中线及端头线过画到另外两面，再用同样的做法画出另一面的轮廓线，检查两面的轮廓线是否相互对应一致。若无差错则画线完毕，如果有错则应从头开始检查纠正。

第四步：制作。依墨线锯、凿、剔、刨完成各部位的制作，最后在有暗销处凿孔和植销。

（7）蚂蚱头与六分头的制作：

蚂蚱头与六分头也是一个构件上两端不同的做法，外端做蚂蚱头，内端做六分头，总长 16.5 斗口（即五拽架 15 斗口外加 0.5 斗口的蚂蚱头出峰和 1 斗口的六分头长度），宽 1 斗口，高 2 斗口。尺寸关系、形状、样板图详见图 7-4-20）。制作步骤基本与昂的制作相同。

（8）撑头木与麻叶头的制作：

撑头木与麻叶头也是同一构件，位于蚂蚱头之上，与里外拽枋、正心枋、里厢栱十字正交。麻叶头是指撑头木里端所做的形状。撑头木总长 15.5 斗口(即五拽架 15 斗口外加麻叶头出峰 0.5 斗口的长度），宽 1 斗口，高 2 斗口。制作步骤基本与昂相同。

麻叶头的勾画法：麻叶头占撑头木里端最末一拽架和 0.5 斗口的出峰，共 3.5 斗口。关于具体画法，工匠们有一句行话叫“三层九转”，意思是麻叶头弧线画三层转九次（图 7-4-20）。

（9）桁椀制作：桁椀位于撑头木之上，是铺作组件最上面的一个构件，直接承托正心桁。长四拽架 12 斗口，宽 1 斗口，椀底高 2 斗口。制作也是先备料制样板，而后画线制作。

3. 单翘单昂四铺作柱科、角科斗栱的制作

柱科与牌科斗栱相比，顺向的栱件尺寸并无差异，所不同的只是纵向构件的宽度比牌科加宽了，如坐斗加宽为 4 斗口，翘加宽为 2 斗口，昂也加宽为 2 斗口，其他纵向构件的宽度也相应增加。除此之外，制作工艺、制作方法步骤均相同，角科也可参考牌科的做法和图 7-4-19 所注尺寸进行制作。各科各斗栱构件的大样板画线制作详看图 7-4-20，文字部分不多赘述。

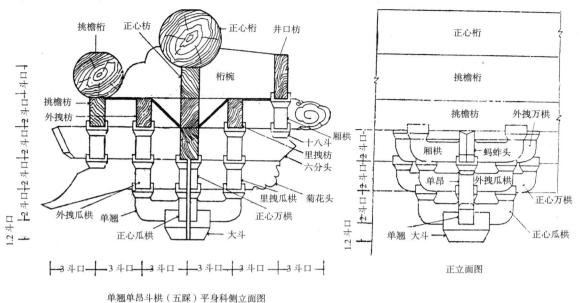

单翘单昂斗栱（五踩）平身科侧立面图

正立面图

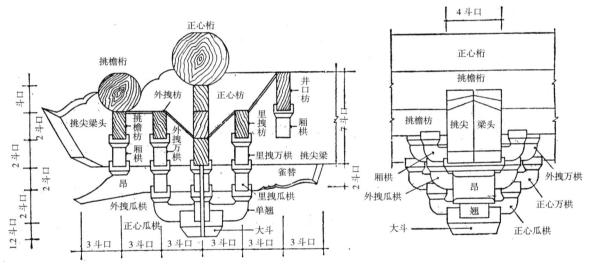

单翘单昂斗栱（五踩）柱头科正侧立面

正立面图

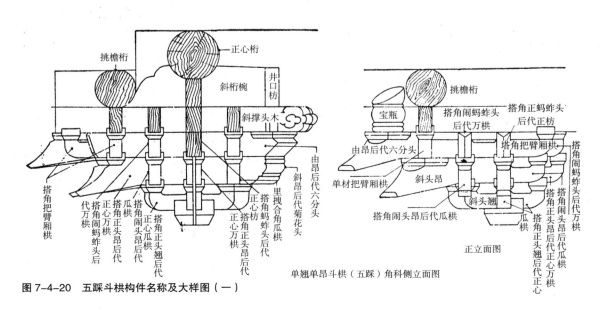

图 7-4-20　五踩斗栱构件名称及大样图（一）

单翘单昂斗栱（五踩）角科侧立面图

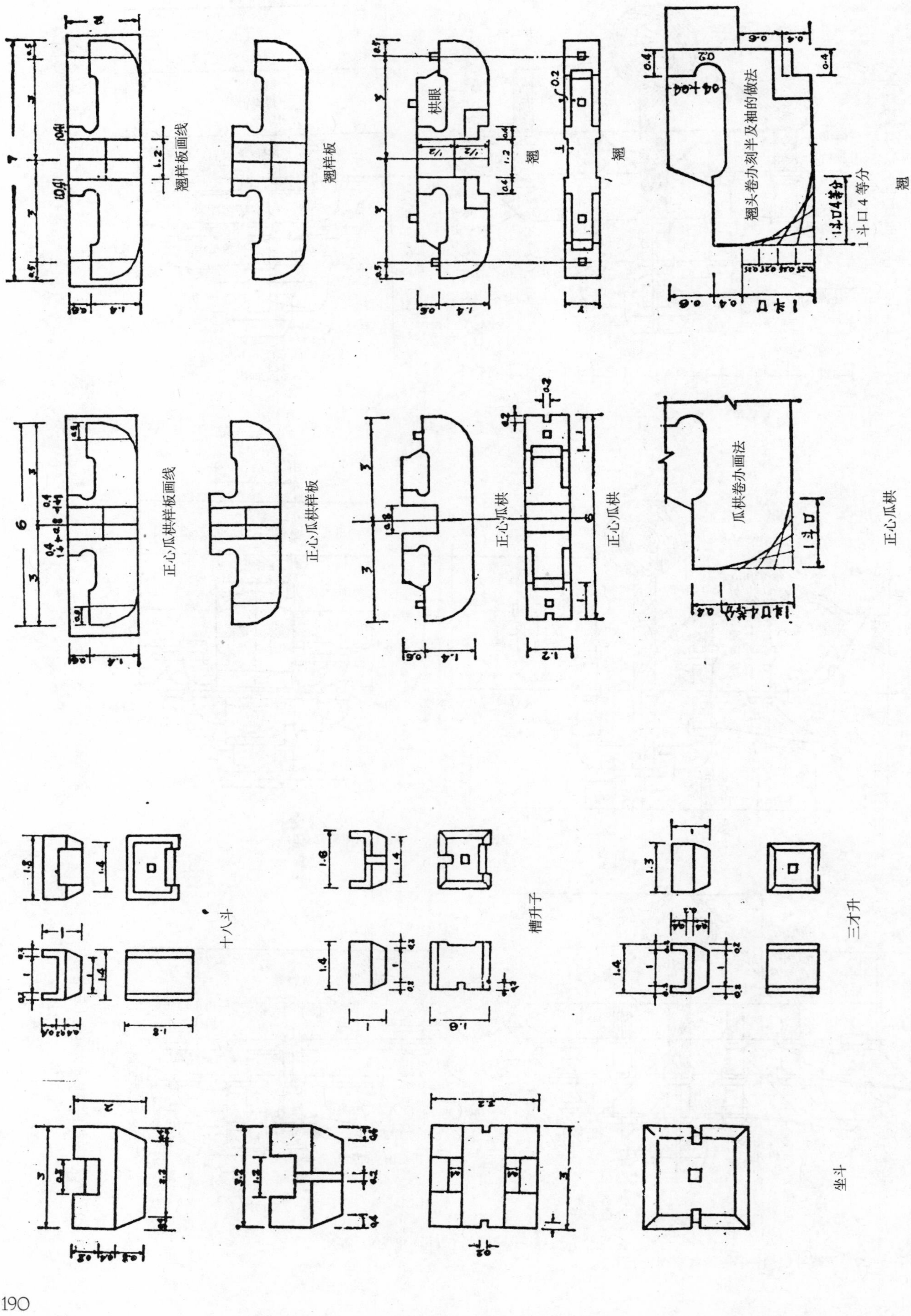

翘样板画线

翘样板

拱眼

翘

翘

翘头卷办刻半及袖的做法

翘

正心瓜拱样板画线

正心瓜拱样板

正心瓜拱

正心瓜拱

瓜拱卷办画法

正心瓜拱

十八斗

槽升子

三才升

坐斗

图7-4-20 五踩斗拱构件名称及大样图（二）

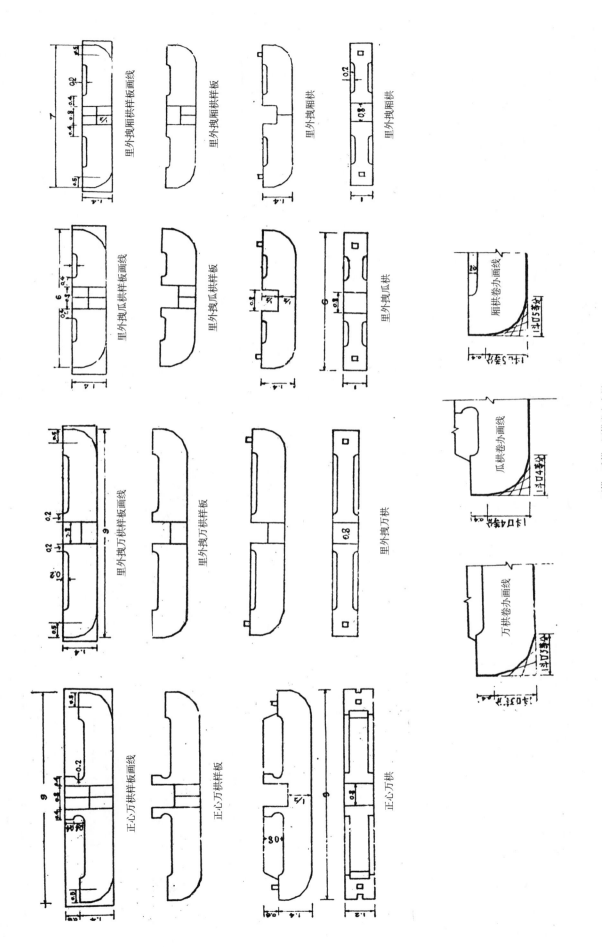

里外拽厢栱样板画线

里外拽厢栱样板

里外拽厢栱

里外拽厢栱

里外拽瓜栱样板画线

里外拽瓜栱样板

里外拽瓜栱

里外拽万栱样板画线

里外拽万栱样板

里外拽万栱

正心万栱样板画线

正心万栱样板

正心万栱

厢栱卷杀画线

瓜栱卷杀画线

万栱卷杀画线

万栱、瓜栱、厢栱卷杀大样

图 7-4-20　五踩斗栱构件名称及大样图（三）

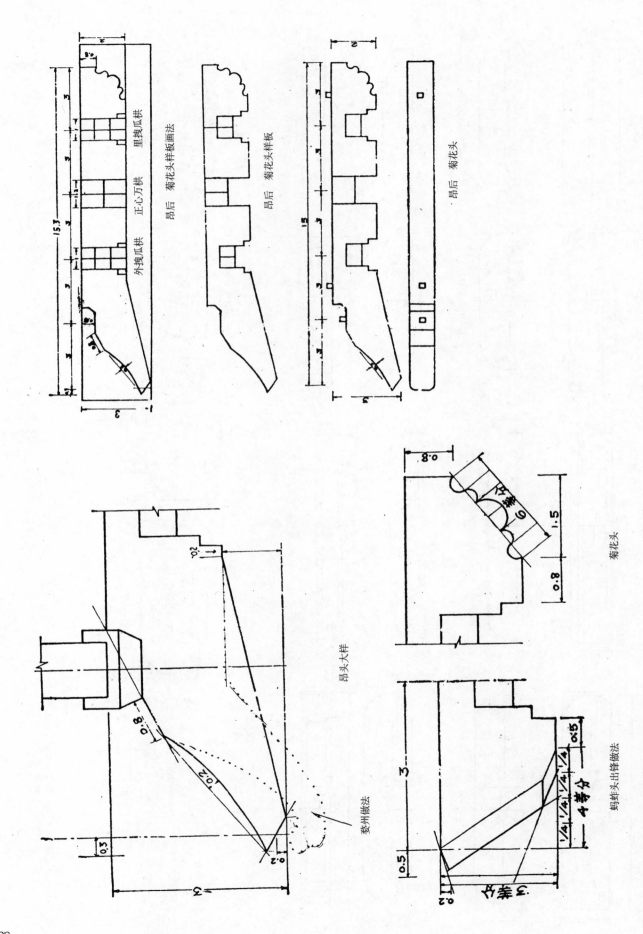

昂后 菊花头样板画法

里拽瓜拱

正心万拱

外拽瓜拱

昂后 菊花头样板

昂后 菊花头

菊花头

昂头大样

婺州做法

蚂蚱头出锋做法

图 7-4-20 五踩斗拱构件名称及大样图（四）

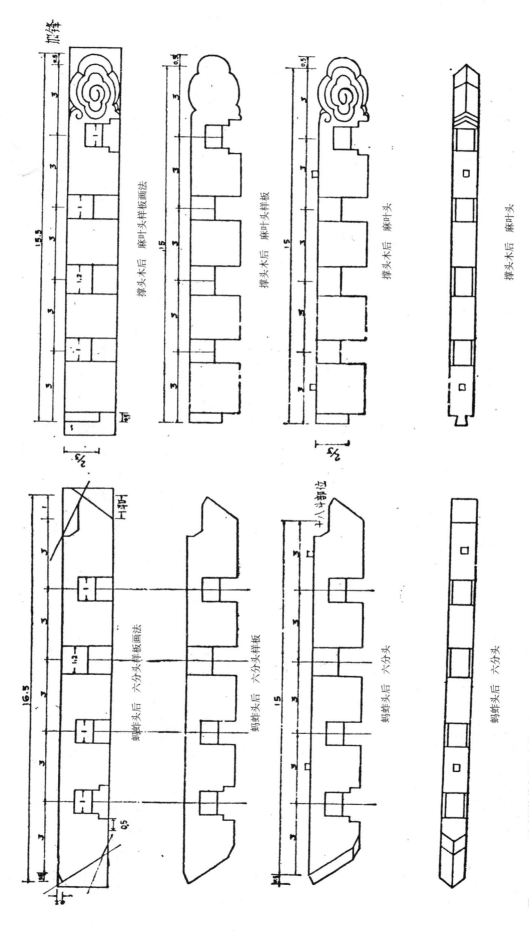

图 7-4-20　五踩斗拱构件名称及大样图（五）

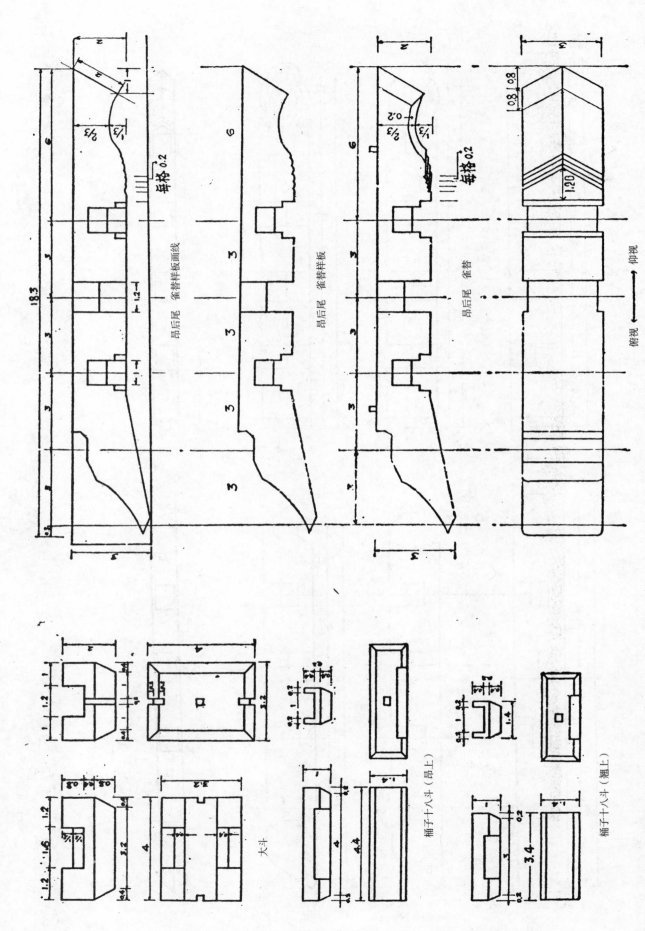

图7-4-20 五踩斗栱构件名称及大样图（六）

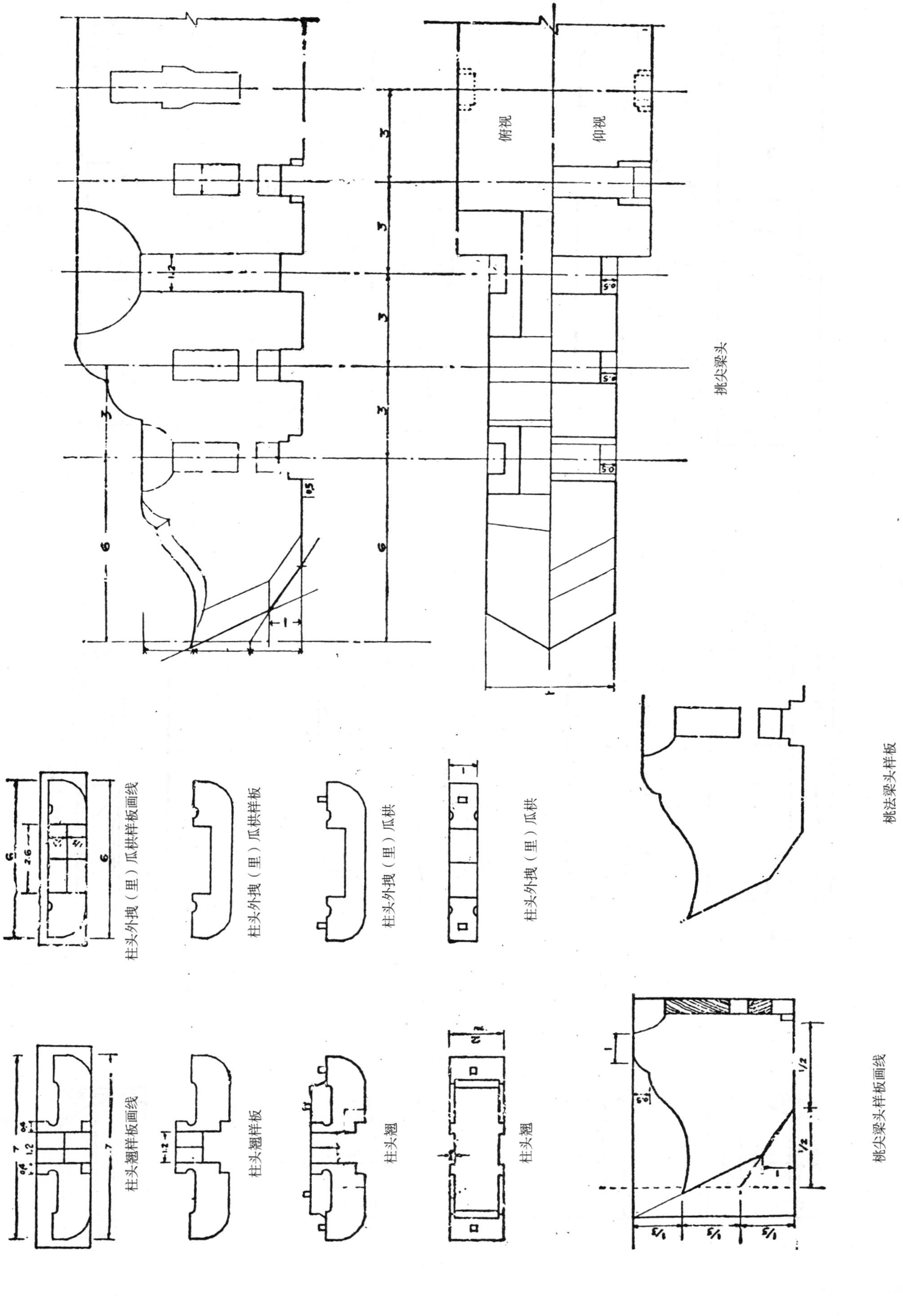

俯视

仰视

挑尖梁头

挑法梁头样板

挑尖梁头样板画线

柱头外拽（里）瓜拱样板画线

柱头外拽（里）瓜拱样板

柱头外拽（里）瓜拱

柱头外拽（里）瓜拱

柱头翘样板画线

柱头翘样板

柱头翘

柱头翘

图7-4-20　五踩斗拱构件名称及大样图（七）

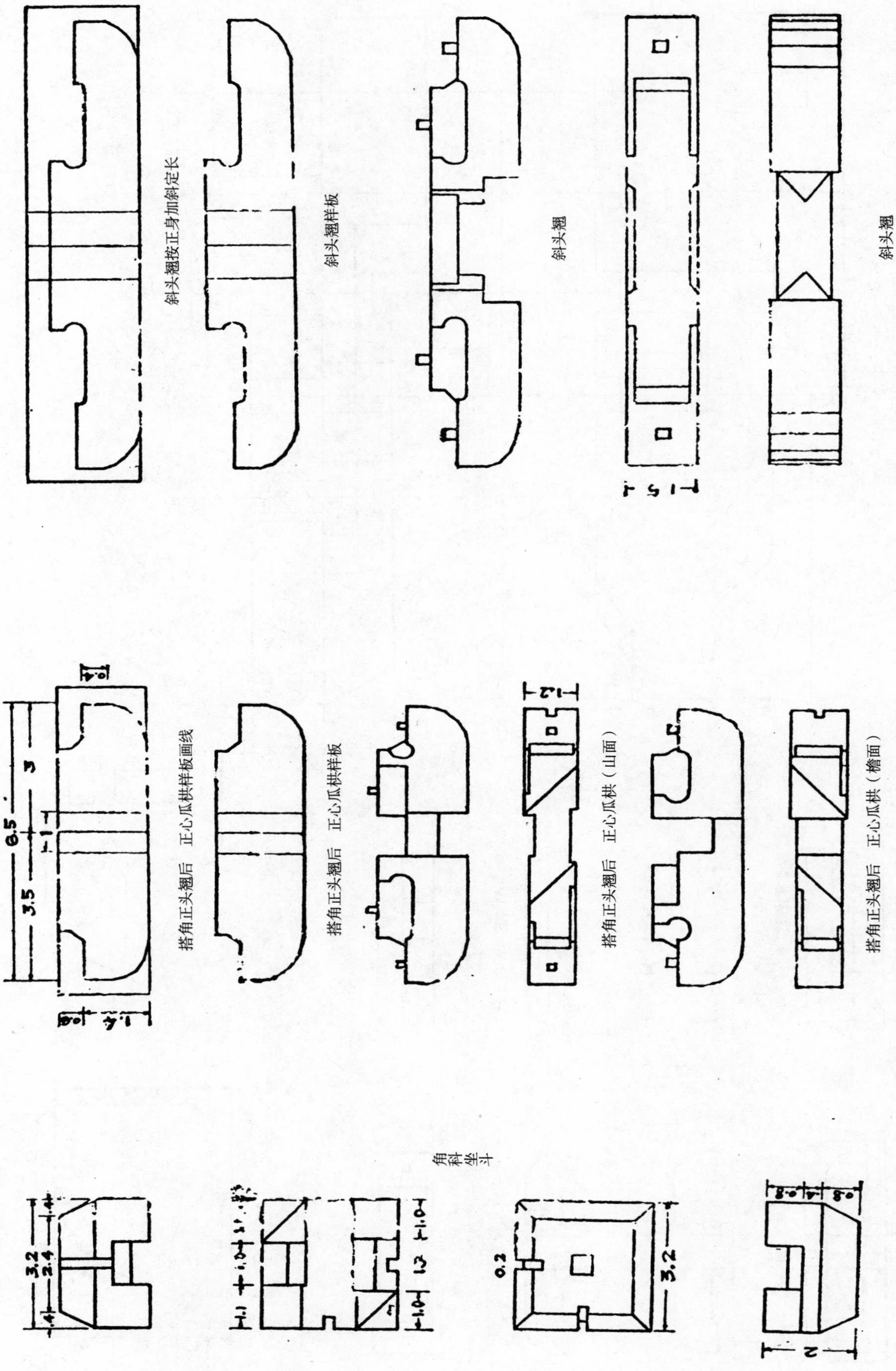

斜头翘按正身加斜定长

斜头翘翘样板

斜头翘

斜头翘

搭角正头翘后 正心瓜栱样板画线

搭角正头翘后 正心瓜栱样板

搭角正头翘后 正心瓜栱（山面）

搭角正头翘后 正心瓜栱（檐面）

角科坐斗

图 7-4-20 五踩斗栱构件名称及大样图（八）

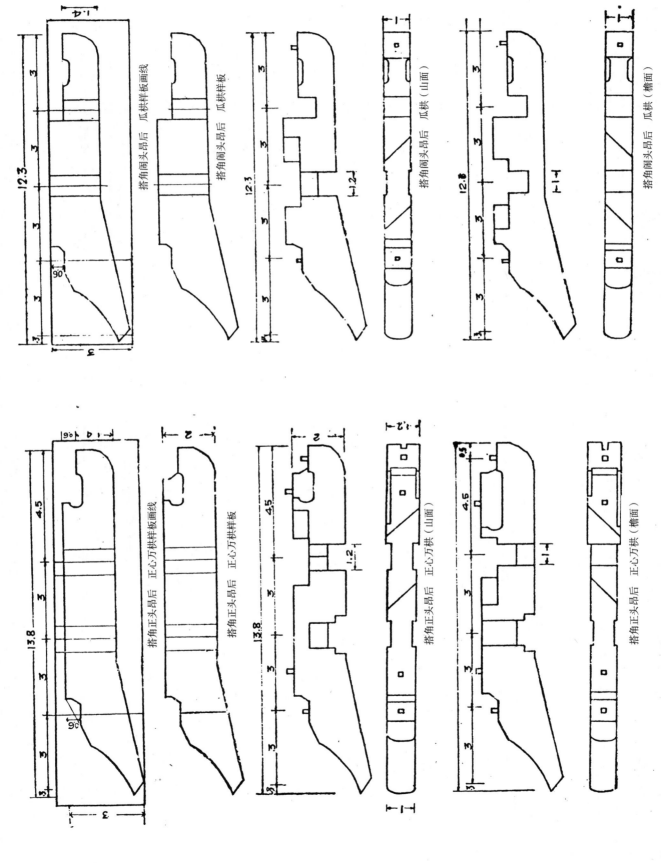

图 7-4-20　五踩斗拱构件名称及大样图（九）

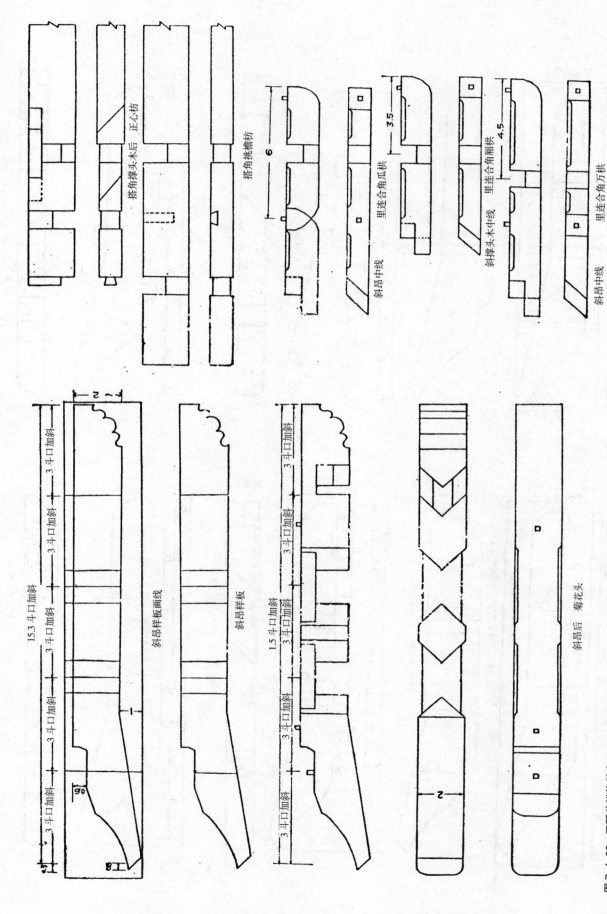

图7-4-20 五踩斗栱构件名称及大样图（十）

图7-4-20　五踩斗栱构件名称及大样图（十一）

199

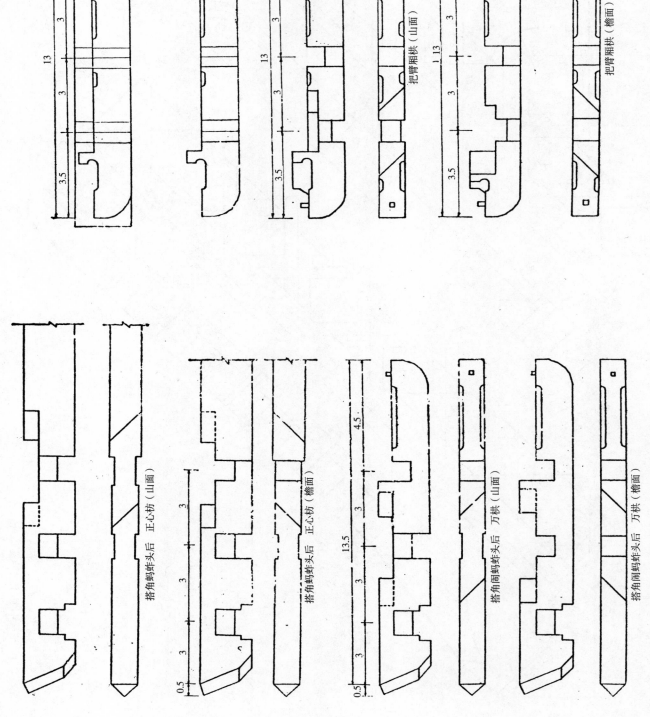

把臂厢拱（山面）

把臂厢拱（檐面）

搭角鸳鸯头后 正心枋（山面）

搭角鸳鸯头后 正心枋（檐面）

搭角闹鸳鸯头后 万拱（山面）

搭角闹鸳鸯头后 万拱（檐面）

图7-4-20 五踩斗栱构件名称及大样图（十二）

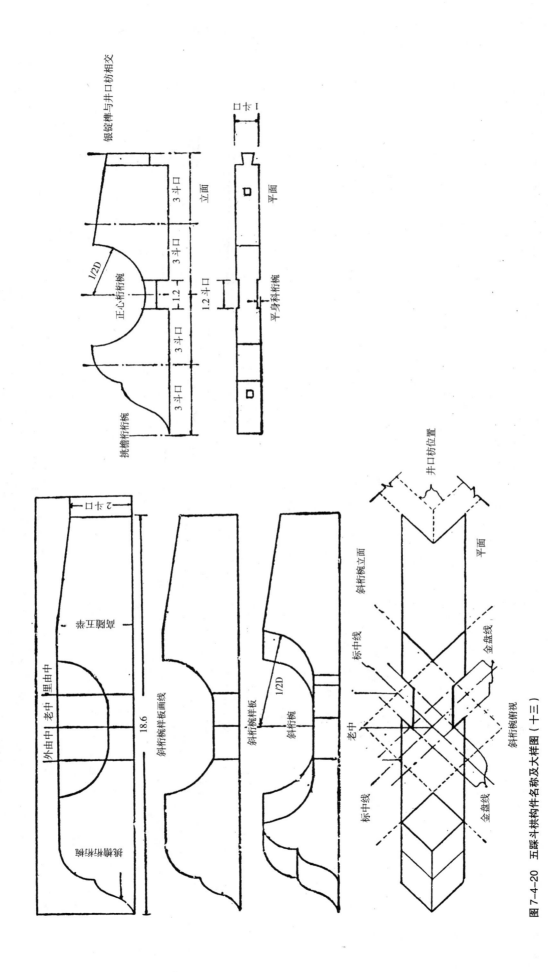

图 7-4-20　五踩斗拱构件名称及大样图（十三）

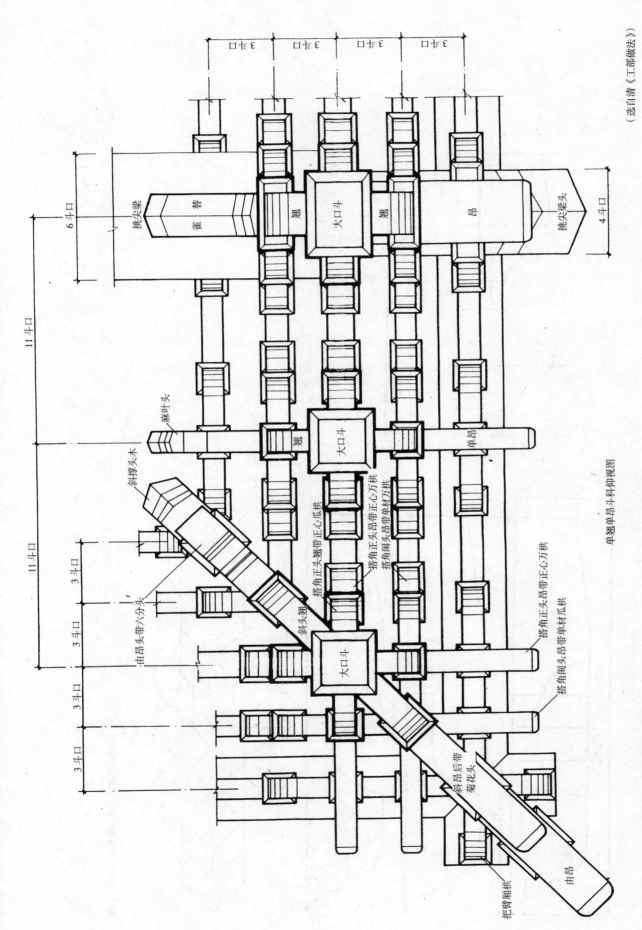

挑尖梁

雀替

翘

大口斗

翘

昂

挑尖梁头

6 斗口

4 斗口

麻叶头

大口斗

单昂

搭角正头翘带正心瓜栱

搭角正头昂带正心万栱
搭角闹头昂带单材万栱

搭角正头昂带正心万栱

搭角正头昂带单材瓜栱

搭角闹头昂带单材瓜栱

11 斗口

单翘单昂斗科仰视图

斜撑头木

由昂头带六分头

斜头翘

大口斗

斜头翘带六分头

把臂厢栱

斜昂后带菊花头

由昂

11 斗口

3 斗口

3 斗口

3 斗口

3 斗口

3 斗口

斗口

3 斗口

3 斗口

3 斗口

3 斗口

图 7-4-20 五踩斗栱构件名称及大样图（十四）

（选自清《工部做法》）

第五节　大木构架组装

婺州营造的大木构架组装通常有两种形式：一是不搭架，二是搭弄堂架。

一、不搭架组装

不搭架就是不搭置脚手架，不用脚手架进行组装立架。凡木质柱穿斗式构架一般都采用此方式。具体做法如下。

第一步：将墙基以内和两山以外的周边场地清理干净，并在山墙基外适当位置（视场地环境而定）用2~4支三脚马架1~2根立架前用不着的桁料（总长度应大于前大步与后小步间的距离）作支架。

第二步：在支架上按边榀、第…榀、第二榀、第一榀的顺序（即后立架的先组装置于下方，先立架的后组装，置于最上层，通常都是先立中间榀架后立两边榀架，所以第一榀在最上层，边榀在最底层）将各榀架的主构件（柱，上、下楸枋）组装成榀架。

第三步：在把作师傅的统一指挥下，拉的拉，推的推，撑的撑，把榀架竖起扶稳，两边各用绳子拉紧，保持榀架平衡稳定。

第四步：在各柱下端适当位置绑扎抬扛，在把作师傅的统一口令下把榀架整体抬起置于相对应的柱础上。两侧用撑杆支稳。等第二榀竖起立稳后，进行穿栅、前后楣枋、上下椽和桁的组装。

第五步：由把作师傅进行吊线拨正，然后绑扎剪刀斜撑进行固定，等候钉椽上瓦和装修。

二、搭弄堂架组装

对柱径特大的抬梁式构架或石柱构架，因重量和结构问题不便整榀竖立时，多采用搭弄堂架进行组装。其做法如下。

第一步：立吊桩，置绞盘，搭弄堂架。弄堂架与满堂红架不同，它不是连体架，而是在纵向柱础两侧搭架，为了便于吊装立柱，中间留4~5尺的空间，故称弄堂架。

第二步：人力与绞盘杠杆（图9-1-3）相结合，在把作师傅的统一指挥下进行吊装，组装成榀架。

第三步：由把作师傅进行吊线指挥拨正。

第四步：安装牛腿、琴枋、花篮斗栱、柱斗、劄牵等雕件和轩顶。

第八章　婺州传统民居建筑的装修与装饰

　　婺州人对传统民居建筑的装修与装饰十分重视，早在唐代就开始把木雕施于建筑装饰，在以后的发展中又融进了砖雕、石雕、堆（灰）塑和绘画，形成了一套适合本地气候、生活、生产及资源条件的装修模式。在繁花似锦的民居家族中一枝独秀。

第一节　婺州传统民居装修

一、装修特点

（一）突出重点　发挥优势

　　婺州传统民居的装修主次分明，重点突出，该精的精，该简的简，都以外檐廊部为主，作重点、精致的装修。因为檐下视距近、光线好，门窗处于水平视线上，最利于观赏，同时檐廊部又是日常生活、劳作、休闲、娱乐之所，内外交通必经之处，是展示艺术的最佳之地。室内部位则仅作简朴的装修（家具例外），楼层内部一般不作隔间（隔断），一是局外人不上楼，无外人欣赏，二是无隔间，空间大，使用方便。本州辖区的东阳是木雕之乡，东阳帮的组成工种中就有花匠（即木雕匠的俗称），婺州人充分发挥了东阳擅长木雕的优势，对彻上露明造建筑的梁架和普通民宅的檐廊部位都进行了不同程度的雕饰。最普通的院落民居也要对"牛腿"、"月梁"、"门窗"进行雕饰；大型宗祠、厅堂、府第豪宅则是视线可及的各构件，几乎无一不雕，故在民间有"无雕不算屋"之说。

（二）模式装修　功能结合

　　婺州的气候四季分明，又是农与工、茶、桑、药材、火腿及手工业作坊的兼作之乡。不同的季节、不同的兼作行业对住宅室内空间的大小、通风、采光、温度等要求各不相同，需要适时调节。为适应这种需要，婺州民居都采用模式化的、可随意拆装的木槅扇、屏壁式装修，如隔间多用可拆装的屏框式木板壁，窗扇都用空透的槅扇和薄板窗结合，既有围护和隐私功能，又不影响通风、换气、采光效果，既增强了美的感受，又为重组室内空间的形状、大小，改变开合、通塞提供了方便。

（三）格调高雅　华而不俗

　　婺州民间有一句谚语："宁可少，不要糙。"这反映了婺州人对建筑艺术精益求精的思想。在这一思想指导下，婺州民居的装饰，无论是雕刻工艺还是题材选取，都很讲究，所以，婺州各地民居的建筑装饰都显示出题材广泛、技艺精湛、格调高雅、华而不俗的特点。

（四）型类众多　适得其所

　　婺州民居装饰不仅题材广泛，内涵丰富，而且形式多样，几乎包含了雕、塑、绘等所有建筑装饰手段，各种手段的使用也适得其所。檐廊木构件上施大量木雕，室内屏风隔间施透空雕、篾丝或碧纱槅扇；室外照墙、漏窗、牌坊、门楼、门窗雨罩、台基、院落排水明沟等潮湿雨淋部位施砖雕、石雕；祠堂、庙宇的脊部施花砖、花瓦或堆（灰）塑；粉白墙与黑瓦之间施墨线、墨画过渡，使之柔和协调衔接，更增强了艺术韵律感。

婺州传统民居的门面装修具有三大特征：①隔而不断，里外贯通，适应环境；②花样多变，樘樘不同，不落俗套；③构图精巧，雕刻精细，皆为精品。

二、装饰手段及应用

木雕——用于彻上露明造建筑的梁、枋、栱、雀替、琴枋、牛腿，一般建筑的檐廊部木构件及门窗。

砖雕——用于门楼、照墙、雨罩、透窗、台基、屋脊。

石雕——用于牌坊、门楼、台基、地栿、柱础、排水沟、泄水口、井台、旗杆石、抱鼓石乃至狗洞（犬门）。

彩绘——一般用于宗祠、厅堂的梁枋部位及柱头。

墨绘——用于马头墙、廊墙、照壁、后壁墙檐下、窗框及门头。

塑——用于屋脊、马头、透窗、什锦窗。

摆——指客厅、家具摆件。

三、装饰型类等级

装饰通常以木、砖、石三雕的活量多少、精细程度及所用材质分为以下三个类型。

（一）豪华型

将彻上露明造建筑的全部梁架及外檐廊轩进行满堂木雕装饰。台基、门楼、雨罩施石雕、砖雕或塑画，木、石材质都属上等，多为宗祠、厅堂、庙阁等公共建筑和富豪住宅，如彩页图10、图13、图16及图8-1-1。

图 8-1-1 豪华型民居实例

（a）外观　　　　　　　　　　　　　　　　　　（b）雕饰

（c）厅廊

图 8-1-2 普通型民居实例

（二）普通型

只对外檐廊部的月梁、牛腿、雀替及门窗作木雕装饰，施少量砖、石雕刻装饰，一般不施塑活。用材普通，一般民居多属此型（图 8-1-2）。

（三）简朴型

整个建筑基本无雕刻活，只采用单马头或无马头的金字头墙，基本不施规整石活，用材及做工都较粗劣，多为贫民住房（图 8-1-3）。"披屋"、"小屋"也属此类。

另外，东部山区住宅中还有一种石屋，楼屋、披屋全部都是用石头砌成，如磐安县尖山镇有一个原名关头，现名乌石村的村庄，全村百多户人家的房屋都是用黑灰色火山岩石砌的墙，盖的是青布瓦，路面、排水沟甚至有的楼梯都是石头砌的（图 8-1-4），屋架大部分属于简朴型（前图 8-1-3 即是该村的实例）。在青山绿野中点缀着黑压压的一个石屋村庄，真可谓今古奇观。

图 8-1-3 简朴型民居实例

图 8-1-4　乌石村石楼屋

图 8-1-5　徐经彬木雕《江南农家·越风》

婺州传统民居在同一座建筑中其装修档次并不完全一致，而有层次等级差异，一般是前厅高于后堂，正屋高于厢屋，堂屋高于厢房。门面装修也同样有差异。以"13间头"三合院为例，"堂屋"（明间）的六扇橙槅扇门和两侧"大房间"（次间）的槅扇窗用料最好，雕刻最精细；其次是"小堂屋"（厢屋的明间，两扇或六扇橙）；再次是厢屋的次间；而后是"洞头屋"，标准最低。"堂屋"、"大房间"的门窗和"牛腿"雕饰是屋主显示财富实力、身份地位、气质修养的窗口，也是艺人炫耀雕刻技艺，为自己创牌子的地方。各地现存的许多精品佳作，都是这两个因素碰撞出的火花。在婺州境内，一橙（一般指两柱间），甚至一扇槅扇窗用雕工一百，俗称"百工窗"的屡见不鲜。门窗雕饰的重点在于槅扇的隔心和束腰板。门窗下部和裙板一般不作雕饰，因为：①它在正常视线之下，离地太近，易被污损。②婺州村民以农耕为主，农忙时节耕作用具常靠板壁放置（图 8-1-5），也易碰撞磨损，故不做雕饰。到清末民初时期，有的书香子弟自己创意雕刻书画作品（图 8-1-6）。

第二节　细木作（小木装修）的设计与操作工艺

婺州称装修为"构接"，称呼装修的木匠师傅为"细木老司"、"构接老司"。婺州民居常规的装修装饰程序、做法：

一、楼层内装修设计与做法

（一）楼板

婺州地区的住宅基本上都是二层楼屋，三层的极少，楼板是楼层的地面，它与楼栅（分穿栅、搁栅，如图 8-2-1a）共同承载楼层的负载。房屋立架时，

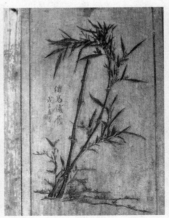

图 8-1-6　书画文化雕槅扇

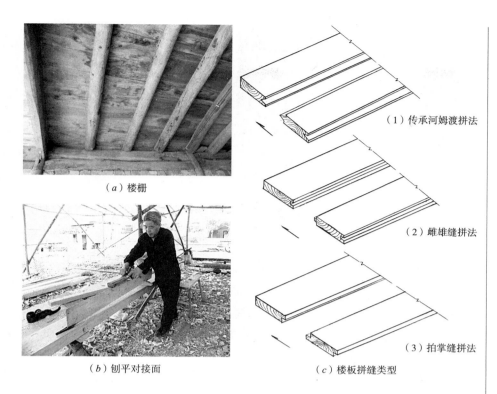

（a）楼栅

（b）刨平对接面

（1）传承河姆渡拼法

（2）雌雄缝拼法

（3）拍掌缝拼法

（c）楼板拼缝类型

图 8-2-1　楼板拼缝

左右楂各对应柱之间已有穿栅连接，各楂前后柱间已有下穿枋（楸）连接。构接的第一步是在各楂（步）穿栅间安置搁栅，栅间距离约为 1.6~2 尺，常规是 8 尺楂设 3 根或 4 根，6 尺楂设 3 根，5 尺楂设 2 根或 3 根，4 尺楂设 2 根。搁栅截面有矩形（俗称方栅）、圆形两种（图 7-4-9）。矩形多为豪华住宅所采用，尺寸稍有差异，一般为厚 4~5 寸，高 5~7 寸。普通住宅多为圆形，直径约 4.5~5寸，上方削刨成平面宽约 2.5 寸。两端各制作元宝榫，卡入穿枋上方之榫槽内（栅与枋上口取平），以防搁栅位移和脱落。搁栅上铺钉楼板。楼板一般使用"8分板"，长同楂步尺寸。楼板拼缝时要先把板的对接面用长刨刨平整（图 8-2-1b），而后用专用刨刨好拼槽（图 8-2-1c），清初以前用毛竹销或方形铁钉，清中期以后多用圆形"洋钉"钉于楼栅上，以防变形和尘土掉落。"5 间头"、"7间头"小天井院的豪华住宅，有的采取加大穿栅截面（增至厚约 6 寸，高约 8寸至 1 尺），增加楼板厚度（增至 1.2~1.5 寸），而不用搁栅，楼板直接钉于穿栅上的方式。其目的是为了在不大的小院中，有一较平阔的天花，给人以小中见大的宽慰感。搁栅多用松木制作，但也有用小杉木制作的。因小杉木两端直径相差较大，故在使用中多采取大小头交替排列的方式，并增加搁栅数量以缩小间距。八尺楂一般使用 5 根或 6 根。

　　（二）楼梯

　　婺州的正式房子都是楼屋，楼梯是家家户户不可缺的。安装楼梯的位置通常在弄堂一侧、洞头屋或靠金字头墙的弄间、堂屋后壁（太师壁）的后面。楼梯本身的形状、做法差别不大，如实例图 8-2-2 所示，只是有的设护栏，有的不设。富人家有的安装楼门闸（俗称压门），就是在楼梯口上方做一扇厚板门，平时开启竖靠在墙边，当需要时将其放倒，并用木杠卡牢将楼梯口封闭，使楼下人上不了楼，用以防御强盗等坏人上楼破坏、作案。

　　楼梯制作：一般都用长约 1.8 丈，直径约 1.2 尺的圆木制作成四大面四小

图 8-2-2　楼梯实例

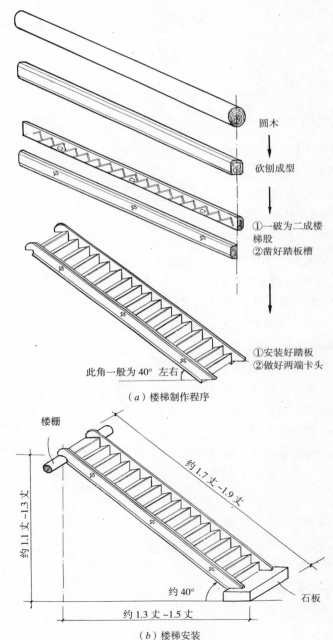

圆木

砍刨成型

①一破为二成楼梯股
②凿好踏板槽

①安装好踏板
②做好两端卡头

此角一般为 40° 左右

（a）楼梯制作程序

楼栅

约 1.7 丈 ~1.9 丈

约 1.1 丈 ~1.3 丈

约 40°

石板

约 1.3 丈 ~1.5 丈

（b）楼梯安装

图 8-2-3　楼梯制作及安装

面的八楞形，再锯解成两爿作楼梯股，而后剔踏板、踢脚板槽，再用 6~8 分厚的木板装踏板、踢脚板（图 8-2-3a）。安装时，上端置于楼栅上（通常都置于后大步的穿栅上），下端为了防潮湿一般都垫一步石板级（图 8-2-3b）。

（三）隔间

婺州传统民居的底层一般都要安装木板隔间（方言，即隔断），做法有三种。

1. 屏框式

这种做法的优点是可以拆卸，可灵活方便地改变空间，主面板面平整，但次面有屏框、穿带和销、栓等，表面不平整（图 8-2-4a），同时也费工费料，而且要好板好木料。多用于厅堂的后壁、太师壁和堂屋与大房间之间的屏风、隔间。平整面朝厅堂，不平的一面朝后或大房间。具体做法步骤如下。

第一步：先在贴两柱和下楸与地栿间制作好抱框，使樘心四周相互垂直规整（图 8-2-4b）。

第二步：量取樘心的高、宽准确尺寸，根据宽度尺寸确定分扇，一般是丈六以上的厅堂后壁、太师壁分成 4 扇或 6 扇，做成可开启的门式屏风壁（图 8-2-4a），八尺樘的隔间分为 2~3 扇，六尺樘分为 2 扇，五尺樘以下均为单扇。这样分扇减去屋柱和抱框后，每扇的宽度不会超过 4 尺，便于安装拆卸。

第三步：根据所定的每扇宽度及高度尺寸制作割角穿带屏壁，上下左右各做 2~4 个销栓（图 8-2-4c）。

第四步：逐樘逐扇安装屏壁，销好木栓。

2. 田格式

这种做法简单、省工，也省料，但它是两面都不平整的，而且是固定活，不可随意拆卸。通常用于厅堂之外的隔间。具体做法步骤如下。

第一步：先把抱框做好，再用宽约 4~6 寸，厚约 1.5~

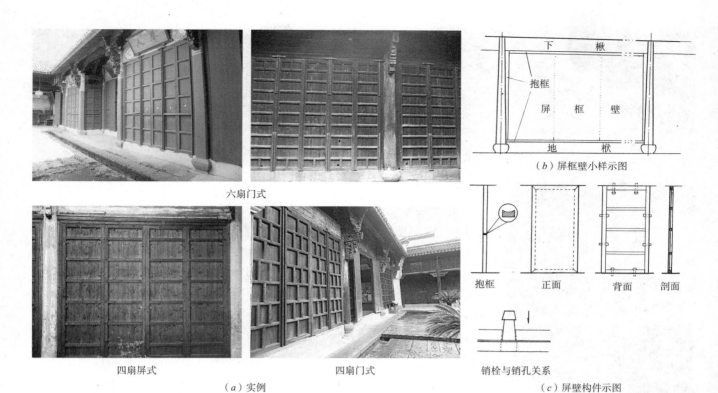

六扇门式

四扇屏式　　　　　　　　四扇门式

（a）实例

（b）屏框壁小样示图

抱框　　正面　　背面　　剖面

销栓与销孔关系

（c）屏壁构件示图

图 8-2-4　屏框式屏壁

2 寸的木方横卡于抱框，将樘心分成上下两部分，然后在上部下部各立 1~2 根宽约 2 寸、厚约 1.5 寸的木方，将樘心横向分成 2~3 块。

第二步：在各块间镶 4~6 分厚的板，板的宽度、块数不求统一，只求总宽一致。各板间的拼缝要求严密。

第三步：安装完最后一块板后，用木方条压住板子钉于抱框上（图 8-2-5a）。

3. 一楞（楸）一板式

这种做法不预先立木方楞，每块板的宽度一致，是根据樘心的总宽和木方楞的多少，平均计算出来的（即樘心总宽度减去各楞的总宽度被楞的根数加一相除所得的数）。板的宽度一般为 1 尺左右，因为多是独块板使用（也有用两块毛竹销拼成），超过一尺宽的板料取材困难。组装时，每装一块板再装一木方楞（木方楞两侧都用小槽刨刨出板槽，槽宽 2 分，约为板厚的 1/3 或 2/5，槽深约 2~3 分），如此交替安装（图 8-2-5b）。

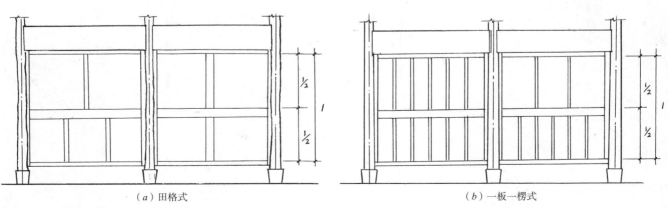

（a）田格式　　　　　　　　（b）一板一楞式

图 8-2-5　普通隔间板面示图

211

图 8-2-7　藻井

图 8-2-6　走马廊

（四）走马廊

婺州传统民居中前檐设计外廊的较少，设内走马廊或靠背廊的较多，特别是那些"5间头"、"7间头"小天井院，普遍设计内廊或靠背座（图 8-2-6）。

（五）天花藻井

婺州传统民居除前檐廊外，室内一般不做天花。因大型宗祠、厅堂一般不设楼层，都采用彻上露明造，布满木雕供人欣赏，有楼层的住宅要利用楼栅悬挂火腿及其他食品等，也不设天花。

藻井一般设于戏台顶部（图 8-2-7）和某些特殊建筑，如白坦务本堂后堂的"鸡笼吉顶"（方言俗称即"见龙吉顶"的谐音），如前图 5-3-17 所示。

二、门窗装修设计与做法

门窗装修，婺州人称之为"门面构接"，也就是指前大步柱之间廊部门窗的装修装饰。婺州人俗称为"阶沿"的檐廊是日常生活起居、副业劳作、人际交流、出入往来必经之地；门窗是水平视线上首先入目的重要部位，所以，对这一部位的装修是重点之一，特别是对于普通型、简朴型民居来说，更是全宅装修的重点。门面的各部名称如图 8-2-8 所示。

（一）门窗装修的基本类型及分位比例关系

门通常分为板门和槅扇门两种（图 8-2-9），分别应用于不同位置。六扇组合的槅扇门用于堂屋（图 8-2-10a）或小堂屋，也有四扇组合的槅扇门用于

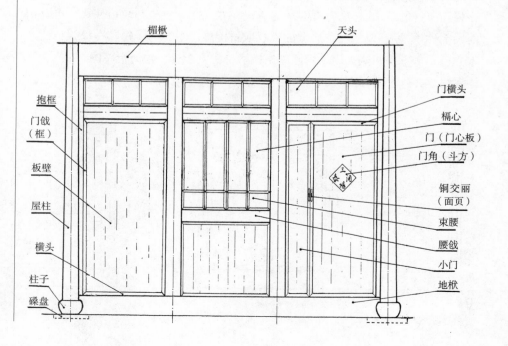

图 8-2-8　门面的各部名称

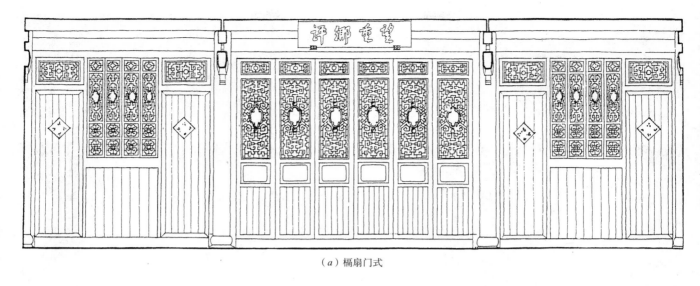

（a）槅扇门式

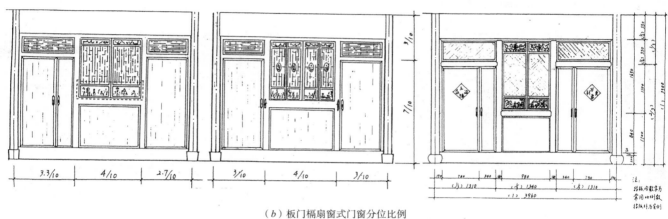

（b）板门槅扇窗式门窗分位比例

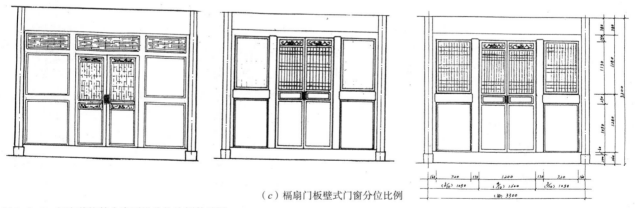

（c）槅扇门板壁式门窗分位比例

图 8-2-9　门窗装修基本类型及分位比例关系图

小堂屋，两扇组合的用于小堂屋（图 8-2-10b）和廊头门（图 8-2-10c）；板门用于堂屋两侧的大房间（图 8-2-12）和洞头屋。槅扇门的面页多为铜制，故俗称"铜高丽"（铜交连的方言），锁扣的下方多悬挂小鱼、小花篮、如意海棠形饰物，既是装饰品又是拉手，实用与艺术完美结合（图 8-2-10d）。

槅扇门窗的隔花心和束腰是重中之重，是引人近观细看的最佳部位，所以，多采用线条明晰、立体感强的浮雕和通透的镂空雕或双面雕。每扇有一独立故事人物，全槿是个统一、和谐、连贯或完整的故事情节，如"八仙"人物分 8

213

（a）六扇套堂屋门

（b）小堂屋双扇门　　　　　　　　　　　　　　　（c）廊端（头）双扇门

（d）铜高丽（面页）

图 8-2-10　槅扇门类型实例

扇或 4 扇，"四君子"，春、夏、秋、冬四景等，则分 4 扇雕刻。槅心多采用纯斗接、拼斗雕、斗嵌雕等技法。图案类型除明代流传的直楞方格和"一码三箭"等简单格花外，更多的是六角、八角、灯笼框、十字、万字、回纹、水波纹、睒电纹、拐子纹、夔龙纹、一根藤等各种逗拼花。隔心中央高约 1 尺，宽约 6 寸的花心，形状有长方形、椭圆形、海棠形、叶子形、扇形、瓶形、画卷形等。题材内容多取历史故事人物、民间传说、吉祥动物、风景人物、格言书法等。雕刻线条流畅、变化丰富、主题鲜明、层次分明、造型生动、活灵活现，任你从不同的角度观赏，都能产生心心相印的情感效果。

1. 槅扇门式

两前大步柱间全设槅扇门，而不设窗，通常都采用六扇式。一般用于正屋的堂屋或厢屋的小堂屋、前后隔间和廊端门（也叫廊头双扇门，如图 8-2-9 所示）的装修。具体种类很多，诸如壁纱（夹纱）、篾簧丝、双面透雕、单面透、浮雕裙板、素裙板等。其框架都采用割角做法，做工都很精细（图 8-2-10a）。有的在槅心雕刻"福"、"禄"等祈福讨彩的各体文字，如磐安尖山乌石村某宅（图 8-2-11）。

2. 槅扇门窗式

以两扇槅扇门居中，两侧各设槅扇窗或板壁（图 8-2-10b）。多用于厢

禄　　　　　福

图 8-2-11　"福禄"格花芯

屋的小堂屋装修。此类型的比例分配多采用 3 ∶ 4 ∶ 3，即门占开间宽度的 4/10。也采用割角做法。

3. 板门榻扇窗式

以 2~4 扇榻扇窗坐中，两侧各设割角板门（图 8-2-12a）或一侧设割角板门另一侧设板壁（图 8-2-12b）。前者多用于正屋的大房间（左、右厢房），门窗分配比例一般取 1 ∶ 1 ∶ 1 或 3 ∶ 4 ∶ 3；后者多用于厢屋的厢房和洞头屋的装修，门窗分配比例一般取 1 ∶ 1 ∶ 1；开间少于 1 丈 3 尺时也可采取 0.9 ∶ 1 ∶ 1.1 或 0.8 ∶ 1 ∶ 1.2 的比例分配，做门的一侧取 1.1 或 1.2，以保证门有足够的宽度（图 8-2-10b、图 8-2-12b）。

门的设置有两种形式，如图 8-2-12a、图 8-2-12d 所示都是独扇门，而图 8-2-12b、图 8-2-12c 的门都是由宽窄不一的两扇组合的，宽的门扇起正常门的作用，窄的叫小门，也就是附属门，平时用销栓固定，如同板壁，若要搬运大体积的物件，正常门不够宽时，则把小门打开以增加门的宽度，使大物件顺利进出，用后继续销好固定。此类板门，不论大小，通常都采用割角门做法。

此外，特别是夏季，更有安装矮栅栏门的，用以阻挡鸡犬进入室内（图 8-2-12d）。

（二）榻扇窗的类型

有三种基本形式：

1. 普遍采用的两扇、四扇或六扇樘（俗称，即组）四桯（桯俗称横桯、横头、横挡，即抹头）窗（图 8-2-13a）

2. 有的房屋开间较窄，楼层仍较高，可能出现窗口高宽比超过 3 ∶ 2，接近 2 ∶ 1 的情况。此类窗常分成两部分，下部约 1/3 做成横宽的固定隔花窗，上部做成两扇四桯榻扇窗，称之为一托二式。此类窗多见于 "5 间头"、"7 间头" 等小天井院建筑中，因此类建筑的左右厢房前都有约半间是廊或楼梯间，所以窗户不可能有足够的宽度，达不到黄金分割比，在婺州各地、缙云、古徽州地区的小天井院中随处可见（图 8-2-13b）。

3. 还有一种是在榻扇窗下部的外面安装一扇高约 1.2~1.6 尺的窗栏，用以阻挡室外视线，使走过阶沿的人在敞着窗户时也看不清室内私密隐情，所以也叫 "挡窗"、"遮丑窗"。做法不尽相同，有的做成拼花栏杆形，有的采用浮雕花板，有的做成雕花隔心等（图 8-2-13c）。

（a）

（b）

（c）

（d₁）

（d₂）

图 8-2-12　板门与榻扇窗式实例

（双扇槿）

（四扇槿）

（a）四框槿扇

（六扇槿）

（b）一托二式

（c）挡窗（遮丑窗）

图 8-2-13　槿扇窗实例

槅扇、槅心、束腰板雕刻实例：

（1）槅心实例（图 8-2-14）

（2）清乾隆前期典型槅扇——东阳卢宅街 66 号（图 8-2-15）

（3）束腰板实例（图 8-2-16）

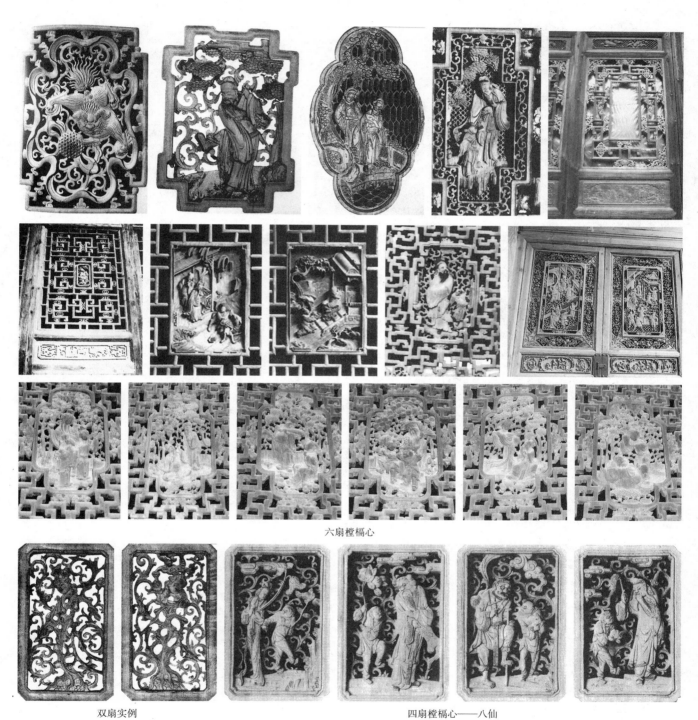

六扇橙槅心

双扇实例　　　　　　　　　　　　　四扇橙槅心——八仙

图 8-2-14　槅扇槅心实例

图 8-2-15　清乾隆早期槅扇风格

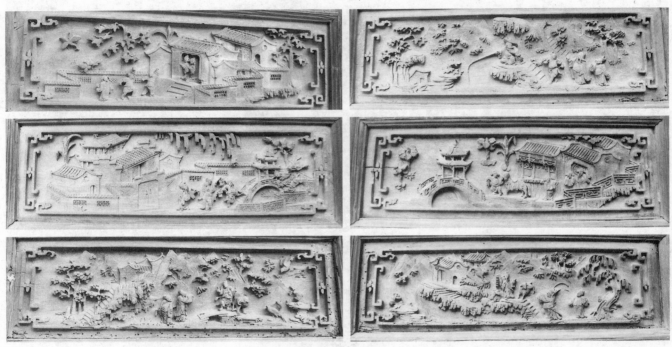

六扇槅束腰板（堂屋）

双扇槅（西厢）

双扇槅（东厢）

十扇槅（六二二组合）实例

图 8-2-16　束腰板雕刻（一）

六扇槛——博古

六扇槛——花果

四扇槛——风景人物

图 8-2-16 束腰板雕刻（二）

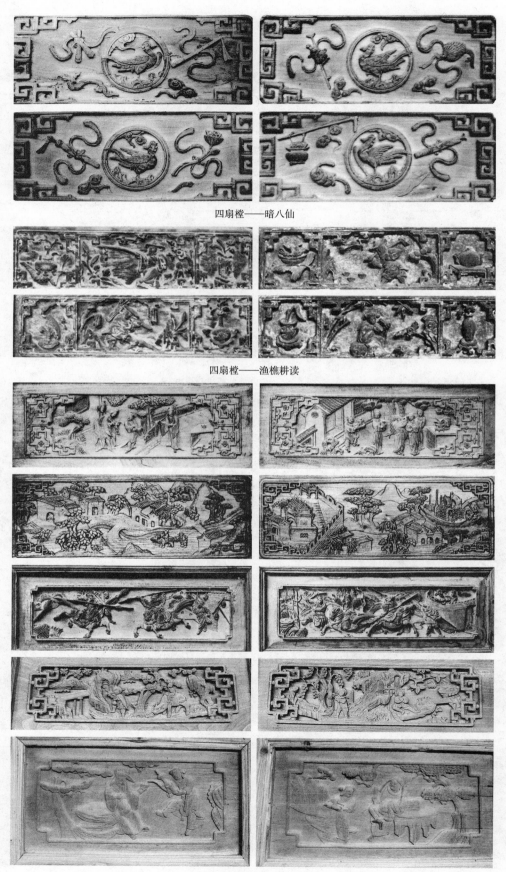

四扇樘——暗八仙

四扇樘——渔樵耕读

双扇樘

图 8-2-16 束腰板雕刻（三）

双扇槅

图 8-2-16 束腰板雕刻（四）

其他

图 8-2-16 束腰板雕刻（五）

（三）楞格窗类型

以方楞木拼斗的格窗。基本形式分三种：

1. 直楞窗

早期窗形，是用约 1.5 寸 ×2 寸的小木方，采用纵横正交组合的木楞窗。多用作外墙窗，楼下窗稍大于楼上窗，形状相似（图 6-2-32）。

2. 格子窗

中期窗形，明代建筑普遍采用，是用加工精细的小木条作纵横正交或斜向交错组合，如一码三箭、正方格、斜方格窗心等，花样不多，后来逐趋复杂多变（图 8-2-17）。

图 8-2-17 槅扇窗格花

3. 睒电窗

睒电窗在北宋《营造法式》中已有记载，但十分简单（图2-3-3a）。婺州东阳白坦村的睒电窗（图8-2-18）是清中期东阳帮的创新杰作，它与书卷嵌花、藤花形、一根藤蔓结百果（寓意"百子图"）同属楞格窗的顶尖之作。楞格窗的后期工艺，以长短不一、加工精细的小木条拼斗成各种几何图案或字形，用作槅扇门窗的窗芯。白坦村的睒电窗是此工艺的代表作，它不仅做工精细、优雅别致、独具匠心，更具有动漫般的动态效应，当你在窗前走过或处于不同角度观赏时，它都会让你感觉到有波光闪动的效果。

（四）漏窗

也称"透窗"、"景窗"。通常用砖雕、石雕、灰塑工艺，也有用木雕窗，多用于院内隔断墙、廊墙、楼廊一端的月窗（图8-2-19）。

三、廊轩装修类型

婺州民居，特别是宗祠、厅堂、豪宅等建筑的檐口都很高（1.8丈以上）。其外檐结构普遍在"牛腿"支撑的琴枋上增设一层甚至二层斗栱、雀替，并把琴枋、刊头、花栱、雀替等构件和牛腿构成一个木雕组件群，用形态不一而内容和谐的题材，进行特别精细的雕饰，成为婺州民居特有的一道闪亮的木雕工艺风景线，也成为婺州民居建筑体系的重要标志之一。

廊轩装修通过改变廊轩顶部的高低形状、雕刻的繁简精细程度，冲破檐廊空间狭长平淡感觉的同时，更增强了这一小空间的可观赏性和装饰美学效果。具体做法可归纳为三种类型。

图8-2-18 睒电窗实例

图8-2-19 漏窗

图 8-2-21　平顶天花型廊轩

图 8-2-20　船篷型廊轩

图 8-2-22　鸳鸯轩

图 8-2-23　简朴型住宅廊顶实例

（一）船篷型

在月梁上再设雕饰的荷包梁，在两荷包梁间沿两侧梁枋，每隔 2 尺左右对装鹅颈椽，椽下铺钉薄板形成半圆穹顶，再在板下粘贴锯空贴花雕，构成立体感很强的轩顶，因形似船篷，故称"船篷轩"。贴花格式多为回纹、拐子格作底，中心或适当位置镶嵌精雕细刻的类似藻井的团花，此属豪华装饰，多用于抬梁式结构的厅堂、豪宅。藻井团花的雕饰类型如图 8-2-20 所示。

（二）平顶天花型

在月梁之上楼板之下设置平顶天花板，再在天花板中心和边角粘贴锯空雕贴花。内容多为凤鸟、鸳鸯、狮、鹿、鲤跃龙门、暗八仙、建筑景物和戏剧故事人物等，为穿斗式梁架结构和无腰檐的住宅建筑所普遍采用（图 8-2-21）。

（三）鸳鸯轩

在古代的祀礼建筑中，有的施鸳鸯尺，婺州建筑中有鸳鸯轩，也叫"双顶轩"，即在同一廊轩采用两种不同的装饰形式。廊步很宽（6 尺以上）并有腰檐的厅堂、住宅多采用此型装修装饰，其做法是：以月梁中心即楼厢廊柱位置为界，将廊步分成里外各半。在靠里一半的楼栅下铺钉平顶天花板，按平顶天花型做法装饰；靠外的一半在腰檐下按船篷型做法装饰，属廊轩装修装饰中最复杂、最豪华的一种（图 8-2-22）。此实例坐落在东阳怀鲁镇水阁庄，是一座历时三年多（清末民初，1909~1912 年）建成的典型 13 间头三合院。负责雕花的把作师是誉称"木雕探花"的卢连水师傅。

简朴型住宅的廊顶一般都是楼栅明露不施装饰（图 8-2-23）。

图 8-2-24　大小台门区分

四、台门的设计与制作

　　婺州传统民居中，"13 间头"三合院，"24 间头"大院落，三、五、七纵轴二至九横轴的群落很普遍，台门自然很多。台门的规模、形式是显示主人身份或家族社会经济、门第地位的标志，甚至是建筑的代名词，如上台门、中台门、下台门、新台门、老台门、七台门、八字台门等，都代表一个院落或群落建筑，所以，对台门的建造十分讲究。台门分大台门、小台门。大台门（即院大门、正门、中门）位于建筑中轴线的院墙中央；小台门也称旁门、水门，位于山墙的檐廊部位，其一侧设犬门（图 8-2-24）。大台门、小台门除少数是砖砌外，多数采用四件套、六件套、八件套石库门。上方都有名人书法家的题墨或砖雕、石刻的字匾，这一匾框谓之"一块玉"或"玉匾"。题字字数多为 2~4 个，内容多为"进士"、"进士第"、"大夫第"、"司马第"、"尚书第"、"将军府"、"桂馥兰芳"、"山明水秀"、"芝兰玉树"、"南屏耸翠"、"花萼联辉"、"锦丽绮章"、"南极生辉"、"北极凝祥"、"职思其居"、"三星高照"、"紫气东来"、"蓝硐遗范"、"文明风采"等显示门第、对景、风水、环境及道德风范等方面，把建筑与身份、文明、文化、艺术、美学融合于一起（图 8-2-25）。这是婺州台门的通常做法，更有在石库门的基础上作进一步美化的，做成砖石混雕的八字石鼓门和屋宇式

图 8-2-25　"一块玉"匾

225

门楼（图 8-2-26，有轿厅的建筑多采用此形式），有的是用砖或砖石混雕的牌坊式台门，更有做成砖雕斗栱、砖雕屋檐、石雕双狮或群狮戏绣球等艺术水准很高的建筑雕饰工艺品（图 8-2-27）。其他砖石雕活及木雕门罩、门窗雨罩如图 8-2-28 所示。

图 8-2-26 屋宇式大台门实例

图 8-2-27 砖石雕牌坊式大台门实例

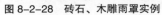

图 8-2-28 砖石、木雕雨罩实例

五、门的类型及做法

婺州传统民居的门，无论是石库大台门、小台门还是豪宅的屋宇门、牌坊门，"披"的小门，其门扇都是木材制作的。类型可分为 实木门（用于大台门或小台门）、割角门（多用于小台门、弄堂门、房门，也用于大台门）、火钳门（多用于弄堂门、后门）、薄刀门（多用于后门或披屋、小屋的门），如图 8-2-29 所示。

（一）实木门

宋《营造法式》中没有提及，《清式营造则例》中称实榻门，但婺州传统民居的实木门比官式建筑的实榻门在用料方面要单薄轻巧一些，做工也稍粗糙，普遍不做灰麻油饰，只用桐油油饰。

制作步骤如下。

第一步：备料选料。准确量取门的高宽尺寸，并考虑碾扛（门轴）所需的长度进行备料、选料，一般都选用耐潮湿、抗腐性能强的老（针）杉木的根部。

第二步：加工成材。将杉木料砍劈或锯解成厚度符合设计尺寸（通常取 2.5~3寸）的扁方料，然后刨平加工成材，再用角尺检查厚度及方角是否准确（至少正向的两个角必须是直角），有误差的要修整至符合要求。

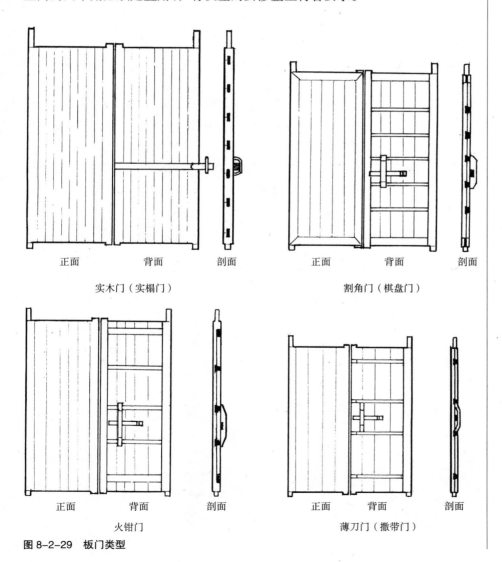

正面	背面	剖面	正面	背面	剖面
实木门（实榻门）			割角门（棋盘门）		
正面	背面	剖面	正面	背面	剖面
火钳门			薄刀门（撒带门）		

图 8-2-29　板门类型

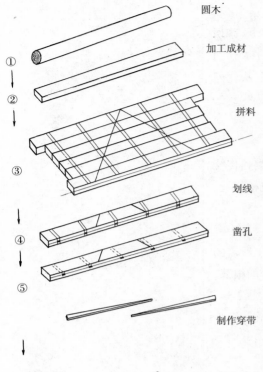

圆木

加工成材

①

②

拼料

③

划线

④

凿孔

⑤

制作穿带

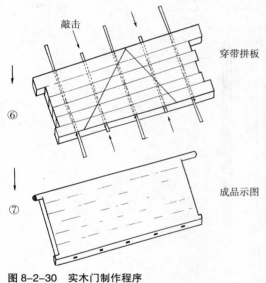

敲击

穿带拼板

⑥

⑦

成品示图

图 8-2-30 实木门制作程序

第三步：拼料。在每块扁方料的两端画中线、两侧弹好纵向中线，根据门的宽度拼排好木方料，画出各穿带（通常为 5 根或 7 根）的位置线，然后画一根或两根斜线，以免木方的排列在加工拼装时错位（图 8-2-30）。

第四步：过线。用角尺将各穿带位置线过到两侧面，而后，画出各穿带的孔位。

第五步：凿孔。按孔位凿好各穿带的透孔，用雌雄槽刨刨好拼缝（也有采用拍手缝或直接平拼的），做好抄手（对头销）穿带。

第六步：穿带拼板。按原顺序排列好并分别用抄手穿带串好，双向同时敲打抄手穿带，直至穿带不再前进为止；然后用手锯截去穿带的外余部分，并用硬木楔子楔牢；有的还在穿带两头的侧向用牵钻钻孔后再用毛竹销钉固，以防穿带外拔门扇松动。

第七步：锯去两端荒料，做好或钉好门的上下碾扛（轴）。最后用短刨刨去墨线并刨平板面成活。

第八步：制作门闩。实木门的门闩有竖向立杆式（图 8-2-31）、横扛式、插销式（图 8-2-29）

三种基本形式。

（二）割角门

结构如图 8-2-29 所示。割角门的做法：前四步与实木门的做法基本相同，可做参考。两者的串带方式有所不同，因为割角门的门芯是厚约 6 分的板料，所以拼合方式同火钳门、撒带门一样；是用带燕尾槽的明带。割角门的唯一特殊之处是门框的割角做法，一般都采用双榫连接，门戗（立向边框）、横头（横向边框）边同宽同厚，正面作 45° 角对合（图 8-2-32）。

（三）火钳门

结构如图 8-2-29 所示。

（四）薄刀门

结构如图 8-2-29 所示。

图 8-2-31 竖向立杆式门闩

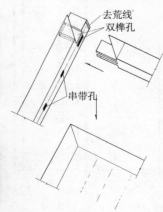

去荒线

双榫孔

串带孔

图 8-2-32 割角做法示图

第九章　婺州传统民居营建石作设计与操作

第一节　常用石材种类及工具

一、石材种类

传统民居一般都是就地取材，婺州是山区、丘陵、盆地具全，不乏石材资源，所以营建用石一般是就地就近取材。境内可用于营建的有青色、灰白色、粉红色、红土色、灰褐色、黑色等色的多种石灰石、火山石和花岗石等。

二、常用工具

婺州传统石作工具可分三类：

（一）采石场开采荒料时用的工具

主要有长柄大铁锤、撬棍、滚杠、铁楔（俗称蟹、马口）、錾、角尺、墨斗、六尺杆。开采时，先用墨斗在岩石上要切割劈开之处弹好墨线，再在墨线上每隔1~2尺用錾凿出铁楔窝（宽约1寸半、深约1寸)，在每个窝上放入铁楔；然后，用长柄大铁锤逐个轮番击打铁楔，直至岩石开裂，再用铁钎撬棍撬开。长柄多用"檵械木"制作，这种粗约1寸半的木棍既坚硬又有韧性，击打时有弹性，省力，不震手。

（二）营建现场加工构件时所用的工具

主要有长柄铁锤、手铁锤、铁锲、各种錾、扁凿、锤斧、剁斧、平尺、角尺、墨斗、撬棍、滚杠、找平用的小细木棍、磨光工具油石等（图9-1-1）。

（三）搬运长石料的专用工具

主要是"牛"、搭柱（方言俗称，即用于肩挑、抬等运输物体过程中物体不落地而稍作休息时的临时支柱，图9-1-2b）、绳索、抬杠。婺州地区旧时建造寺庙、宗祠、牌坊时，为防白蚁，很多用的是石柱，造石桥要用长石梁、长石板，造屋要用长石板作地栿、阶沿石，石库门也要用长石料、大石料。搬运这些长数丈、重数千斤的石料都靠人抬，即便是水运，也要用人力从采石场把它抬上船，再由船上抬下来送到营造作业场；陆运则是全靠人力由采石场抬到建筑工地。抬这些又长又重的石料需要十几人甚至几十人，这就非用这套工具不可。

所谓"牛"，实际上是硬杂木杠，分"4牛"（4尺多长，供4人抬）、"6牛"（6尺多长，供6人抬）、

图9-1-1　石作常用工具

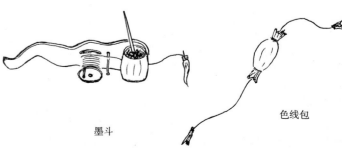

手锤　　　长柄锤

錾子

墨斗　　　色线包

229

图9-1-2 "牛扛"运输示图

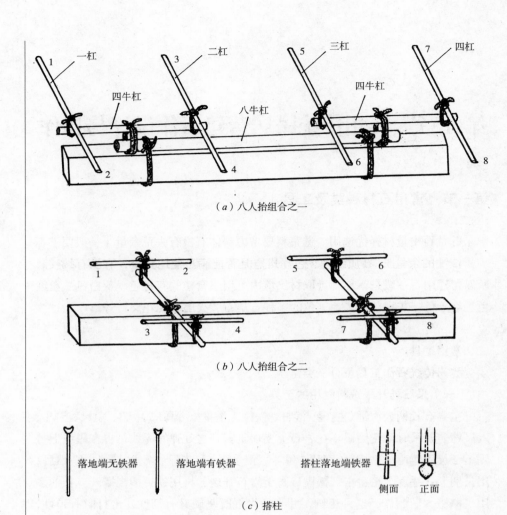

（a）八人抬组合之一

（b）八人抬组合之二

（c）搭柱

"8牛"（约8尺长，供8人抬）这三种。通过组合可组成4人抬、6人抬、8人抬、10人抬、12人抬、16人抬、24人抬、32人抬至64人抬的"蜈蚣杠"（方言俗称，因抬的人很多，要求步伐整齐划一，喊号行进，几十只脚整齐地走起来类似蜈蚣爬，故形象地谓之"蜈蚣杠"）。"牛杠"的长度不等，粗细也不等，越长的牛杠越粗。图9-1-2a为8人抬的俗称为8人杠或8牛杠的组合示意图。抬时，两人杠（也叫肩杠，长4~6尺）不是横向，而是约成45度斜角，前端在石料的右前方，后端在石料的左后方，所以，抬时前者要用左肩，后者要用右肩。按这样的规则办，前后都不影响视线，可保障行进中不出现安全问题。现场近距离搬动都用撬棍、滚杠进行翻滚移动，竖立石柱时一般采用吊杆绞盘（图9-1-3）。

第二节 石作的应用与加工程序

一、石作的应用

婺州传统建筑的石作主要用于：

（1）住宅的柱础、地栿、阶沿石（台明石）、石库台门框及匾额、踏步、条石墙、台基、墙脚的压面石、泥墙的挑檐石、排水明沟、泄水口、石漏窗、天井明塘的铺装、府第大门的抱鼓门枕石、石臼、石磨、井台井圈。

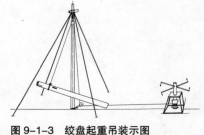

图9-1-3 绞盘起重吊装示图

（2）祠堂、庙宇的台基、石柱、须弥座、香炉、旗杆座。

（3）牌坊、凉亭的石柱、街路、大路的路心石及桥梁。

二、石作加工基本程序

婺州传统建筑的石作中，除了圆柱、圆柱础、覆盆式磉盘、石磨、石臼、石井圈外，基本都是以条状长方形石为主，下面着重介绍方形石作的加工程序：

（一）选定荒料

选荒料有两种方式：一是根据料的长度、石质要求直接到采石场选定坑位进行采石，而后根据所出荒石的长、宽、高等具体条件确定用场；另一种是在已采的荒石中量材择优选用。选荒料要考虑料体有没有去荒余量（一般要求不少于2寸的余量），石质纹理、色泽斑点是否能满足使用要求，有没有裂纹隐伤（可用清水冲净粉末后仔细观看，也可用锤敲打听其声是否清脆，若声音发闷则有隐伤，需调整用途），大面是否符合规格要求。

（二）大面打荒找平

石作中称露明的正面为大面或看面、好面，不露明的糙面为底面，称四周侧面为小面。大面打荒找平，就是将选定的石料的正面，即不缺、不损、较平整的好面先进行找平放线，然后用錾子凿去石面上的多余部分，为进一步加工打好基础。找平放线的做法：

（1）首先在相邻两小面上初步打平，然后在与大面相邻的一边弹墨线，如图9-2-1 ②中甲、乙，乙、丙连线。根据几何学的点面原理，甲、乙、丙三点是在同一平面上的三点，也就是此构件的大面平面，所以，弹此线时要注意不可高于大面的最低点，否则大面将出现坑凹。

（2）在大面上弹甲、丙两点的连线，沿线凿出一条沟槽，深度不要超过甲、丙两点的水平连线（图9-2-1 ③）。

（3）弹乙、丁之间的连线，以同样的方法沿线凿出一条沟槽，深度要稍浅于甲、丙两点间的沟槽，以防出现坑凹。甲丙、乙丁两线交于戊点。

（4）用小细线穿过两根同高的木棍小孔，把线的一端固定在一根木棍的孔端，小细线的另一端在另一木棍孔中可以滑动调整距离。

（5）两人操作，一人左手持固定端的木棍，使其下端标线对准甲点贴紧扶牢，右手持无线的小木棍立于戊点；另一人左手持木棍使其下端标线对准丙点贴紧扶牢，右手拉紧小细线后交给左手压紧，不可松动，右手用墨簽或铅笔把甲、丙两点连线高度标记于戊点的小木棍上（图9-2-1 ④）。而后，将甲点的木棍移至乙点对准贴紧扶稳,将丙点木棍移至丁点后拉紧与乙点小木棍间的线，并在丁点上下移动使线与戊点小木棍上的标记同高，再在丁点小木棍下端标线位置点画于石上，这就是此石料大平面上的第四个点位，然后弹出丙、丁，甲、丁的连线。甲乙、乙丙、丙丁、甲丁这四条弹在四个小面上的线所构成的就是大面的平面线。根据四小面所弹的大面平面线，即可进行大面的去荒找平加工。

（三）去荒加工大面

先打去大面的荒料，再按要求进行粗、细加工。大面加工完成后再按设计的大面尺寸弹出各小面的边线（若是小尺寸且数量多的构件，可用1：1的大样板画，如图9-2-1 ⑤），而后切去线外的荒料。

图 9-2-1　石活加工程序

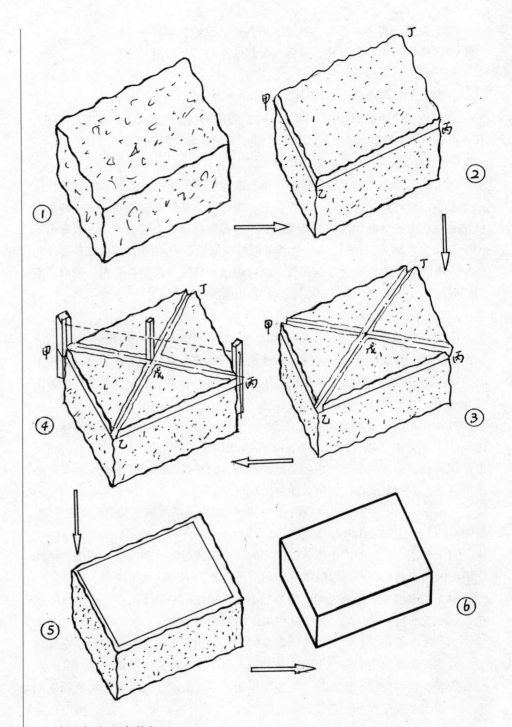

（四）小面去荒加工

以大面上弹的线为基准，根据各小面所处的不同位置，采取不同的加工要求，对各小面进行加工成活（图 9-2-1 ⑥）。如对地栿的加工：先将朝外的大面进行细加工，再对朝上的小面进行细加工，而后对朝内的大面进行粗加工，对埋入地坪下的底面进行粗略打平处理，最后对两端进行去荒，根据两端要结合的柱和柱础的形状套出小样，依小样制作卡榫。

（五）錾斧、剔光进行细加工

经 3 次以上的錾、剁，达到石面平滑、无凹凸。普通民居对地栿、阶沿石、踏步等石作的要求不高，只要平整，不求光滑，所以一般用不着这一步，只是某些比较讲究的住宅、宗祠、厅堂、寺庙才采用此步。

（六）磨光打蜡

对观赏面进行细加工后，再用硬石、细石、油石进行水磨，磨光擦拭干净后，再行打蜡处理。这步做法只限于府第豪宅、巨富商宅等特别高级的建筑所采用。

（七）雕作

婺州传统石作业也分大石作和雕花作，称大石作工匠为石匠或石匠老司，称雕花作石匠为石雕匠、石雕老司。一般民居多不采用雕花石作，常用于牌坊、府第豪宅、大型宗祠厅堂的门枕抱鼓、门楼匾额盒子、台基影壁底座、排水明沟的立壁、泄水口和寺庙的须弥座等。

第三节　婺州民居常用石作的设计及加工要求

一、柱础、磉盘

它是柱基上部的柱础部分，《清式营造则例》中称"柱顶石"，婺州民居建筑中，把它分解成两件，上面的一件叫"柱子"（宋"柱质"之谐音，即通称之"柱础"），下面的一件叫"磉盘"。柱础分为方斗形（底边尺寸比上边尺寸小 1~2 寸，多为普通型、简朴型住宅所采用），圆鼓形（底部尺寸略小于顶面），六棱或八棱的爪棱形，也有在海棠框内雕刻动物、花卉的（图 9-3-1、图 6-2-12）。尺

图 9-3-1　柱础实例

寸设计：高 6 寸至 1 尺 2 寸，视柱径大小而定，上口直径为柱径外加 2~4 寸。加工要求：多数为细加工（细剁斧），少数刻花的要进行磨光。礩盘多为方形，分平板和覆盆两种类型，边长为 2 倍柱径，覆盆高约为 0.2 倍柱径，地下部分厚度为 5~8 寸。加工要求：平板型多数为细加工，少数覆盆型施雕作的也采用磨光并打蜡。

二、地栿

《清式营造则例》中称"下槛"，都为木制；婺州人称"地栿"，分木制和石制两种。因婺州地区多雨潮湿，为防受潮腐烂，绝大多数采用石制地栿，尤其是门面和厅堂两侧多用石地栿，其长度约为开间或橼步尺寸减 0.8 倍柱径左右，一般住宅高度取 0.8~1 尺，大型宗祠、寺庙多为 1.2~1.6 尺，甚至 2 尺，厚 0.4~0.8 尺。加工要求：朝外和朝上两面是看面，做细加工，厅堂多施雕刻（图 9-3-2）。朝里一面做粗加工或细加工，底面进行粗略打平。

三、阶沿石

《清式营造则例》中的"台明石"，婺州人俗称"阶沿石"。其宽度要一致，长度不求一致，通常是三开间排屋的正面用 3 块或 5 块，五开间的正面用 7 块，七开间的正面用 9 块，中央间柱中到柱中是一整块，即与开间尺寸相同（一般性建筑也有短于开间尺寸的），其余各间可随意，不作要求，但两块阶沿石之间的接头要避免在屋的正中。宽度通常取 2.1 尺、2.6 尺、2.8 尺、2.9 尺、3.1 尺、3.6 尺、3.8 尺、3.9 尺、4.1 尺。这些尺寸的尾数都是 1、6、8、9，正好与"压白尺"的使用原则吻合。厚度一般为 4~6 寸。加工要求：多数为细加工，少数为粗加工，极少数进行磨光处理。

四、踏步

婺州人称台级为踏步，一般只设踏步，不设垂带（图 9-3-3a），厅堂豪宅有的设垂带（图 9-3-3b），但多数不设。踏步的设计尺寸通常为：中央间阶沿

图 9-3-2　地栿雕饰

（a）无垂带　　　　　　　　　　　　　（b）有垂带

石前的踏步宽（踏步石长）同开间宽度（或 1/2 以上），大小台门、弄堂门前的踏步比门宽多 1~2 尺，后门的一般是与门同宽或加 1 尺。每步踏步的进深为 8 寸至 1.2 尺，高 5 寸左右，但弄堂门、后门的踏步多较随意。加工要求：多为正向两面细加工或粗加工，两端侧面粗加工，里面、底面只要敲打平整即可不作粗加工。

图 9-3-3　踏步实例

五、石库门

石库门的立梃、上下槛都用石材，是婺州民居的特色之一。正规院落的所有外墙门，尤其是大台门（正院大门）、小台门（屋正面的檐廊端门的俗称，也称旁门）几乎都是石库门，只是档次不同而已。石库门依其用材、结构、雕饰精度不同通常分为"四件套"、"六件套"、"八件套"和"六件套"或"八件套"门额上加一块字匾（谓"一块玉"）及两侧"盒子"等四个档次。前者为最低档次，后者全施石雕或石砖混合雕，为石库门的最高档次（图 9-3-4、图 2-1-8）。

"四件套"，如图 9-3-4a 所示，多用于一般民居的弄堂门、后门。加工要求：细加工。

"六件套"，如图 9-3-4b 所示，多用于正规院落的大台门、小台门。加工要求：细加工或磨光。

"八件套"，如图 9-3-4c 所示，多用于正规院落的大台门。加工要求：细加工或磨光。

砖石雕字匾加"盒子"，如图 9-3-4d 所示，多用于府第、商贾豪宅的大台门。加工要求：精雕细刻磨光。雕刻题材："一块玉"横匾框内多阳刻 2~4 个字的名人书法，"盒子"通常浮雕"和合"二仙，即左边的盒子雕一个孩童手持荷叶或荷花，右边的盒子雕一个孩童手捧竹编盒子，取"荷"、"盒"二字的谐音，象征"和合"二仙。

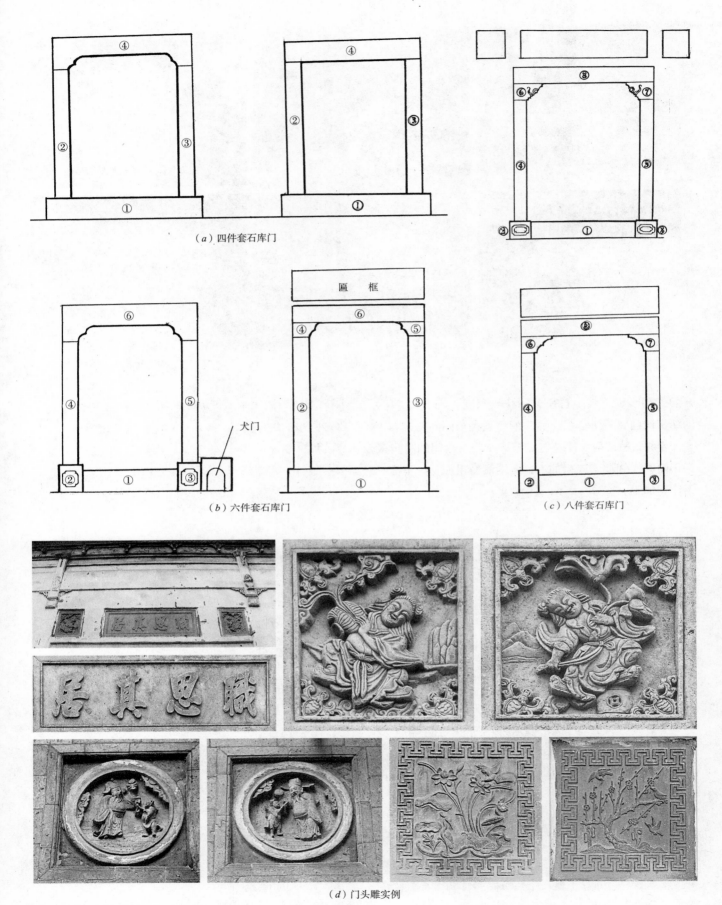

（a）四件套石库门

（b）六件套石库门

（c）八件套石库门

匾框

犬门

（d）门头雕实例

图 9-3-4　石库门类型

六、须弥座台基

须弥座本是寺庙佛座的一种独特基座形式，也广泛应用于大型寺庙、大型官式建筑的台基。婺州一些大型建筑物和寺庙的佛像基座仍保留此基本形式，但严格按图 9-3-5~ 图 9-3-16 所示官式建筑尺寸、比例规格做法的甚少，一般是作了简化或压缩。简化了的通常被大型寺庙、宗祠、厅堂、府第豪宅等用作建筑台基、影壁基座，甚至排水明沟的立壁陡板。因民间建筑的台基都不很高，所以大多数把上枭、下枭都减掉或压缩，尺寸比例也多比较随意。加工要求一般为细加工，雕饰活也大减，磨光处理者甚少，如前图 6-2-5 所示。

须弥座的各层出檐原则：①上、下枋出檐一致，它们的外皮线就是台基的外皮线。②其他各层的出檐原则详见表 9-3-1。

图 9-3-5　石须弥座的各部名称

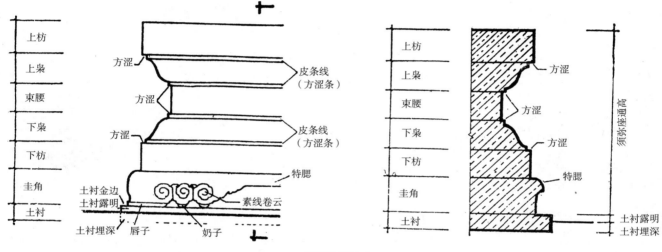

石须弥座尺寸　　　　　　　　　　　　　　　　　　表 9-3-1

项目		长（出檐原则）	宽	高	说明
土衬		同圭角 金边 1~2 寸	圭角宽加金边宽	4~5 寸 露明高：以 1~2 寸为宜。可不露明，也可超过 2 寸，但最高不超过本身高	1. 通高一般定为 51 份，如圭角和束腰需要增高时，应在 51 份之外另行增加 2. 上、下枋可为双层，高度另加，其中靠近上、下枭的一层较高 3. 带勾栏的须弥座，上枋表面可落地栿槽
圭角		台基通长加 1/4~1/3 圭角高	3~5 倍本身高	10 份，可增高至 12 份（土衬如做落槽，应再加 1 份落槽深）	
下枋		等于台基通长	2~2.5 倍圭角高	8 份	
下枭		台基通长减 1/10 圭角高	同上	8 份（包括 2 份皮条线）	
束腰		下枭通长减下枭高	同上	8 份，可增高至 10 份	
上枭		同下枭	同上	8 份（包括 2 份皮条线）	
上枋		同下枋	1. 不小于 1.4 倍柱径，不大于须弥座露明高 2. 无柱者，不小于 3 倍本身厚	9 份	
角柱石			宽：约为 3/5 本身高 厚：或同本身宽，或为 1/3~1/2 本身宽	上枋至圭角之间的距离	
龙头	四角大龙头	总长：10/3 挑出长 挑出长：约同角柱石宽	等于或大于角柱斜宽	大龙头高：角柱宽≈2.5：3 应大于上枋与勾栏地栿的总高度	
	正身小龙头	总长：5/2 挑出长或按后口与上枋里棱齐计算 挑出长：约为 2.5/3 大龙头挑出长	小龙头宽：望柱宽＝1：1	小龙头高：略大于本身宽	

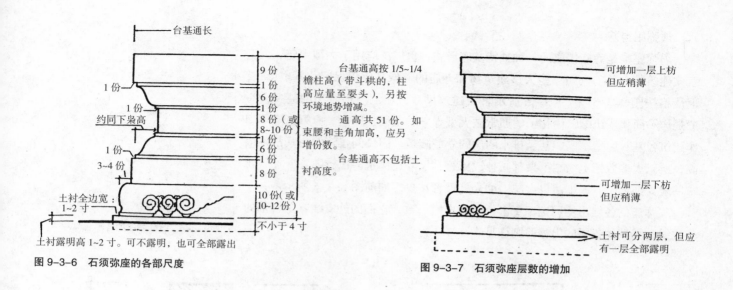

图 9-3-6　石须弥座的各部尺度

图 9-3-7　石须弥座层数的增加

台基通长

9 份
1 份
1 份
6 份
1 份
8 份（或 8~10 份）
1 份
6 份
1 份
8 份

约同下枭高
1 份
1 份
3~4 份

土衬全边宽：1~2 寸
土衬露明高 1~2 寸。可不露明，也可全部露出

10 份（或 10~12 份）
不小于 4 寸

台基通高按 1/5~1/4 檐柱高（带斗栱的，柱高应量至耍头），另按环境地势增减。

　　通高共 51 份。如束腰和圭角加高，应另增份数。

　　台基通高不包括土衬高度。

可增加一层上枋但应稍薄
可增加一层下枋但应稍薄
土衬可分两层，但应有一层全部露明

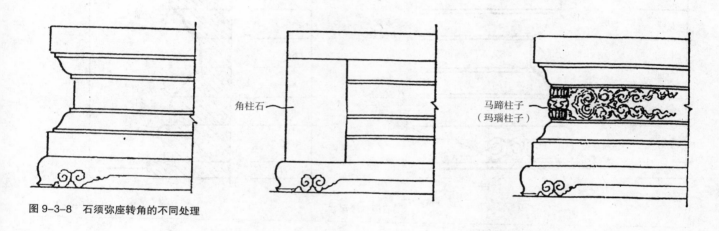

角柱石

马蹄柱子（玛瑙柱子）

图 9-3-8　石须弥座转角的不同处理

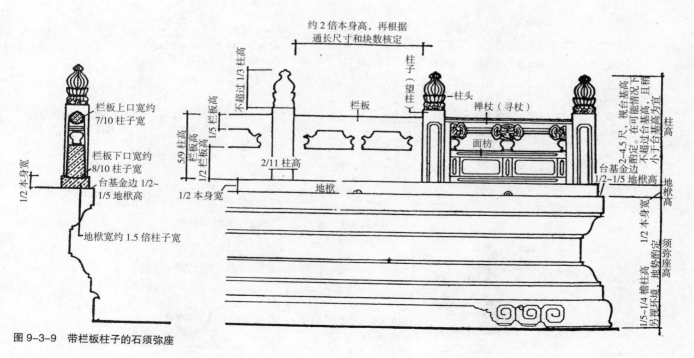

栏板上口宽约 7/10 柱子宽
栏板下口宽约 8/10 柱子宽
台基金边 1/2~1/5 地栿高
1/2 本身宽
地栿宽约 1.5 倍柱子宽

约 2 倍本身高，再根据通长尺寸和块数核定
不超过 1/3 柱高
5/9 柱高
1/5 栏板高
1/2 栏板高
栏板高
2/11 柱高
1/2 本身宽
地栿

柱子（望柱）
柱头
禅杖（寻杖）
栏板
面枋

柱子高
台基 2~4.5 尺，视台基高而可能情况下，在可能情况下不超过台基高，且稍小于台基高为宜
台基金边 1/2~1/5 地栿高
地栿高
1/2 本身宽
须弥座高
1/5~1/4 檐柱高，视地势另加环境而定

图 9-3-9　带栏板柱子的石须弥座

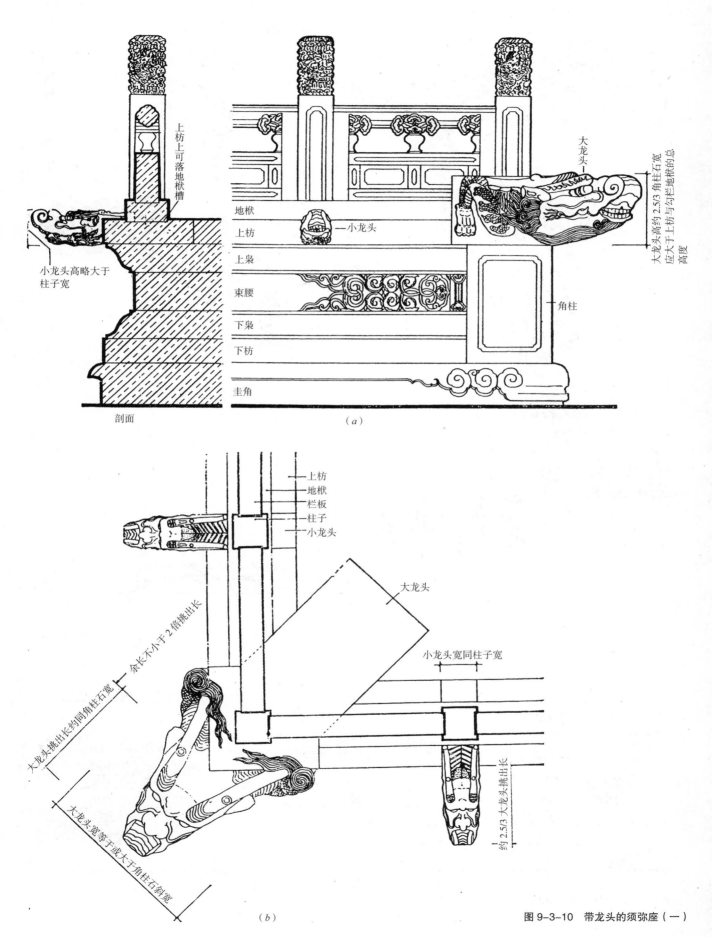

剖面

上枋上可落地栿槽

小龙头高略大于柱子宽

地栿
上枋 ——小龙头
上枭
束腰
下枭
下枋
圭角

(a)

大龙头

角柱

大龙头高约 2.5/3 角柱石宽
应大于上枋与勾栏地栿的总高度

上枋
地栿
栏板
柱子
小龙头

大龙头

小龙头宽同柱子宽

深长不小于 2 倍挑出长

大龙头挑出长约同角柱石宽

大龙头宽等于或大于角柱石斜宽

约 2.5/3 大龙头挑出长

(b)

图 9-3-10 带龙头的须弥座（一）

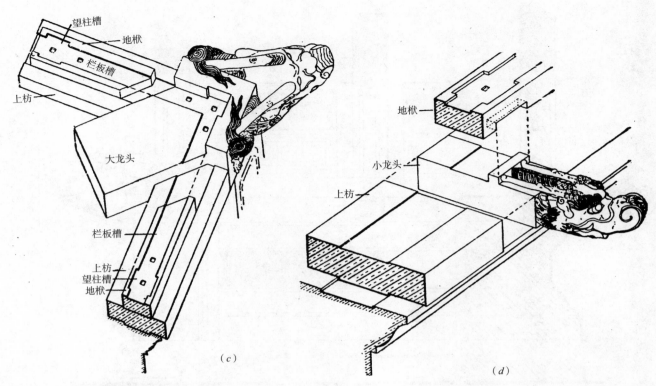

图 9-3-10 带龙头的石须弥座（二）
（a）正面与剖面；（b）平面；（c）大龙头与上枋、地栿的组合；（d）小龙头与上枋、地栿的组合

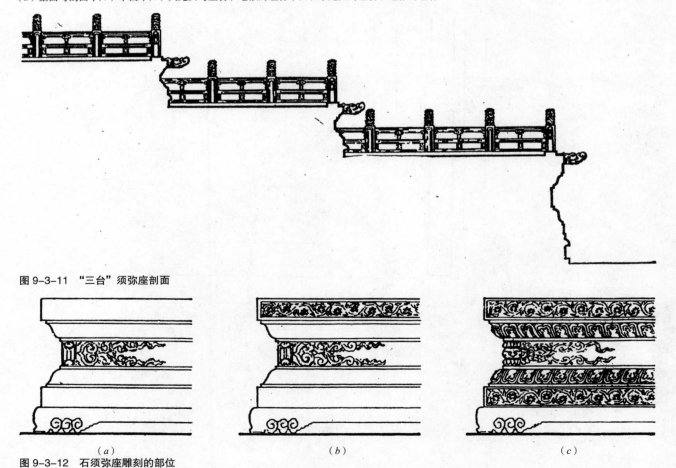

图 9-3-11 "三台"须弥座剖面

图 9-3-12 石须弥座雕刻的部位
（a）仅在束腰部位雕刻的须弥座；（b）在束腰和上枋部位雕刻的须弥座；（c）全部做雕刻的须弥座

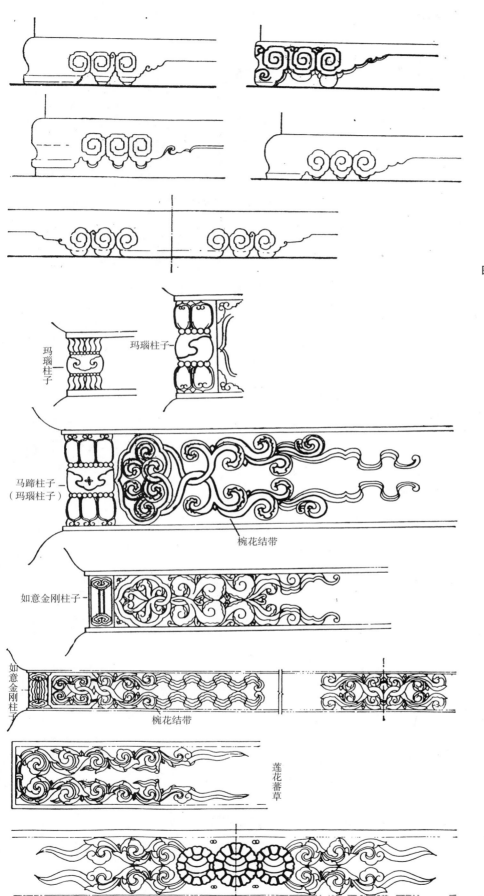

图 9-3-13 石须弥座圭角上的如意云纹样

玛瑙柱子

玛瑙柱子

马蹄柱子
（玛瑙柱子）

椀花结带

如意金刚柱子

如意金刚柱子

椀花结带

莲花蕃草

图 9-3-14 石须弥座束腰雕刻的常见图案

巴达马
（八字码）

（a）

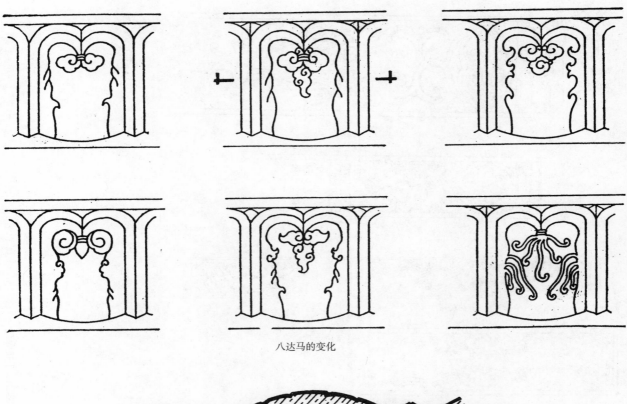

八达马的变化

（b）

图9-3-15　石须弥座上、下枭雕刻
（a）上、下枭和束腰雕刻；（b）巴达马的变化

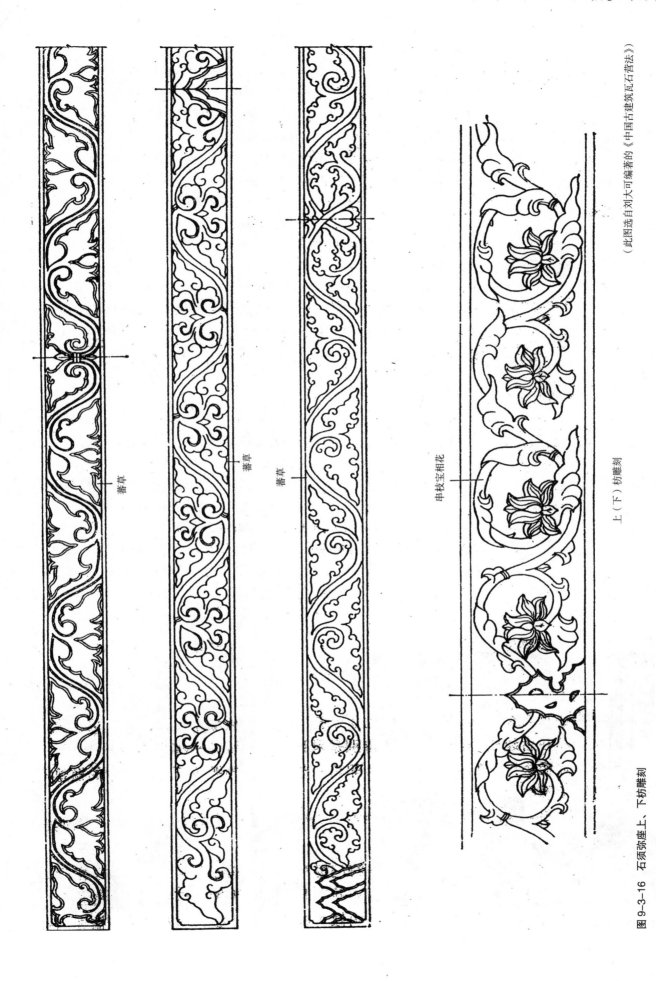

蕃草

蕃草

串枝宝相花

上（下）枋雕刻

（此图选自刘大可编著的《中国古建筑瓦石营法》）

图 9-3-16　石须弥座上、下枋雕刻

七、石鼓台门、牌坊

婺州人称为"石鼓台门"的，就是采用石鼓门枕石的大门，一般施于大型宗祠、厅堂、府第中设有门厅的建筑。因为，与牌坊一样，建造这类建筑的主人必须是有过功名、曾受皇上敕封的，在民居建筑中所占比重不大，所以工匠中有此类建筑专长者也不多，一般是较机灵的石匠承揽这种活后，先看看前人做的实物样子，然后照猫画虎，再加点自己的智慧、灵感来完成。辛亥革命推翻了清朝，废除了科举敕封制度，自然也就废除了建石鼓门的制度。没有生活（方言，指工作、工程）就没有人学，工匠技术、建筑规制就此失传。所以，从现存实物看，几乎没有完全相同的，但又大同小异（图 9-3-17）。总高约 6~7 尺，须弥座高度约为总高的 3/10~4/10，三面雕饰；鼓面直径约 3 尺，多数是素面，也有两面施雕的，厚约 8 寸左右。

牌坊有木作、石作两种，多为石作牌坊。东阳卢宅一个村就有木、石牌坊 32 座。日本侵略者投降后，笔者曾在卢宅树德堂上学，亲眼目睹这些牌坊，式样很多，无一相同，说明制作时是八仙过海，各显神通。基本式样如实物照片图 9-3-18 所示。

八、内排水设施

婺州民居的内排水包含天井、明塘、排水沟、泄水口。天井的面积不大，且多狭长，通常不单做四周排水明沟，整个平铺条石板，板面一般低于阶沿石 6 寸至 1 尺。明塘的面积一般都在 18 方丈（约 120 平方米）左右，阶沿石下四周均设排水明沟，沟宽约 1.2~1.5 尺，深比明塘石板面低约 6~9 寸，靠阶沿石一面的石制沟壁有用单块简化须弥座式陡板的，厚约 3.5 寸，也有用素陡板的，厚约 2.5~3 寸。四边各沟均设置两道厚约 2.5 寸的石卡（图 6-2-34a），用以阻挡杂物流入暗沟。泄水口通常设于东南角（正屋的左前方靠照墙处），向下泄水的泄水口普遍采用石雕古钱盖板，寓意"四水归堂，肥水不外流；流走的是清水，留下的是钱财"（图 6-2-34b）。向侧面泄水的

图 9-3-17　石鼓门枕石

图 9-3-18　牌坊类型

泄水口通常为古钱和元宝形，都是寓意"流走的是清水，留下的是钱财"。石板明塘的铺装多用等宽的条石，图案简朴，最常用的铺装形式如图 9-3-19 所示，加工多为细加工。

九、石窗

经过雕饰的石质窗，通常用于主院与跨院之间隔断墙上的景窗（也叫透窗、漏窗）或底层的外墙窗，形状多为圆形、长方形。雕饰内容有仿木楞窗的，有"福"、"寿"等字样及几何图案的，有鹿、松鹤、松鼠葡萄、松竹梅、梅兰竹菊等（图 9-3-20）。

十、其他石作实例（图 9-3-21）

图 9-3-19　石板明塘铺设

图 9-3-20　石透窗实例

图 9-3-21　其他石作实例

第四节　桥的设计与做法

婺州是江南水乡，江多溪多，人口稠密，各色各样的桥很多。境内山区有毛竹桥、杉木水桥、平板木桥、石板桥、石拱桥、石墩木梁桥；平原区还有浮桥、平板石桥、单孔和多孔八字石拱桥、石券桥、石墩木廊桥（风雨桥）等（图4-3-13）。最常见的石桥有1~3块石板并列的单跨平桥、2~5块石板并列的多孔石墩平桥、单孔或多孔八字拱桥、单孔或多孔券桥、石墩木梁廊桥。

一、平板桥

平板桥按所用材料分为木质、石质两种，按形状可分单孔、双孔，多至十几孔。桥面宽为1~5块石板不等，每块石板宽约1~2尺，厚约5~8寸，少数可达1尺。平板石桥的最大的优越之处是坚固、耐用、做法简单，只要做好了泊岸桥墩（婺州人称桥脚），然后把石板架于泊岸桥墩上即成；其缺陷是不能通行帆船，只适用于浅滩或山谷溪水上架设（图9-4-1）。

二、石拱桥

以长短不同分单孔与多孔，又以拱形不同分八字形拱桥和券拱（半圆形）

（a）单孔石平板桥

（b）多孔石平板桥

图 9-4-1　平板桥

桥（图9-4-2），一般建于要通帆船的江河（图9-4-3a）或山区水位涨落变化很大的山涧峪溪上（图9-4-3b）。大型石拱桥多位于州府要冲，通常由官府出资或官方与民间共同筹资建造，由官方组织实施，所以建造时多参照官方的建筑规制，如图9-4-4所示（摘选自刘大可先生编著的《中国古建筑瓦石营法》）。婺州传统的大型石拱桥与官式做法有一显著差别，就是桥两端不采用礓磋坡道，而用台级踏步（图9-4-3b）。因婺州地区古时出行、运输主要靠徒步、坐轿、肩挑和乘坐船与竹筏（俗称排），没有双轮的畜力大车，所以没有必要设坡道，而且对徒步行走、肩挑、抬轿的人来说，走踏步比走礓磋坡道更省力、更舒服。走踏步时，脚面处于平稳状态，不感到费力；而走斜坡时，脚面始终处于前后倾斜状态，会感到非常吃力与难受。这一差别体现了婺州工匠的因地制宜和科学精神。

（a）石墩八字木拱桥

（b）八字石拱桥

图9-4-2　八字拱桥

婺州工匠对石拱桥的设计与操作步骤：

第一步：根据地势、用途及人流、物流量确定长度及起止地点、桥面宽度、高度、孔数、拱顶高度、拱径及分水墩（凤凰台）的尺寸等。

第二步：按设计尺寸进行石荒料加工，砌桥墩和护坡泊岸的石料规格一般为高1~1.2尺，厚1~1.5尺，长3~4.6尺。拱券的券面石宽度为1~1.2尺，厚1~1.5尺，长度根据弧度适当选取，并要做出每块券面石的1∶1大样，供加工时使用。券面石数量必须取单数，即除去龙门石（也叫龙口石、元宝石）外，两侧券面石的块数要均等对称，加工时要编号，安装时要对号入座，包括龙门石在内通常取总数为9、13、19、21、27、39、49、53等，如婺州"通济桥"选的是53块。53源自佛教的"五十三佛"和"善财童子的五十三参"，其他各数也都是婺州百姓心目中的吉利祥瑞之数。

第三步：在冲积泥沙等松软地建桥时，首先要根据桥的长度、宽度、高度及水的流速对地层进行处理。对三孔以上的石拱桥，一般都先在桥墩和迎水、出水口围打2~3排直径约6~8寸、长1丈左右的柏木桩，用葛藤把外面一圈编扎固定牢固，再用大小不等的石块将空间填塞，然后在其上打1~2尺厚的三合土找平或直接铺一层厚约5~8寸的石板作为基座。

第四步：在基座上用规格条石砌筑桥墩雁翅及泊岸护坡，外围各条石的前、后和里向都要用铁制或石制元宝榫连接，砌分水金刚墙尖部的石条要上下交替，并在桥中央一墩和水流最大、最湍急一孔两侧桥墩的上部各用1~2个铁蜈蚣榫，或在凤凰台上雕"蚣蝮"。砌至平水高度后，搭置券胎，再用预制好的券面石按编号依券胎安装就位。安装时，最好券胎两侧同时进行，最后用龙门石压顶，以防两侧受力不均导致券胎变形。龙门石的正面，小桥多数雕刻桥名，较大的桥有雕刻戏水兽面"蚣蝮"的（传是龙生九子之一的"叭嘎"、"霸嘎"），也有雕刻"蚣蝮"的（即两条蜈蚣或蛇），以镇水怪，保护桥的安全。

（a）多孔券拱桥

（b）单孔券拱桥

图9-4-3　石券拱桥

第五步：砌通券石（撞券石）、背里石，而后，砌仰天石（外侧雕琢成枭混冰盘沿的桥面边缘石），铺桥面石、路心石。

第六步：安装桥扶栏或护栏石。三孔以上的石拱桥多数安装扶栏杆，有的参照官式的雕饰栏板柱做法（图9-4-3a），有的采用素栏板柱做法（图9-4-5a），有的也与平桥、单孔拱桥一样采用简单的护栏石，即在桥面两侧的仰天石上各置一高约2尺、宽约1尺的条石，只作细加工或粗加工，不作任何雕饰

（图9-4-5b）。桥头做法多数呈八字形，设置踏步，特别是拱桥，多为十几步至几十步踏步，少数的在路心斜铺路心石，可供独轮车上下。

通济桥：婺江（今称金华江）上现存的通济桥是婺州石作匠师造桥技艺的典范杰作，也是境内最古老、最长、最高大的石券拱桥，建于清嘉庆十四年（1809年），原桥13孔，全长76.6丈（213米），桥面宽2.41丈（6.8米），高50.1丈（14米）。1960年，在东侧原金刚墙凤凰台基础上进行了增高处理，将桥面展宽3米，并将桥墩进行水泥勾缝处理。东侧现状如图9-4-6所示，图中，a、b为2012年4月21日实拍照片，c为王仲奋于2012年4月实测绘制的图。

中国传统石桥的种类很多，其中以明、清时期官式做法的石桥最具鲜明的中国特色，是传统石桥中的优秀代表。官式石桥可分为券桥和平桥两种形式。券桥的主要特点是，桥身向上拱起，桥洞采用石券做法，栏杆做法讲究。平桥的主要特点是，桥身平直，桥洞为长方形，栏杆式样较简单。

官式石桥

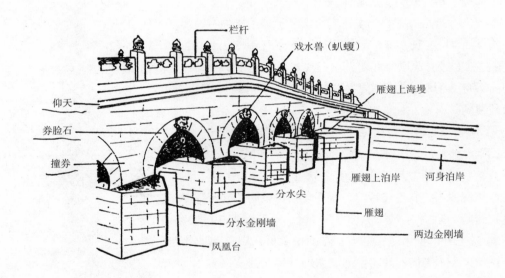

石券桥示意

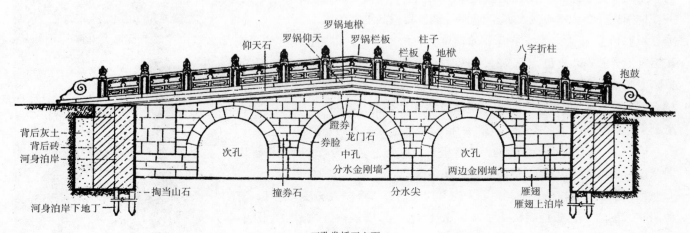

三孔券桥正立面

图9-4-4 官式石桥（一）

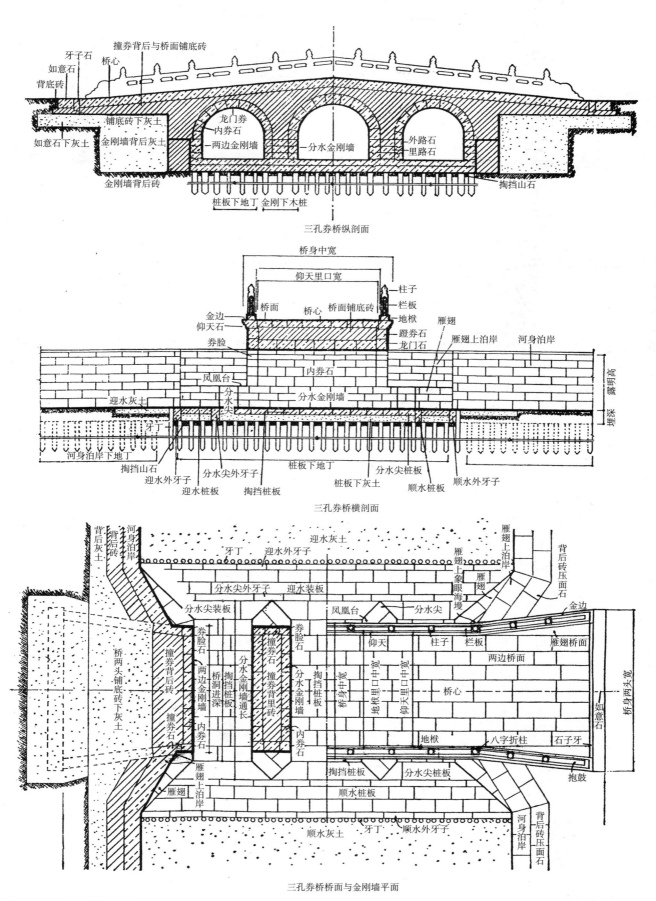

三孔券桥纵剖面

三孔券桥横剖面

三孔券桥桥面与金刚墙平面

图 9-4-4　官式石桥（二）

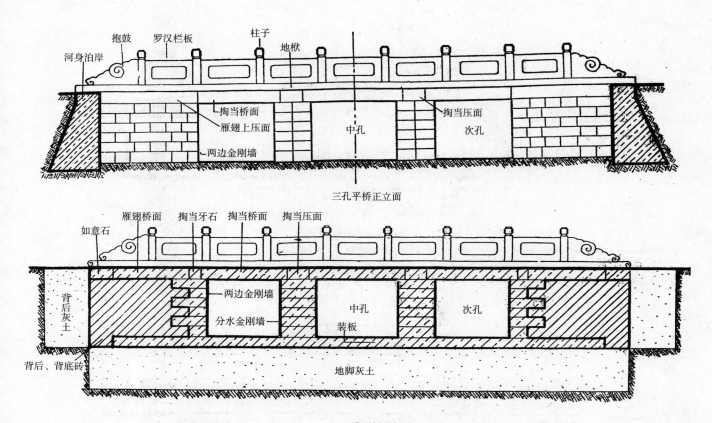

三孔平桥正立面

三孔平桥纵剖面

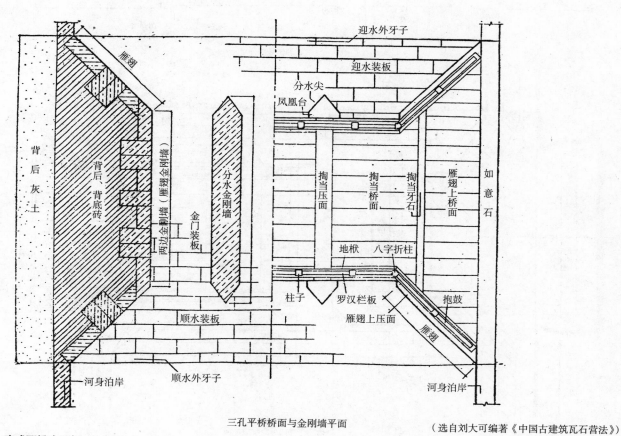

三孔平桥桥面与金刚墙平面

（选自刘大可编著《中国古建筑瓦石营法》）

图9-4-4　官式石桥（三）

（a）多孔素栏板石拱桥

（b）单孔素栏板石拱桥

图 9-4-5　素栏板石拱桥

（a）远观

（b）近观

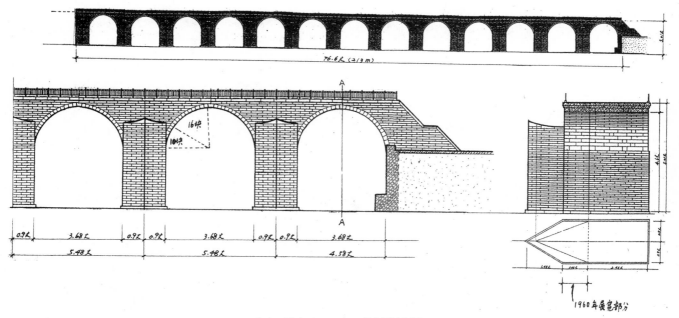

（c）王仲奋于 2012 年 4 月实测绘制图

图 9-4-6　通济桥

三、石墩木梁廊桥

石墩木梁桥可分单孔、多孔，又可分平桥、廊桥。单孔廊桥也叫"亭桥"，婺州地区更多的是多孔廊桥。因廊桥可供行人或村民躲避风雨、休息、乘凉、喝茶或做手工艺、聊天，所以又称之为"风雨桥"、"休闲桥"，而且多数是众人捐资修建的，所以也称"公益桥"。石墩木梁廊桥的做法基本有两种形式：一是在石墩上用圆木或方木层层交替加高的同时向外延伸，最后架梁铺装桥面板（图9-4-7a）；另一种是先做八字梯形构架，而后填实铺设桥面板（图9-4-7b）。下面以前者为例介绍此类型桥的施工步骤：

第一步：根据桥的长度、孔高设计桥的孔数、孔的高度、桥墩宽度等尺寸。

第二步：用石拱桥桥墩的做法做好桥墩。

第三步：在石桥墩上敷设横木方，上面挖半月形小槽若干（根据桥的宽度、木梁的根数而定）。

第四步：在横木方上架设圆木，圆木（即直径约8寸的梁托木）两端要伸出桥墩各约3尺，中间要用木销与横木方销定以免滑动，然后再横放一层木方或圆木，相互用半月槽咬合并用木销销固。

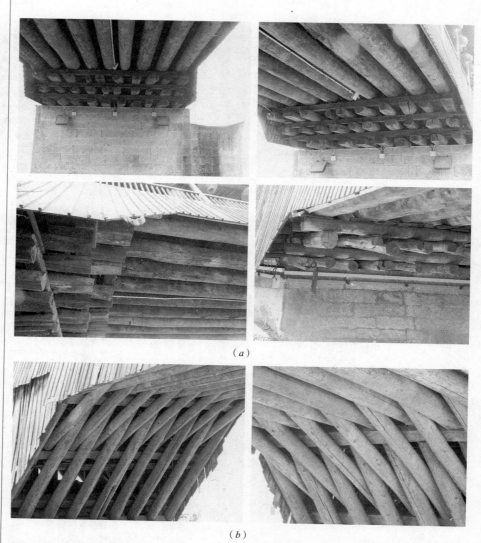

（a）

（b）

图9-4-7　石墩木梁廊桥

图 9-4-8　廊桥屋架

　　第五步：再在第二层横木上放梁托木，同样两端各向外伸出约 3 尺，若总长不够长，中间部位可以接或用石料等重物填压，然后再横放一层木方或圆木，与梁托木以半月槽相互咬合并用木销销固。以同样的做法再重复 3~5 次（视桥的拱高和石墩高度而定）。

　　第六步：架设木桥梁并与梁托木销固后，再横向铺设桥板，用铁钉钉于木梁上。桥板厚约 2~2.5 寸。

　　第七步：在桥面两边立廊柱，架设桥廊构架（构架通常采用两种形式，如图 9-4-8 所示），钉椽盖瓦。

　　第八步：安装扶栏、坐凳及防雨、防风护板；制安桥头的盔式马头墙门及踏步。

　　最后一步：举行开桥典礼。

　　婺州现存的石墩木廊桥中最长、最典型，保护、修缮最好的要数武义的"熟溪桥"和永康的"西津桥"。

　　熟溪桥：9 孔 51 楹石墩木梁廊桥，全长 50 丈（约合 140 米），宽 1.7 丈（约合 4.8 米），柱高 9 尺（约合 2.5 米）（图 9-4-9），始建于南宋开禧三年（1207 年），800 多年来，因火灾、洪水、战祸，屡毁屡建 10 余次，现存桥是 2001 年按清乾隆四十九年（1784 年）原样续修。古建筑老专家郑孝燮、罗哲文特为其合作题词挥书。

　　西津桥：59 楹石墩木梁廊桥，全长 59 丈（约合 163 米），宽 1.36 丈（约合 3.8 米），柱高 7.9 尺（约合 2.2 米），平面呈三折弧状（图 9-4-10 左下），增强了抗冲击能力。桥梁专家茅以升为其题写桥名（图 9-4-10 右下）。

图 9-4-9　熟溪桥

图 9-4-10　西津桥

第十章　婺州传统民居雕饰作

第一节　木雕

建筑木雕装饰是木雕与木作师傅共同合作实现的，先由木作师傅设计并制作好坯料，然后交给木雕师傅设计题材画面，完成雕制后，再交还木作师傅进行安装。雕花、细木、大木三者早期同属木作，随着建筑业的不断发展，分工逐渐细化，才由木作分为大木、小（细）木，再由小木中又分出花匠，即雕花匠、木雕师傅。

婺州民居建筑装修大量采用了本土的东阳木雕工艺，所以在介绍装修前不能不对东阳木雕作一概括性的介绍。东阳木雕是中国四大木雕中的佼佼者，应用于建筑装修的主要是"清水白木雕"，即雕刻后只刷透明的清油，不作任何染色上漆处理，保持原木的天然纹理及本色。它是东阳的传统民间工艺，起源、发展、成熟于东阳本土。据考，东阳木雕源于秦汉，早在唐代就开始应用于建筑装修，至明清时期，广泛应用于建筑装修，并形成了自己的风格和一套完整的装饰手法，于清代乾、嘉、道年间进入鼎盛时期，作品风格由简朴到繁华，由粗犷到精细，更注重了透视和视觉效果。到清末民初，又在继承传统刻技——"雕花体"（图10-1-1）的基础上，创新发展了着意模拟绘画的笔意气韵、讲究作品诗情画意的"绘画体"（也称"画工体"，如图10-1-2所示，开创者是清末著名雕花老艺人郭金局和他的高徒、享誉为"木雕皇帝"的杜云松，图10-1-3），并向建筑装饰、家具雕饰、陈设欣赏、宗教用品的雕刻这四大方面全面发展。在民间大兴木雕嫁妆"十里红"之风时，又发展了"朱金木雕"，即为精雕后的家具上朱红大漆，而后根据图案需要分别贴上库金或赤金，既增强了立体层次感，又达到金光灿烂、富丽堂皇的喜庆效果（注："东阳朱金木雕"既不同于"宁波朱金木雕"，也不同于"广东金漆木雕"，东阳朱金木雕是七分雕工、三分漆工，宁波朱金木雕是三分雕工、七分漆工，而广东金漆木雕是既贴金又着色）。1840年后，随着西方列强和商人的涌入，东阳木雕逐渐转向商业性生产，红木、樟木家具及陈设欣赏类雕饰工艺品源源走向世界市场。

一、东阳木雕的常用木材及工具

（一）常用木材

总的说，东阳木雕对用材要求并不高，最早主要是用桃木、枣木、梨木等果木料雕刻，后来又使用枫木、乌桕、苦槠等硬木进行雕刻，随着雕制技法的成熟和建筑美学、审美意识的提高，质地坚韧、纹理浅雅、木色纯洁、不易变形、易雕易刻的香樟木、白杨木、白果（银杏）木、香榧木、椿木、桑木、核桃楸、柏木、红豆杉等木材成为主要用材。后来，又发展到使用白桦木、榉木、椴木、楸木、红松、樟子（东北）松、柚木、红木、柳桉木、

图 10-1-1　传统雕花体雕作品

255

图 10-1-2　绘画体雕作品　　　图 10-1-3　绘画体雕开创者　　图 10-1-4　东阳木雕常用木材

郭金局
　　郭金局，木雕名家郭凤熙之子。善于将画理融入木雕，注重画面布局，人物神态生动，创立了"绘画体"木雕法。

杜云松

水曲柳、黄杞、楠木等不同质地、不同纹理花纹、不同色泽的木材，所用材类非常广泛。但工匠具体选材时却很讲究，要根据雕件部位、规格大小、题材内容、画面布局、雕刻技法的不同，严格选择主件和辅件的木种和色泽的搭配（图10-1-4）。

　　（二）常用工具（图10-1-5）

二、婺州传统民居装修的特色工艺——东阳清水白木雕

　　东阳清水白木雕也称白木雕，它设计不凡、用料考究、图案优美、技艺高超、求真写实、雕工精细，是东阳本地乃至江南古代建筑的灵气精魂所在，也是被国内外专家誉为"极具国际水平的东方民居"的重要特征，深受国内外各阶层人士所喜爱而名扬四海，经久不衰。

　　（一）东阳木雕设计原则

　　这里所谓的设计，并不是简单的画稿设计，而是根据雕件的部位、构件形状、不同视角及屋主的爱好要求、风俗习惯，进行创意构思，确定造型，选取题材内容，确定构图布局，选择合适木料，搭配主辅料色泽，选用雕刻技法，最后勾勒于雕件上。东阳白木雕不泥古拘旧，除一些基本图案（图10-1-10）外，均无固定图谱，而仰仗匠师临场发挥。同一题材、同一画稿，每个师傅所雕的形态细部表达各不相同（图10-1-6），同一师傅每次所雕的也不尽相同。例如"刘海戏蟾（钱）"这个题材的作品随处可见，细看这些

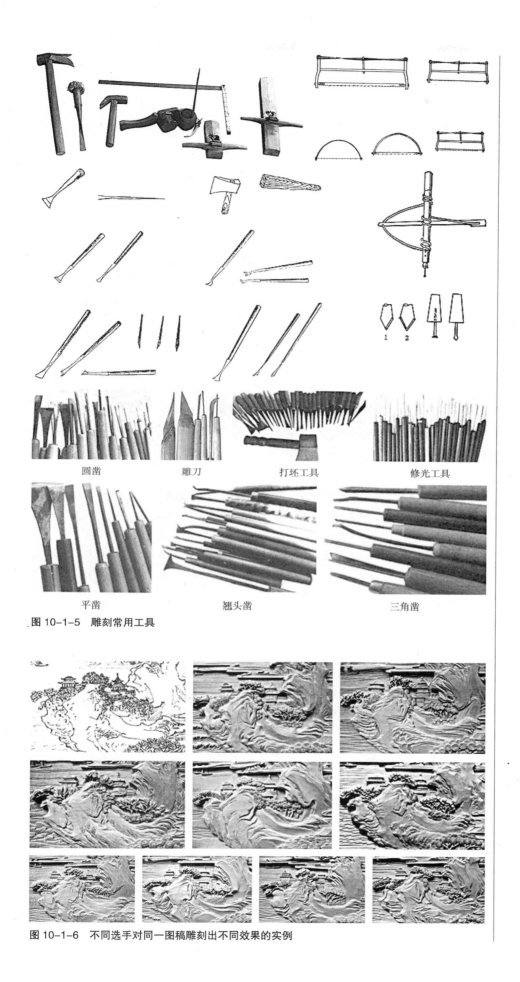

圆凿　　　　雕刀　　　　打坯工具　　　　修光工具

平凿　　　　　翘头凿　　　　　三角凿

图 10-1-5　雕刻常用工具

图 10-1-6　不同选手对同一图稿雕刻出不同效果的实例

作品绝对没有一个是相同的，可是都能让人一眼就看出是"刘海戏蟾"，因为它们都能突出刘海的形态气姿和情感特征。由此可见，东阳木雕的创作思路和技法、刀法使用都是很宽松随意的。但是，对一些习俗忌讳，则是必须严格遵守，丝毫不敢冒犯，譬如：在清真寺中不使用动物图案；在姓曹的村里不可选用"华容道"、"捉放曹"；在吕氏地域内不可用"白门楼"；在同一樘槅扇的束腰板、裙板上不可取互不相关的故事情节；不可采用不忠、不孝、不仁、不义、不吉利或丑恶的故事画面。

（二）东阳木雕常用技法

1. 浮雕

浮雕是一种以线为主，以面为辅，线面结合来表现物象形态结构的雕刻技法。其特点是主题明显、突出，形象生动、优美，构图精练，交叉重叠少、层次少，外轮廓线准确，一般用于束腰板、雀替、台屏、挂屏、屏风、小摆件的雕刻。

浮雕以其落刀深度的不同又分为浅（薄）浮雕、（中）浮雕、深（高）浮雕。通常所讲的"入木三分"，是对普通（中）浮雕的深度而言。东阳木雕的浅浮雕实际入木深度不过一分半，但其立体感仍很显著，这在于用刀的技巧，即刻迎面的轮廓线时用刀不是直立下刀，刻背面的线条用刀是垂直下刀，也就是直切，以增强立体感。作品呈现的结果是：正向看，反映的是形象逼真、立体感很强的凸起的阳雕作品，调转180度看所呈现的则是下凹的阴雕效果（图10-1-7a）。这是东阳木雕的又一特征。

2. 镂空雕

镂空雕又称"高浮雕"、"深浮雕"。其特点是玲珑剔透，画面设计主题明确，构图丰满、层次多，疏密得当，形态生动，气势不凡，多用于厅堂豪宅的"牛腿"和雀替等的雕刻（图10-1-7b）。

3. 圆雕

圆雕即立体造型雕刻。传统雕法一般舍弃背景，适用于"牛腿"、琴枋的刊头等多面观赏的构件和大型建筑装饰、木俑、佛像、人物、动物的雕刻（图10-1-7c）。

4. 半圆雕

半圆雕是介于圆雕和深浮雕之间的一种雕法。它兼有圆雕的立体感和深浮雕的层次分明感，是圆雕深浮雕技法的结合。它主题鲜明、小景相衬，多用于牛腿、琴枋的刊头及台屏等三面或四面雕刻的构件（图10-1-7d）。

5. 透空双面雕

透空双面雕是穿花锯空后再作正反两面雕刻的技法。主要特点是设计时按双面正向考虑，两面均为欣赏面。所用板料较厚，画面主次分明，层次丰富多变，疏密大小有致，整体结构严密，漏空通风透气，极富立体感受，多用于门窗装修的槅心和宫灯、屏风、落地罩等装饰物（图10-1-7e）。

6. 锯空雕

锯空雕也称"贴花雕"，是一种单层单面雕刻，以锯空、平面刻线切刀为主，一般采用浅浮雕的技法，具有透空之玲珑感，多应用于门窗上部位置较高，仅供单面欣赏，又需空透通风换气的横波窗、槅扇的天头或廊轩顶部天花藻井的贴花，檐桁、桁枋下方的贴花雕（图10-1-7f）。

薄浮雕　　　　　　　浅浮雕（正向）　　　　　　　浅浮雕（反向）

（a）浮雕

浮雕　　　　　　　　　　　　　　深浮雕

高浮雕

（b）镂空雕

（c）圆雕

图 10-1-7　常用雕刻技法（一）

（d）半圆雕　　　　　　　　（e）透空双面雕

（f）锯空雕　　　　　　　　　　　　（g）满地雕

（h）半雕　　　　　　　　　（i）阴雕　　　　　　　　（j）圆木浮雕

图 10-1-7　常用雕刻技法（二）

7. 满地雕

满地雕即满地施雕，不留平面，是一种富丽华贵、繁花似锦的装饰性很强的雕法，其用料厚度及雕刻深度类似中浮雕，题材以花鸟为主，衬以假山、流云、小草，如"百鸟朝凤"、"龙凤呈祥"等题材多用此雕法（图 10-1-7g）。

8. 半雕

半雕是相对于满地雕而言的，是东阳木雕的传统雕法。"半"字有两个含意，①只雕物件的一小部分，如门窗中的束腰板，仅为门窗的一小部分；②图案中也只雕一部分，其他部分则保留光洁的平面。题材多选用平远山水风景、博古、七珍、八宝、暗八仙等。雕刻技法与浮雕相同（图 10-1-7h）。

9. 阴雕

阴雕俗称"铲阴花"，相当于篆刻艺术中的"白文"、"阴文"刻法，近似于国画的写意画，以简练的几刀刻画出潇洒大方、趣味盎然的艺术品，如"木鱼龙须梁"的梁头雕刻（图 10-1-7i）。

10. 圆木浮雕

圆木浮雕是围绕圆木进行的装饰雕刻。图案上下、前后、左右相连，疏密匀称有节奏，主次分明，变化多，不呆板。技法采用深、浅浮雕相结合的手法。多用于雕刻盘龙柱、垂头和圆形摆件等（图 10-1-7j）。

另外，应用于陈设欣赏装饰品雕刻的还有树根雕、镶嵌雕、自形木雕等创新型雕法。

（三）东阳木雕操作程序

东阳木雕的操作程序，概括地说，分为设计、打粗坯、打细坯、修光、细饰这五步；再细分，则可分为设计（构思）、画样图，打坯脱地、打粗坯、打细坯，修光切线、剔地、整形、光洁、细饰等工序。若是画面中有人物、动物的作品，则还有最后一道画龙点睛的工序——开眼。

1. 勾勒草图

在雕刻件上面勾画出要雕刻的内容的粗略画面（图 10-1-8a）。传统雕刻老艺人一般不在工件上画草图，完全按预先设计好的腹案进行打坯、修光，这就是行话所说的"设计、打坯、修光不分家"。在徒弟经一段时间的修光学习后有了一定基础，可以进入打坯学习时，才在工件上画图让徒弟学习打坯。

2. 打坯

打坯是完成作品的关键性工序，既要把设计图稿的平面线条变成立体图像，又要为修光完成基本造型，确定作品的概貌基调。作品的成败大多与打坯有关。对于设计而言，不懂打坯，就很难设计出富有立体感的图；对修光而言，不懂打坯，就难以为作品锦上添花。打坯工艺步骤：

第一步：读图。打坯、动斧、动刀前要读懂图稿，理解领会设计稿图的主题意境，弄清表达主题意境的方式，确定需要重点塑造的主体图像，弄清上下、左右、前后的相互层次关系。

第二步：切边脱地。脱地在东阳方言中叫"略地"，即把"地"和大块间的远景挖到预定深度，脱地前要先进行切边线（图案的四条边线），框定打坯的范围。

第三步：打粗坯。脱地后即可正式进行打粗坯，由上而下、由浅到深、由大面到小面、由大层次到小层次，凿出图像景物的立体轮廓造型。

第四步：打细坯。进一步进行细凿，逐步使一个立体图像从模糊到清晰（图10-1-8b）。

3. 修光

就是对作品的毛坯进行修整、充实和完善，使之达到细腻、光洁、精美的目的。修光的步骤：

第一步：读图读坯。就是对照原设计稿和毛坯实际效果间的差异，准确领会设计意境，将毛坯未交代清楚的前后左右关系刻画出来。

第二步：切线剔地。切线就是切割、框定修光范围；剔地就是将毛坯的大块"地"铲平修光。

第三步：整形修光。将毛坯图像逐个修整细化，达到线条处理流畅干净，特别是花纹的各结合部要干净利索。

第四步：光洁处理。即用粗细不同的砂布将图案表面和孔壁进行打磨，磨掉刀凿斑痕，使工件表面呈现光亮。

第五步：细饰。俗称"细工、细刻、刀工"，即采用戗、刻、切、摘等刀法，用线条对作品图像进行最后的精细修饰，如修饰人物的须发，达到精美细腻、形象生动之效果（图10-1-8c）。

第六步：开眼。即对人物或动物作品的眼部进行细雕。通过对眼形、眼袋、眼皮、眼球、瞳孔的精练几刀把人物的心理、行为、情感生动地表现出来（图10-1-9），这是人物作品"画龙点睛"的一步。

（四）东阳白木雕的题材选取

婺州传统民居建筑木雕装饰的题材主题可概括为祈福纳吉、伦理教化、驱邪禳灾三大类，尤以祈福纳吉、伦理教化为主，多运用借代、隐喻、比拟、谐音等传统表现手法，从历史神话、民间故事、古典文学、戏曲人物、鱼虫鸟兽中选取题材。木雕匠师不仅能巧妙灵活地运用传统，而且能见景生情地选取一些反映自然风景，身边乡民的生产劳动、日常生活的生动题材，如"西湖风景"、

水鸟图稿　　　　荷花

（a）图稿

（b）粗坯

（c）细坯

（d）修光

（e）细饰（完工）

图10-1-8　木雕操作程序
（选自金柏松编著《东阳木雕教程》）

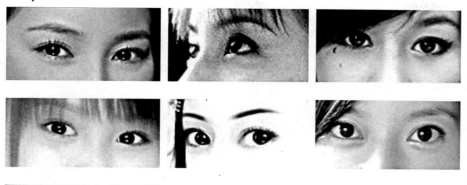

人物眼睛摄影图片
　　由于视角和光源的方向、形状和强度的不同,眼睛的反光点(高光点)会发生不同的位置、形状、数量和明暗的变化。而反光点(高光点)和瞳孔的组合是开眼的核心技艺。

由于背光,该照片眼球没有反光点

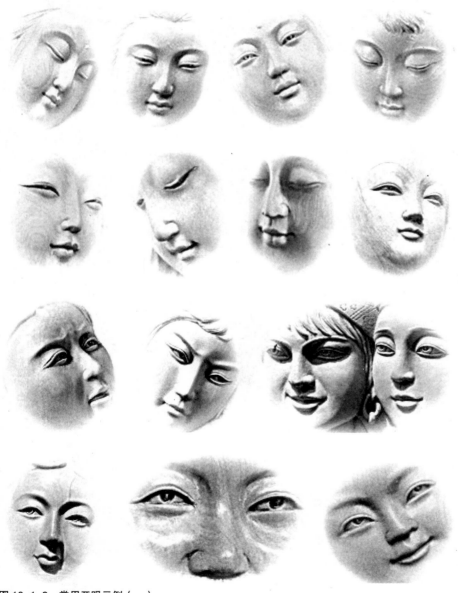

图 10-1-9　常用开眼示例（一）
（选自《东阳木雕教程》）

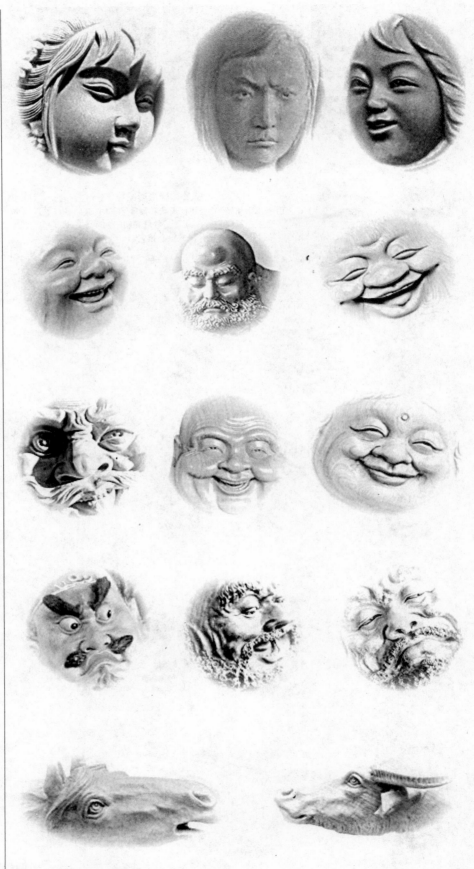

图 10-1-9　常用开眼示例（二）
（选自《东阳木雕教程》）

图 10-1-9　常用开眼示例（三）
（选自《东阳木雕教程》）

"近地山水"、"采桑养蚕"、"缫丝纺织"、"水牛耕田"、"四齿锄地"、"踏水抗旱"、"推车挑水"、"风车扇谷"、"伐树抬木"、"锯木解板"、"男人筑墙"、"妇人喂猪"、"农夫插秧"、"撒网捕鱼"、"担柴稍息"、"进京赶考"、"娱乐唱戏"、"舞耍龙灯"、"姑娘打秋千"、"小孩放火炮"等生动活泼、活灵活现、情感逼真、栩栩如生的场景。又如被誉为"木雕皇帝"称号的老艺人杜云松，曾为萧山临浦镇三头陈村陈信树的住宅雕了四只"牛腿"，分别以"伯乐相马"、"龙女牧羊"、"骑虎入山"、"黄犬寄书"为题材，各自有独立、动人的故事情节，但把马、羊、虎、犬四种动物联系起来，就是寓意忠、孝、节、义主题，表达十分巧妙。忠、孝、节、义也可用"岳母刺字"、"卧冰求鲤"、"杨家将"（或戚家军）、"桃园结义"来表达。这些内涵丰富的寓意表现手法和百姓喜闻乐见的、具有浓郁生活气息的直观表现法相结合，灵活运用，是东阳雕刻工匠选择题材的特色。从宋代以来，特别是明清现存实物看，选择频率最高、雕刻领域最广泛的有吉祥动物、寄情花木、故事人物、冶情书法、抽象图案等。

1. 吉祥瑞兽

（1）狮

百兽之王，佛教传说是文殊菩萨的坐骑，能辟邪护法，保佑主人事事平安，又寓意"官登太师"。在骑门枋上雕两只（5只或9只）狮子共戏一个绣球，谓之"狮子滚绣球"；在正屋中央间两榀前小步柱的牛腿上雕成对狮，左榀雕雄狮戏球，右榀雕雌狮与小狮戏耍，寓意"太师少师"（古代三公之职）。也有在厅堂的牛腿、刊头、梁下巴、荷包梁、轩顶、梁枋等部位雕刻100只大小不一、形态各异的狮子，如安恬村的"百狮堂"。

（2）鹿

相传为西王母的乘骑，与鹤同为仙草——灵芝的护卫者，谐音为"禄"，象征官禄、财、福，又是长寿的象征。牛腿上常雕刻口含灵芝之鹿、与寿星为伴之鹿、与鹤相伴之鹿、与蝙蝠同图、双鹿、百鹿等，分别象征福禄长寿、鹤鹿同春、六合同寿、路路顺利、福禄双全、百禄等。

（3）鹤

传为仙人所乘之仙鸟，是长寿之仙禽，故称"仙鹤"、"驾鹤"。常在牛腿、束腰板、裙板、屏风、壁挂、落地灯架上雕刻鹤与鹿、双鹤、鹤献蟠桃、鹤鹿与牡丹，寓意"鹤鹿同春"、"双寿"、"白头偕老"。

（4）喜鹊

民间俗语"喜鹊喳喳叫，定有喜事到"。它在七月七日为牛郎、织女搭鹊桥相会，是慈善之鸟。民间认为它有感应预兆的神异功能。东阳木雕艺人常以"喜鹊登梅"、"喜上加喜"、"喜上眉梢"、"欢天喜地"、"喜报"、"喜报频传"等为题雕于窗花心、束腰板、裙板或床、台屏、挂屏上。

（5）蝙蝠

蝠与福、富为谐音。上古神话传说蝙蝠昼伏夜出，能随钟馗捉鬼除魔，被视为驱邪接福的使者，常雕于门窗的天头、裙板、漏窗上，以"迎祥纳福"、"福寿双全"、"五福团寿"、"福在眼前"等题材表现。

（6）鸡

谐音"吉"，是报晓之动物、阴阳之神，传说是奉玉帝之命下凡人间的九天玄女之化身。其冠火红，象征吉祥。"冠"与"官"谐音，是升官、飞黄腾达的标志。东阳木雕中常以"吉"、"吉祥"、"吉祥富贵"、"加官晋爵"、"年年大吉"、"大吉大利"等为题展示于牛腿、裙板上。

（7）羊

谐音"祥"、"阳"，自古以来便是吉祥的象征，又因它吮母奶时必跪双膝，以报母恩，故称为"孝兽"。艺人常以"吉祥"、"三阳开泰"、"苏武牧羊"、"龙女牧羊"为题雕刻于束腰板、裙板、雀替、牛腿上，以示房主是孝子，祈告上苍佑其吉亨，同时，也告诫子孙，不要做不如禽兽的不孝之人。

（8）马

为古今将士无言之友，是忠臣、祥瑞、尊贵、权威的象征。东阳木雕艺人常以"天马行空"、"马上封侯"、"伯乐相马"、"三英战吕布"、"八骏图"等为题雕于牛腿、琴枋、雀替或梁枋的枋心，既显示主人的尊贵、家庭祥瑞，也表示人们喜欢欣赏骏马那种奔腾矫健的雄姿，和那种生气勃勃、勇往直前的精神。

（9）鲤鱼

"鱼"为"余"谐音。"鲤为鱼最"（《神农书》），"鱼以鲤冠"（《尔雅·释鱼》），神话中又有"鲤跃龙门，过而为龙"之说，故鲤鱼是吉祥物。东阳艺人常以"鲤跃龙门"、"年年有余（鱼）"、"富贵有余"为题雕刻于束腰板、裙板、槅心、雀替及廊轩梁枋、天花上。

（10）麒麟

它是上古神话中的神奇动物，为仁兽，常在"仁贤之君"、"天下太平"之时出现，象征有出息的子孙。东阳木雕中常以"麒麟送子"、"麟吐玉书"、"麒麟祥瑞"为题雕于牛腿、束腰板、裙板、漏窗、屏风或摆件上。

（11）龙

它是最富传奇色彩的神话动物，是中华民族的化身、各族人民最为崇拜的吉祥物。《淮南子》载："万物羽毛鳞介皆祖于龙，羽嘉生飞龙，飞龙生凤凰，而后鸾鸟……"按此说，龙是万物之祖。中国历代帝王均自命为"真龙天子"。宫殿里雕满了龙。东阳木雕艺人虽不敢将帝王宫殿有关龙的装饰照搬到民间，但作了变形的无角螭龙、有角虬龙、未升天的蟠龙、戏水的蛟龙、夔龙、蕃草龙等在婺州传统民居的装饰件中随处可见。所雕的龙爪多为四爪，而不是五爪，因古有"五爪为龙，四爪为蟒"之传说，如同大臣穿的是蟒袍，帝王穿的是龙袍，并不犯忌。雕龙最多的部位是拼斗的槅心、天头，明代以前的雀替、庙宇的龙柱、家具及宫灯。

（12）凤

又称凤凰，民间视其为"四灵"之一，是神鸟，是美好吉祥的象征，能给人带来幸福、和平、吉祥、如意。东阳民间所雕的凤多以"百鸟朝凤"、"朝阳凤鸣"、"吹箫引凤"、"凤戏牡丹"为题。一般用于牛腿、梁枋、轩顶天花及条屏、屏风、花床、花橱、台灯、梳妆台、脸盆架等家具的装饰。其抽象图案也应用于槅扇天头、漏窗的锯空雕中。

其他吉祥动物还有猴、豹、犬、松鼠、鸳鸯、绶带鸟、金鱼、蟾蜍等。更有清代官员朝服补子上的动物图形：

文官：一品仙鹤、二品锦鸡、三品孔雀、四品云雁、五品白鹇、六品鹭鸶、七品鸂鶒、八品鹌鹑、九品练雀。

武官：一品麒麟、二品狮、三品豹、四品虎、五品熊、六品彪、七品犀牛、八品犀、九品海马，都御史、按察使獬豸。

2.寄情花木

（1）牡丹

花中之王，是娇美的富贵花，历代帝后多爱牡丹，民间视牡丹为富贵的象征。东阳木雕艺人在牡丹图案中配以其他花木或器物，组合出几十种寓意吉祥语，如"富贵平安"、"玉堂富贵"、"富贵满堂"、"荣华富贵"、"吉祥富贵"、"富贵有余"、"富贵三多"、"凤戏牡丹"等，一般雕于牛腿、雀替、琴枋等构件上。

（2）灵芝

神话故事中的仙草，有起死回生、返老还童、延年益寿的功能。东阳木雕艺人常把牛腿雕成一只口含灵芝的梅花鹿。有的也在琴枋、梁枋或挂屏上雕"白娘子盗仙草"。

（3）并蒂莲

传为妙龄男女为抗拒旧婚俗，争自由婚姻，忠贞不屈，共投荷塘的恋人精魂所化，是情侣的化身，寓意夫妻忠贞，恩爱到白头。

（4）石榴

夏日不怕烈日炎炎，花开如霞似火；秋日果实累累，形似张嘴大笑；寒冬铁干虬枝，苍劲挺立于庭院。喻义主人日子红火，多子多孙，家庭兴旺发达。多雕于琴枋的刊头和花床、花橱、盆架等家具上。

（5）水仙

神话传说中的冰清玉洁之"凌波仙子"、"司泉女神"。民间视其为新春吉祥之花、纯洁之花。东阳木雕艺人常把它作为花鸟条屏、雀替上的题材或家具中的配景。

（6）松、竹、梅、兰、菊

这五种花木因其风格气质高洁特殊，备受人崇佩。东阳木雕艺人常将其单雕于槅扇的裙板、花心，或与鹤等动物配雕。但更多的是组合雕，把松、竹、梅组合成"岁寒三友"，在三友基础上加兰花，就成"四友图"，把梅、兰、竹、菊组合成为"四君子"。木雕艺人把这些花木人格化，借它们的挺拔刚直、傲霜耐寒等自然寄情，以标榜主人坚贞、高洁之气质和情操。大多雕于槅扇、屏风、挂屏、花橱等家具上。

其他花木还有雕百合花表示纯洁、百年好合，雕鸡冠花象征红火和爱情，雕垂柳表示春风得意。万年青象征友谊长存和健康长寿。以芍药、踯躅、寒菊、山茶为四季花，更有用花为月历（一月梅花、二月杏花、三月桃花、四月蔷薇、五月石榴、六月荷花、七月凤仙、八月桂花、九月菊花、十月芙蓉、十一月水仙、十二月腊梅）来记载建筑的开工与竣工月份的。

3. 故事人物

（1）八仙

民间最熟悉，传说最多的神话群英谱。百姓赏识铁拐李为人耿直，富有抗争精神；汉钟离飞剑斩虎，惩恶济善之美德；蓝采和放荡不羁，奔放自由的性格；张果老精通万法，变化莫测的智能；何仙姑行动如飞，坚贞不嫁的个性；吕洞宾文武皆通，身精数艺的全才；韩湘子排难赴险，见义勇为的气概；曹国舅刚正不阿，平易近人，善济贫穷的美德。东阳雕花艺人几百年来雕了大量的"八仙"和"暗八仙"（八仙法器）在建筑的牛腿、槅扇门窗的槅心、束腰板、裙板上。

（2）和合二仙

佛教故事人物，也是古代民间传说中的爱神，取名和仙、合仙，寓意和谐合好。二仙画像，蓬头散发，满面笑容，一持荷花，一捧圆盒，非常可亲可爱，深为百姓喜欢。于是木雕艺人常取此题材于牛腿、刊头或梁枋、槅扇窗上。

（3）刘海儿

传说中的仙童，前额垂着短发，手舞一串铜钱，与蟾共耍。它也是雕刻题材中出现频率很高的，通常以"刘海戏金蟾"为题雕于牛腿或刊头上。

此外，神话故事人物中还有"济公"、"嫦娥奔月"、"牛郎织女"、"白娘子盗仙草"等。

（4）四大美人

西施、王昭君、貂蝉、杨贵妃四位历史美人。

（5）金陵十二钗

林黛玉、元春、探春等红楼十二美人。

（6）巾帼英豪

花木兰代父从军、梁红玉击鼓抗金、杨八姐游春、穆桂英大破天门阵。

（7）三国人物

东阳人喜欢三国人物中刘备、关羽、张飞、赵子龙、诸葛亮这些人患难相扶、祸福共依、威武不屈、富贵不淫，重然诺、讲义气的品质，所以东阳民居雕饰题材中有很多由《三国演义》里截取，如"桃园三结义"、"关公读兵书"、"单刀赴会"、"千里走单骑"、"三英战吕布"、"三顾茅庐"、"空城计"、"赵子龙单骑救主"、"截江夺阿斗"、"草船借箭"等。多雕于牛腿、琴枋、雀替、槅扇花心、梁枋枋心。

（8）戏剧人物

东阳雕花匠，家境贫苦的较多，买不起《芥子园》等有图画的书，历代师傅也没有传承画谱，为提高雕刻历史人物的艺术水平，他们就去看戏，将戏台上所扮人物的造型、穿戴、动作表情及道具、场景布置等一一记在心里或勾画成小样，以备所需。有的东家特意请戏班子演戏，让工匠晚上看戏，白天做活，把戏文一串串雕出来。所以，东阳民居中所雕的故事人物，大多是从戏剧中节取，如"郭子仪祝寿"、"岳母刺字"、"三娘教子"、"文王访贤"、"姜太公直钩钓鱼"、"三请诸葛"、"义释黄忠"、"三英战吕布""长坂坡"等戏剧人物故事。

（9）渔樵耕读

东阳木雕工匠也和其他工种的工匠一样，都是亦工亦农者。对江南农村的生产劳作、生活方式非常熟悉。他们常把自己做过、看过、摸过的生产、生活场景作为雕刻题材。用得最多的有"担柴回家"、"樵夫稍息"、"蓑翁钓鱼"、"撒网捕鱼"、"耙田插秧"、"水牛犁田"、"背犁牵牛"、"晒场扇谷"、"男人筑墙建房"、"妇女送茶送饭"、"妇女喂猪"、"采桑养蚕"、"缫丝浣纱"、"纺线织布"、"苦读诗文"、"磨墨练字"等，都具有浓郁的生活气息和地域特色。

4. 名家书画

汉字书法是我国独有的艺术，和国画一样也是一种表达精神、情感之美的艺术，特别是名家的书法更具魅力。东阳木雕艺人常遵从主人的心意爱好，把名家墨迹、纸上艺术，搬到建筑装修装饰上，成为木雕艺术。这不是简单的搬迁，更不是托裱字画，而是艺术的再创造。要用刀上的功夫，刻出名家笔上的功夫。用自己的刻画技能表达名家的绘画书法技艺，达到原汁原味，不走样，使主人、名家本人满意，赏识者称好。这是木雕工艺中的高难技术，非高手不敢应之。但所存实物很多，在婺州境内各邑、杭州、湖州、建德、徽州、婺源、衢州、缙云等地都有，可见东阳木雕高手之多。木雕画出现最多的是"梅兰竹菊"四君子画。通常雕于槅窗花心。单字书法用得最多的是福、寿、康、宁，吉、祥、官、禄，忠、孝、节、义，梅、兰、竹、菊等，多雕于刊头、梁下巴和窗花心。2~4个字的多为匾额，如肃雍、明经、九如堂、三槐堂、兵部尚书、状元及第。4字以上的多为格言、成语、诗句或楹联。格言、成语、诗句多雕于槅扇花心，每扇一句或一首。楹联多用于厅堂、宗祠、庙宇、凉亭。

　　5. 装饰性图案

　　装饰性图案，是历代技艺娴熟的东阳木雕艺人，根据不同材料、不同部位、不同形状的雕件，在装饰实践中，长期临场构思、因材施艺中创造积累的。它源于自然、实物，但其装饰性更高于实物，因它是通过审美提炼，加工整理后的线条图案，是根据装修美学的需要进行适当简化、规律化，并相对固定，公式化了的经典图案。基本类型如图 10-1-10 所示。

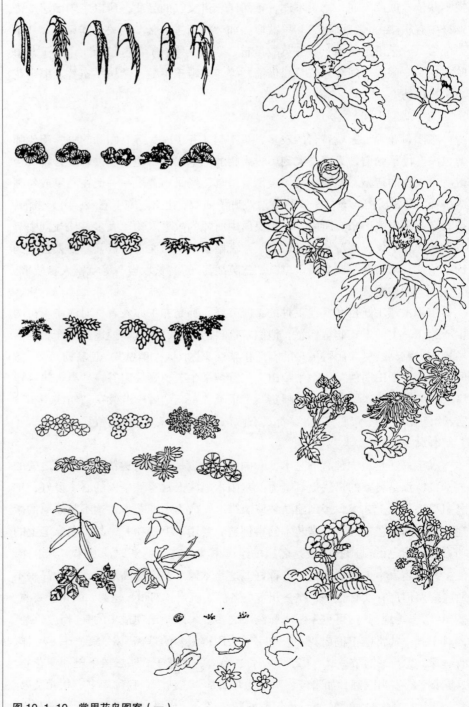

图 10-1-10　常用花鸟图案（一）

图 10-1-10 常用花鸟图案（二）

图 10-1-10　常用人物图案

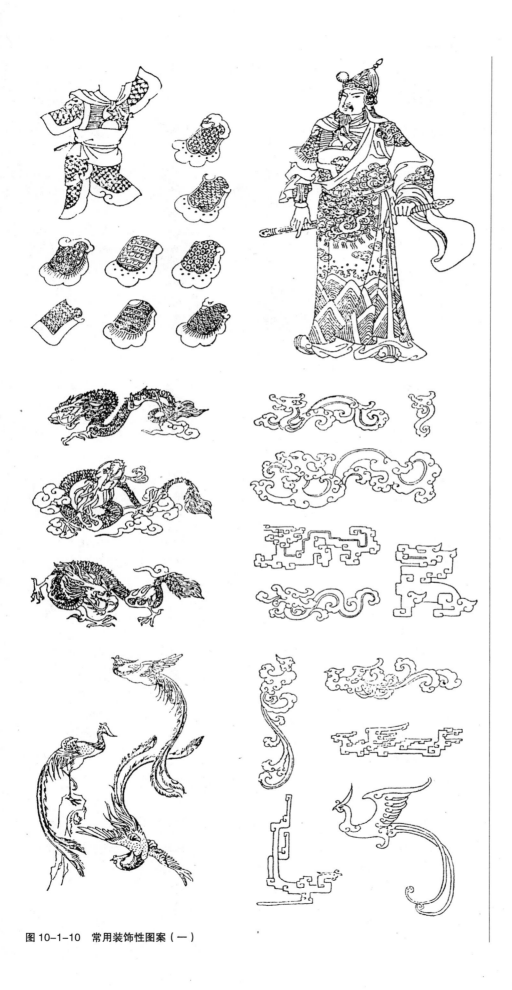

图 10-1-10 常用装饰性图案（一）

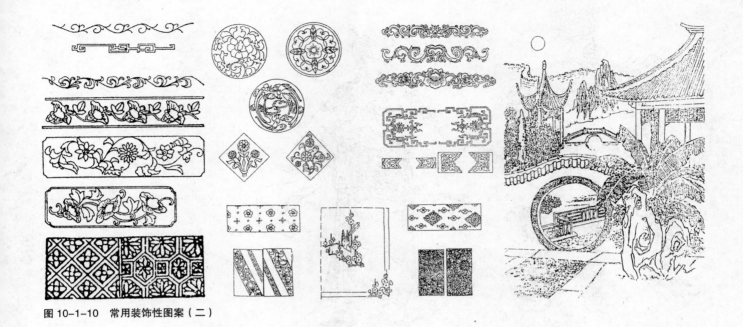

图 10-1-10　常用装饰性图案（二）

第二节　砖雕

　　砖雕在婺州传统民居中主要用于大台门、小台门的门头，门窗雨罩、台基、照墙、影壁、佛像的须弥座、府第厅堂的金字内壁、后檐口、廊心墙、透窗、泄水口、犬门等处。其雕法有两种：一种是在烧制前进行坯雕，即在砖坯未干时雕泥坯，也叫"软雕"，一般用于寺庙建筑的脊部高处，属远景观赏；另一种是在烧制好了的青砖上雕，也叫"硬雕"，是名副其实的砖雕艺术品，技术难度、艺术价值远高于前者。通常都采用后者——硬雕，雕刻技法介于木雕与石雕之间。砖雕工匠专一者不多，常由木雕匠、石雕匠、泥水匠兼职完成。题材多选鱼、花卉、博古、暗八仙等类的寓意寄情内容。

一、砖雕工具

　　使用的主要工具有 1~5 分宽的錾凿、1 寸宽的扁凿、小斧、木锤、小锯、钻、磨石等。

二、雕刻技法

　　砖雕技法介于木雕与石雕之间。

　　（一）平雕

　　雕刻图案均在同一平面上，是通过刻出图案的轮廓线条来表达景物的立体感。

　　（二）浮雕

　　直接雕刻出图案的一面或另面的一部分立体形象，反映另面部分少的称"浅浮雕"，雕得比较深、反映另面部分比较多的称"深浮雕"。

　　（三）透雕

　　雕出图案的多层次，甚至可看到整体形象的大部或大部通透，直接呈现立体感。多用于院内透窗。

三、雕刻程序

第一步：磨砖拼料。砖雕活一般都需要多块甚至几十块砖拼接、拼合组成，所以首先要根据雕刻面的尺寸和砖的尺寸确定用什么砖、纵横如何排列、每块砖的尺寸，而后按尺寸进行磨面加工、拼合并对每块砖进行编号。

第二步：画样。把要雕的图案形象用炭笔画到砖上。通常要分两次画，第一次画图像轮廓，冲凿出形象轮廓后，再画图案细部，再行细部雕刻。

第三步：描线。用1分凿在炭画的线上轻走一遍，刻出细线代替炭线，防止雕刻过程中炭线被蹭掉看不清。

第四步：凿孔粗雕。将需凿透的部分首先打孔，雕出立体轮廓，分出大层次。

第五步：切壁细雕。把轮廓线的外壁切齐，细刻出胡须、花心叶脉等，以增强立体感，达到设计意境。

第六步：磨平磨光。用磨石、砖瓦片打磨平光。

第七步：修整成活。把加工过程中损坏断裂的能粘的粘、能补的补、能修改的修改，特别是各砖的结合部，一定要交代合理，线条过渡流畅清晰。砖缝要用修补灰抿严。

修补灰的配比：石灰膏7分、青砖粉3分，再加锅底灰酌量（色与砖同即可）拌合均匀。

四、实例图片（图 10-2-1）

图 10-2-1 砖雕实例

第三节　石雕

　　石雕在婺州传统民居中主要应用于宗祠、厅堂、寺庙等彻上露明造建筑和府第豪宅的柱础磉盘、台门的门头匾、须弥座台基、影壁座、漏窗、通廊券门的门头、泄水口的古钱盖板，另外还有台基栏板、桥栏板、石狮、石鼓门枕石、石牌坊的雕刻等。石雕工具，除普通石匠所用工具外，主要增加细小的凿、钻、细磨工具等。雕刻技法及程序基本与砖雕相同，只是雕刻对象、材料不同而已，故可做参考，不重复赘述。

　　石雕作实例图片（图 10-3-1）。

图 10-3-1　石雕实例

第四节　灰塑

灰塑也叫堆塑，与泥塑一样同属软雕类工艺，也是建筑装饰中常用的手段之一。婺州传统建筑中，多应用于寺庙脊部装饰，内容多为佛传故事，其次是院落间的隔断墙透窗，内容多为"松鹤延年"、"鹤鹿同春"、"岁寒三友"、"松鼠葡萄"、"喜鹊登梅"等，寓意长寿、和睦、幸福、快乐、多子多孙等吉祥愿望与祝福。

一、灰塑工具

小斧、小锯、克丝钳、剪刀、大刮板、小刮板、大小泥笔、灰板等（图10-4-1）。

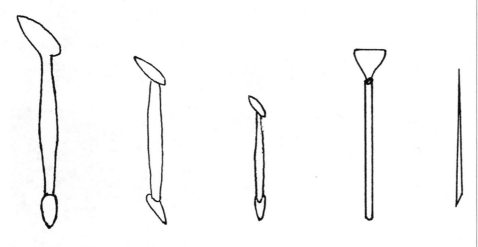

图 10-4-1　灰塑工具

二、塑雕程序

第一步：设计构图。根据作品所处位置、周围景观、借景条件、主人的愿望要求等因素，确定主题内容，勾画图案布局。

第二步：依照图案布局制作坯架（用木棒、竹篾、钢筋或铁丝作材料），或叫骨架，又称龙骨；然后根据骨架的大小、粗细不同，分别用稻草绳、麻绳、棉花或棉丝缠裹。

第三步：根据要塑的对象的形态状况，先用熟泥，后用灰泥，或直接用灰泥捏塑出要塑对象的基本形态。

第四步：待塑灰泥八成干时再裹一层薄灰泥或棉筋泥，然后用小工具（一般用木质十分细腻的小叶黄杨木制作）精细雕塑出对象的姿态和外表特征。

第五步：进行局部细致整理或上色，达到设计意境后涂刷1~2遍清油。

灰泥的配方：1. 石灰膏与砖灰以 7 ：3 的比例再加少量桐油后拌合均匀。

2. 立德粉、石膏粉用小量桐油拌匀至可塑即可。

三、实例图片（图 10-4-2）

图 10-4-2 灰塑实例

第五节　画作

　　婺州传统民居的画作可分两部分，一部分是在梁枋、柱头、藻井等木作上施画，多为明代的府第建筑，一般都用黄、白、蓝、黑四色（图 10-5-1），永康一带的宗祠中也有使用红色的。大部分是在墙上画的，它又分两种形式：①壁画形式（图 10-5-2），多应用于宗祠庙宇建筑中；②点缀形式（图 10-5-3），都是在经白石灰膏粉刷的墙上画的墨画。点缀性的量最大，应用范围也最广，有在金字马头上画线条式的，有在墀头上画的，有在照墙檐下画或写的，有在廊头墙上画的，有在门罩窗口上画的，还有在后檐墙上画的。

图 10-5-1　画作之一（明清梁架彩绘）

图 10-5-2　画作之二（壁画）

图 10-5-3　画作之三（点缀性墨画）

第六节　油饰

　　油饰在婺州也分两种做法：一是建筑本身的油饰做法，因应用的是"清水白木雕"，所以一般都用清桐油将檐廊部的构件刷 1~2 遍，作防腐处理，其他部位基本不作任何处理。另一种是家私（家具）的油饰，一般都用"朱金木雕"，即朱红大漆贴金箔的木作家具，这类做法工艺比较复杂，由专门工种"油漆匠"承担。由此可见，婺州传统民居建筑本身的油饰工艺是比较简单的，主要是用桐油熬制成灰油、光油的问题。熬油工艺详见第六章第二节七。

第十一章 窑作（砖瓦制作）

砖瓦是婺州传统民居建筑的主要材料之一，用量大，所以烧制砖瓦也是十分重要的组成部分。旧时婺州的窑作有两种类型，即通常所称的大窑、小窑。这里所说的大窑是指规模较大，直径在一丈五以上或几丈长的龙窑，且是固定地点、常年生产的商业性窑厂；小窑多指规模不大，由乡民自由组合，聘请窑匠生产 1~2 年就撤的，烧柴草的临时性砖瓦窑，设施、窑体都比较简陋，所以也叫土窑。

土窑的生产组织形式：这种生产组织方式是远古流传的临时性合作形式，即由相邻村落中需要砖瓦的用户自动自愿组织在一起，共同推选一户做窑主，负责整个生产过程的组织领导，并负责聘请窑匠，提供取土及窑作场地、踏泥的耕牛、劳务、窑作师傅的日常生活用具等，其他各户均为股东。股份分为 4 股、8 股、16 股、32 股、64 股这五档，4 股是最大的股份，即占总数的 1/4，64 股是最小的股份，即占总数的 1/64，按各自所认的股份大小进行出资和分配。窑主一般可享受 8 股或 16 股的分配。窑匠的工资，烧窑所需的柴草，装窑、出窑所需的劳务用工均按股份均摊，每窑产品均按股份分配，体现了自始至终的公开、公平、合理。

第一节 窑作工具

砖坯模：制作砖坯的木模，一般分窑砖模、条砖模、开砖模块、栋砖模、花砖模、券砖模、望砖模等。条砖模、开砖模如图 11-1-1 所示。

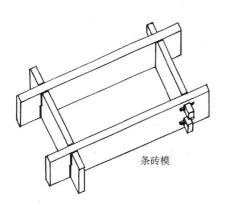

条砖模

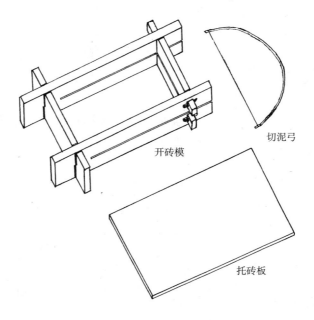

开砖模

切泥弓

托砖板

图 11-1-1　制砖工具、模具

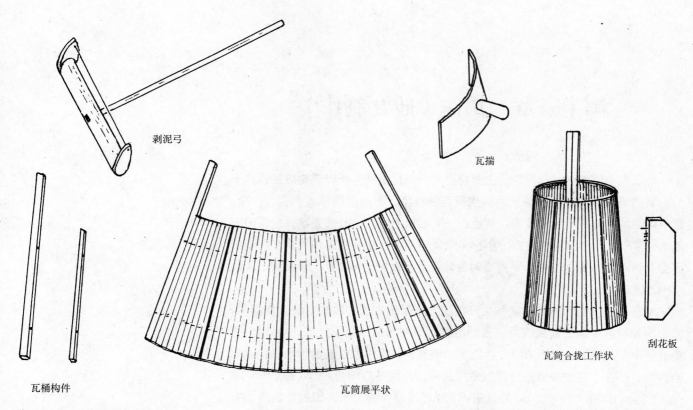

剥泥弓

瓦揣

瓦筒合拢工作状

刮花板

瓦桶构件

瓦筒展平状

图 11-1-2 制瓦工具、模具

瓦坯模：制瓦坯的工具，通常由四件组成，即瓦模（俗称瓦桶，是用红松或针杉木做的长约 1 尺、宽约 4~5 分、厚约 4 分的小木条编串而成的木簾，两端各有较宽较长的把手，并可用把手进行收缩的圆锥桶状的制瓦模具），粗布做的模套（桶衣），弧形揣子，饰纹刮板（图 11-1-2）。

制砖台：制砖坯的工作台，即高约 3.2 尺，台面板约 2 尺见方、3 寸厚的高脚凳。

制瓦台：制作瓦坯的工作台，是制作圆形陶、瓷、泥制品的专用工具之一，它可 360° 旋转（图 11-2-2d）。

其他：还有铁锹、木锹、大木槌、切泥弓、洒水壶、水桶、木沙耙子、托砖坯用的小薄板等。

第二节 传统砖瓦的制作程序

一、制泥

在婺州，制作砖瓦对坯泥的要求很高，不仅要选黄胶泥土，而且对制泥也有很多要求，要经很多道工序、历时两个多月方可使用。因为泥质细腻、密度高，所以烧制出来的砖瓦很结实，敲之"当当"声清脆悦耳，瓦平整扣在地上，一个成年人赤脚站在瓦上，不会损坏，可见瓦之质量。

坯泥制作步骤及要求：

第一步：就地踏泥，即在经过探察选定的田里，将"界"以上的耕作土全部铲掉，清除干净。

将"界"以下 1.5~2 尺左右深的黄胶泥全部翻挖一遍，挖的同时拣出石子或杂物，然后放满水闷一天两夜，再由一人牵健壮的水牛在泥池中来回地

图 11-2-1 水牛踏泥

踏（踩，图 11-2-1），在泥池的每一角落毫无遗漏地踏 5 遍以上，再将全池的泥重翻一遍，挖时发现石子及时拣去，再放适量的水闷一夜，然后又用水牛去踏，一般要如此重复三次才能把生黄胶泥踏成熟泥备用。而后，将熟泥用切泥弓切成块，用人力背到工棚内堆放，并用稻草苫盖好以免风吹干硬，让其继续熟化，使黄胶泥的土性彻底改变，确保烧出来的砖瓦不会开裂。泥池的熟泥取尽后，再往下挖 1.5~2 尺左右，用同样的做法再踏一次熟泥，直到备够全年使用的量为止。

第二步：定时翻泥，即将堆放在工棚里的泥料每 20 天左右将切片倒翻一次，一般要求倒翻 2~3 次才能用于制瓦，因为瓦薄，制瓦的泥料比制砖的泥料要求更高。

二、制坯

（一）制作瓦坯程序（图 11-2-2）

第一步：准备坯泥。取所备之泥料再次进行切片检查，挑出颗粒砂石，再以人踏、大木锤捶打 2~3 遍后备用（图 11-2-2a、图 11-2-2b）。若是制瓦，则要将坯泥切块垒成长约 3 尺、宽约 1 尺、高约 3 尺的坯料"墙"备用（图 11-2-2c、图 11-2-2d）。

第二步：首先在制瓦台上撒薄薄一层细砂或炉灰（柴草灰），将粗布模套套在瓦模外面，然后将瓦模撑到位成为正圆，放于制瓦台的桶槽内置稳。再用钢丝刮泥板刮取厚约 5 分的泥片，双手捧托泥片围贴于瓦模外侧（图 11-2-2e~ 图 11-2-2g）；左手扶稳瓦模，右手持弧形揣子沾水后旋转制瓦台并挤压泥片 2~3 圈，使之接口整体挤压严密，厚薄均匀；然后用饰纹刮板靠于瓦桶，旋转制瓦台 1~2 圈后，切割瓦坯成形并画出上端（小头）的花边线（图 11-2-2h~ 图 11-2-2j），右手放下刮板，趁制瓦台尚未停转之时，揭去瓦坯上端多余的荒泥条。再从制瓦台上取下瓦桶提到晾坯场，置于地上（图 11-2-2k、图 11-2-2l），收缩瓦桶，与瓦坯脱离抽出（图 11-2-2m），然后从圆桶瓦坯上揭下布桶衣（图 11-2-2n），在返回制瓦台的路上边走边把桶衣套回到瓦桶上，准备重复制作。

第三步：圆桶瓦坯在阴凉通风之处约经半天至一天的风干后即可进行分瓦

283

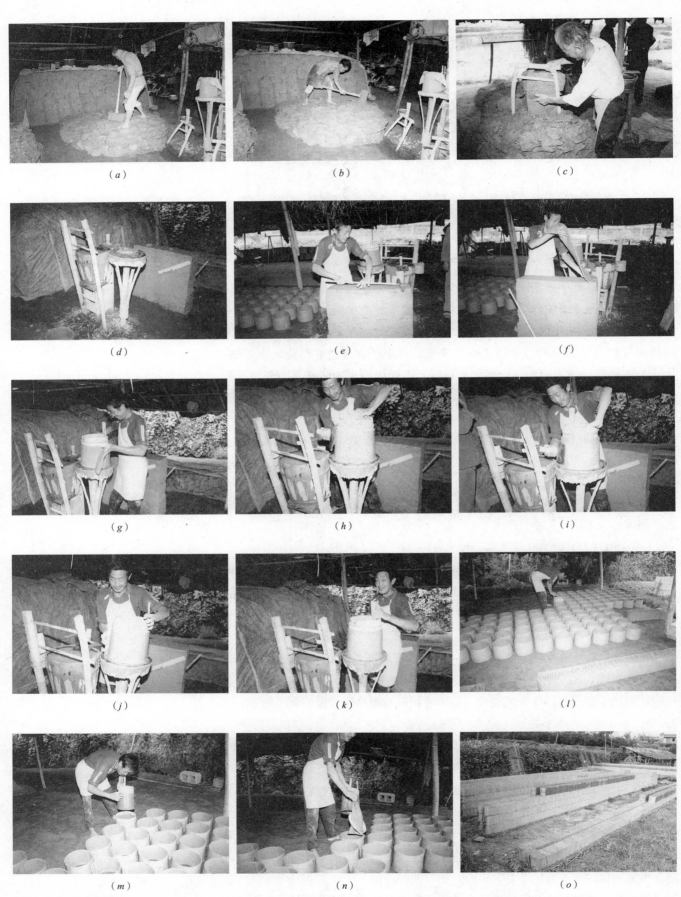

（a）　　　　　　　　　　（b）　　　　　　　　　　（c）

（d）　　　　　　　　　　（e）　　　　　　　　　　（f）

（g）　　　　　　　　　　（h）　　　　　　　　　　（i）

（j）　　　　　　　　　　（k）　　　　　　　　　　（l）

（m）　　　　　　　　　　（n）　　　　　　　　　　（o）

图 11-2-2　制瓦坯程序

（将四片联体的瓦分解成四片）。分瓦的动作很简单，只是轻轻一拍即可（因为瓦桶上有四根等分的小木条，套上桶衣后虽然是圆滑过渡，但此处的坯厚度要薄一半，所以分瓦时轻拍一下，便可等分成四片瓦坯），关键是掌握时机，太湿太干都拍不好，同时要掌握拍的力度。拍开成四片后不要动，要原地继续风干。

第四步：待 1~2 天后将经拍成四片并已基本干了的瓦片坯收集起来，叠放到存坯处继续风干，等候烧制（图 11-2-2o）。

（二）制作砖坯

砖的种类很多，但其制坯方法、步骤都是一样的，只是所用模子不同而已。

第一步：在制砖台面撒薄薄一层细砂或炉灰，再在砖模内侧四周用炉灰抹一下，以利脱模，然后置于制砖台中央。

第二步：切一块体积稍大于砖的砖坯泥，用双手高高举起，然后用力扣于砖模中，再用拳头用力击打将砖模填满填实。

第三步：用钢丝弓切刮掉模上多余部分。

第四步：在刮平的砖坯上面放一小薄板（小薄板要比砖坯尺寸长约 4 寸，宽约 1 寸），将砖模连同小薄板一起反转 180 度扣于小薄板上，然后脱去砖模，再在砖坯上放一块同样大小的小薄板，将砖坯托至存坯处，两薄板轻夹砖坯横向立放于存坯垛上，砖坯与砖坯间留约半寸的距离，以利通风干燥。

以上是窑砖、条砖、栋砖，券砖等的制作程序，开砖的制作程序稍有不同。"开砖"是把一块"条砖"分开成两块薄砖，其砖模的长、宽、厚尺寸与条砖模完全一样，只是在厚度面多一条开缝（图 11-1-1），按条砖程序进行至第四步脱模前，要用钢丝弓在砖模的开缝处拉切一下，把砖坯的上下部分拉切为两半，这就成了开砖。其他各步完全一致。

三、晾干

砖瓦坯制成后不可烈日暴晒，特别是夏天制坯必须将湿坯置于阴凉处风干，待基本干透后方可叠放于有阳光处，但必须用竹帘或草帘盖顶，否则砖坯、瓦坯都可能开裂。土窑烧砖瓦，一般是秋季以前制坯，冬季才开窑烧制，所以风干存坯也是重要的一步。

四、烧制

（一）建窑

婺州地区的土窑都是就地建的、临时性的，用完就拆除，按股份分配所拆的窑砖。窑的内直径和高度一般为 1∶5 丈左右。砌窑用料及步骤如下。

第一步：平整窑址、夯实基础、画圆放线、确定门位（通常选朝东和朝南，以避冬季北风）。

第二步：由门位开始，围绕圆圈横向竖摆两圈窑砖坯，使砖坯内口靠近，外口张开，并与半径线有一偏角度。摆完一层再摆第二层、第三层……层与层间砖坯的偏角方向应相互交错。摆完 3~4 层后堆土填护外围，并用铁锹拍实，而后再继续向上摆放。摆放到门口平水线高度（4 尺左右）后砌券拱，撞券后摆放完整的圆继续向上摆放。

第三步：摆放到高约 8 尺后，改变摆放方式，将窑砖横向平放，并向窑心方向伸出 2~3 指（不超过 2 寸），逐层向里收分，外围层层叠压稳实，直至达到高度，最后把整个窑体用土堆积拍打成馒头山，或用圆木做八角井架拦住围土，直至窑顶。也有用石块围砌的。

（二）装窑

把已经风干透了的砖瓦坯装入窑中待烧。装窑时，要贴窑体一圈一圈地装，要下部装砖坯，上部装瓦坯，并设置 3~4 个火道。

（三）烧窑

烧窑分四个阶段：

第一阶段：慢火烘烤，即用小松树枝、灌木枝等慢火烘烤。此时，窑顶不封闭，从顶部排出潮气，烘烤时间一般是一夜（约 5 个时辰，即 10 小时）。

第二阶段：中火加温，用干土密封窑顶，只留火道烟囱口，以烧硬杂木棍、柴架（圆木劈开的木块）类柴料为主，进行中火加温。连续时间约一昼夜。

第三阶段：大火升温，将落地火门用砖坯封砌底部一半，以大块柴架、树桩等大柴料为主进行烈火升温。要求火势连续均匀，不可断续，更不可断火。连续时间约一昼夜或一天半。

第四阶段：小火保温，将火门进一步封砌，仅留约 1 尺见方的小孔，以木棍、柴架、树枝为主柴料的小火进行保温，并渐趋降温。连续时间约一天。

（四）闷窑

第一步：在窑一侧竖立吊杆，将大木桶放到窑顶滴水位置，准备提水桶，松针叶枝等。

第二步：停火，用砖坯密封火门。

第三步：用松针枝轻塞于窑顶 3~4 只大木桶的底侧小孔（使之塞而不堵，桶水可通过松针叶滴洒渗透于窑中），用吊杆提水装满各大木桶，开始对窑内缓慢滴洒清水，并及时给大木桶中补水，切勿缺水。这一步就是通过缓慢向高温的窑内滴洒凉水，从而产生水气在烧红的砖瓦堆中穿流，最终使红砖瓦转变为青灰色。若滴水的水量不合适或中断，都将影响砖瓦的色泽。

第四步：闷窑时间一般要一天至一天半。

（五）开窑

闷够时间后，首先停止滴水，再扒开窑顶的盖土，最后打开密封的窑门进行自然通风散热。切不可先打开窑门，再扒窑顶盖土和停水，否则容易被烫伤。时间约需两天，方可出窑。

（六）出窑

把窑内烧好的砖瓦搬出来，按股分配摆放，并写上股东的姓名，由股东自己安排运走。

附录

附录［1］ 婺州传统建筑语言

一、建筑名称对照（详见附录［2］四）

二、工匠口诀用语解读

圆用木规，方用角尺，线垂取正，水鸭定平　　即画圆用木规，画方用角尺，吊正用线坠，找平用水平。

径七其周二十有二　　即若圆径是 7，则周长为 22。

方十其斜十四有一　　即正方形的边长若是 10，则其对角斜边长为 14.1（较北方工匠口诀"方五斜七"更精确）。

记牢六、八、十，不用通角尺　　即实地放线勾方时，只要量取两直边上分别为 6 和 8 的点，调整未定边的方向使斜边（6、8 两点直线）为 10，则两直边间的夹角必定是 90° 直角，不必再用方角来量。

要知方否方，对角量一量；相等便不错　　即检查正方形、矩形是否方正，只要量一下两个对角线的长度是否相等即可，相等必定方正，不相等则不是 90° 直角，需再作调整。

画八角形：取外圆径六十有五，各面二十有五，得面面(间)六十。以此为准，余内外增减得之（下图 A）

画六角形：取外圆径十，各边得五（下图 B）

画圆内方：以十为圆，得内边七有一（下图 C）

画圆外方：径一得一（下图 D）

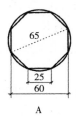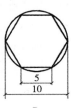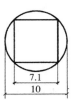

A　　　　　　B　　　　　　C　　　　　　D

套照口诀：天青地白，笃天勿笃地，交正勿交背（详见第七章第二节四）

三线归中，风吹不动　　即梁、柱、磉盘（柱础）三者的十字线都是中对中，则屋架稳固，风吹不动。

九九不离娘，泥水木匠不离中　　即泥水、木、石诸匠在营造中不可离开中线、十字中线。

树有弯，梁要拱　　树木不可能都是直的，弯的要用作梁枋，因为梁枋需要弓背朝上的拱形材，以增强承载能力。

弯（曲）树无弯屋，弯田无弯谷　　用弯曲的树料造的房屋不是弯曲的，弯曲的田里种的稻谷也没有是弯曲的，形容工匠的技巧高明。

千年峰顶枫，万年海底松　　形容生长在大山峰顶的枫树和在水底浸泡的松柏木是抗风寒和耐腐蚀性最好的建材。

不论檫树杉树，只要够高，小头能摆（放）个馒头，就可做屋柱　　形容婺州普通简朴民居对柱料、柱径的规格要求。

上梁不正下梁歪，栋柱不正一层斜　　强调栋梁、栋柱的作用。

一千功夫八百脚　　强调墙基、柱基的重要。

偷柱先换梁，凿孔要留墨　　要作减柱做法先要改换梁的做法，凿榫孔时要保留墨线，便于检查榫孔是否准确和安装。

朽木不可雕，顽石不成材　　说明选择建材材质的重要。

泥水无灶脚，木匠无凳脚　　泥水匠砌镬灶、木匠做凳子都不用做基础（俗称脚）。

生土筑墙，湿度要当，手攥成块，落地便碎　　泥水匠筑板墙，检验墙土干湿度的经验标准。

泥墙要会摇，不摇便要倒　　泥板墙筑到一定高度后，站在上面要感到摇晃才好，说明墙的重心在墙体中线上，稳定不会倒，若没有摇晃的感觉，说明墙的重心已偏离中心，即将倒塌。

筑墙上五不上六，上六要吃肉

打墙打五勿打六，打六便要哭　　这两句口诀是一个意思的两种说法，都是说筑泥板墙一天最多只能筑 5 层，若筑 6 层就可能倒塌伤人、哭泣。

直不直，看线锤　　即屋柱直不直、正不正，用线坠吊看一下就明确了。

牢不牢，三砖刀　　泥水匠砌陡砖时的基本动作程序，一是用砖刀后端敲击砖上口，使下口灰缝挤严密，二是用砖刀背横向敲击砖的端面使砖横向灰缝挤严密，三是左手将砖扶稳并校正砖上口外侧与标线对齐，再次用砖刀后端敲击砖上口将砖定位。这三刀的力度、准确度关系墙的稳定牢固。

上符线，下符口　　即砌陡砖墙时，一定要使砖的下端口、前端口与已砌砖的砖口对齐，上口要与标线取齐。

长木匠，短铁匠　　即木匠下料要长一点，留有余地，最后去荒（多余部分），若取短了就无法挽回，只能报废；不像铁匠料取短了可以把它打长。

快锯不及钝斧　　指木匠做砍劈成型的活，使用钝斧砍劈的效率比最快的锯子还高。

竖向直，横向平，墙头自会正　　指每块砌墙的砖都是横平竖直的，则所砌的墙必定是齐正不歪的。

墙上画牡丹，看看容易画画难　　泥水匠在墙上画牡丹花的功夫，看着容易，真画就难了。

泥水生活看头角　　看泥水匠的技术功底如何？只要看他所砌墙的迎面墀头和转角便可知。

勤铁板不如懒木蟹　　形容泥水匠抹墙，用铁抹子的效率没有木抹子高。

石头没有脚，全靠垫和插　　卵石、毛石头本身没有可立足稳定的面，工匠们形象地称它为没有脚，砌筑时全靠其他小石块、石片来塞垫和挤插才能稳定和牢固。

石头石头十个头，只有孬的泥水匠，没有孬的石头　　指石头是没有定型的，什么样的都有，但没有不好用的石头，只有技术不高不会使用石头的泥水匠。

只可打长楔，不可用短楔　　砌石墙时，为了牢固，要设楔（这里所指的楔并非一头厚一头薄的劈形的起挤压作用的楔子，而是指起牵拉、连接作用的牵），楔料要尽量长，太短起不到应有的作用。

光面凸，糙面幽（凹），砌石看锋头　　石头是无规则的多面体，有大面有小面，有光面（好面）有糙面，砌墙时要使光面、大面朝外，小面、糙面朝里、朝上。

砌石难溜口，溜口要出丑　　砌石墙要靠内部上下左右塞垫插实，不可外部抹口溜缝，否则要倒塌出丑。

前后檐二尺滴水，金字檐一尺滴水　　指前后檐口外各2尺、山墙外皮外1尺为滴水范围。两座建筑之间必须各自留出滴水，否则屋檐之水滴于他人之地就是侵占他人之地，他人有权拆你的后檐或山墙。

挠水：四、五、六，好眠熟　　指挠水的系数（举步架比）由檐步至脊步分别选取四分、五分、六分，即0.4、0.5、0.6是最恰当的，既不太陡也不太平，人躺在上面睡觉溜不下来，雨水又不会滞流。

清基定磉打水平，封墙盖瓦画金字　　指泥水匠的工作范围。

磉盘地栿阶沿石，石库台门石牌坊　　指石匠的工作范围。

翻三不翻四，靠中不靠沿，打中再修边　　指石匠对所加工的构件只能翻三次，不可翻滚四次，即每翻滚一次必须把这一面的活做完，不可反复翻滚。凿孔要靠中线，不要靠边线，要先凿中间而后再修整边沿。

刻花要吉利，才能合人意，画中要有戏，百看才有味

雕花要气韵，层次要分明，棱角要清楚，疏密要相称　　均指雕花匠必须掌握的技巧。

雕俯如羞，雕仰似歌，雕侧窃笑，雕卧无忧　　指雕花技巧：雕低头的面容要有害羞感，雕仰面人物要像在昂首高歌，雕侧面人物要有偷情窃笑之感，雕躺卧人物要表现毫无忧虑之感。

高处生活不怕糙，眼前生活要细雕（"生活"是婺州方言，此指所雕构件）指位于高处的雕活，无论是图案设计还是雕工都要简练，不可过细，过细影响观赏效果。对近观的雕活要精雕细刻，细到每根须发。

远看大体，近看细小　　意思同上。

坐得高，更难雕，要神气，不要细　　位于高处的雕活要雕好更难，它要求的不是精雕细刻，而要雕出神态气质来、要有活的灵感。

要避四，合紫白；要求吉利，让东家满意　　在用尺取数时，要尽量避开四，而尽可能选尾数为一、六、八（即九宫格中的三白）、九（紫）这四个吉利数字，让主人高兴满意。

三、建筑行话

包头伯　　包工头、承包工程者。

上　手　　师傅或工头。

下　手　　徒弟或帮手。

师 父	对业师的尊称。
师 傅	学艺已出师能独立承担业务者。
半 作	学艺未出师。
徒 弟	学徒者。
蛮 工	无技艺的杂工。
鲁班尺	婺州营造用尺,实际长度相当于公制 27.78 厘米(通称 28 厘米)。
六尺杆	木匠丈量工具,也作挑工具的扁担用,长为鲁班尺 6 尺。
角 尺	泥、木、石诸匠所用可测 90°、45° 角的鲁班用尺,即鲁班曲尺。
墨 斗	泥、木、石诸匠弹墨线的工具。
线 坠	测量垂直线的工具。
三脚马	木匠置放大木料的支架。
作马（凳）	木匠进行刨平、凿孔作业时用的长条凳。
砖 刀	泥水匠砌砖用的工具。
鲁 锤	一头圆、一头似鹰嘴的手锤,做石子路、打土墙壁用的工具。
马 口	一头圆、一头扁的石方工程施工用的工具。
泥 刮	泥水匠抹平、压光用的工具,即铁抹子。
木 蟹	粉刷抹泥、抹灰使之平整的工具,即木抹子。
托线板	校验墙身平整度的工具。
放 样	按设计要求放样定桩。
木 砖	砌墙时嵌入墙体以备装饰的木块。
横 牛	扛（抬）大石块用的横木,也称"牛"。一根横木套两根长棒四个人杠（抬）的叫"四牛",套三长棒六人杠的叫"六牛",还有"八牛"。
阳 角	墙外角。
阴 角	墙内角。
女儿墙	平顶台周边的矮护墙。
天 盘	压在门窗架上方的石料,即过梁。
立 脊	竖立在大门（石库门）两边的青石板柱。
靴 脚	和门槛并连在一起凸出,装门轴用的条石块,即门臼石。
磨砖地	用磨制砖块铺砌的地面。
绿豆砂	如绿豆大小的砂石料。
混 砂	未经筛选的砂石料。
地篁基	大块的场地、广场。
照 壁	影壁、照墙、围墙。
披	贴靠于正式屋的附属建筑单坡小屋。
居 头	即厢房。
斗	即斗栱,传统木结构建筑中处于柱顶、额枋与檐桁之间的支承构件。
雀 替	也叫替木,传统木结构建筑中处于枋与柱相交处的角木,类似梁垫、托座。
梁下巴	即梁垫。

牛　腿	柱和挑梁间的斜撑件。
山　墙	上部尖如"山"形的墙,即屋两端的墙(包括金字头墙、马头墙)。
金　字	状如"金"字的尖山墙。
马头墙	山墙顶部前后翘起如"马头"的墙,多层的亦称"跌落式、错落式山墙"。
销	即销钉、插销类。
柱中销	柱中固定梁枋榫头的木销。
羊角销	固定梁头的木销,贴靠柱子,形似羊角的销。
雨伞销	安置在柱中间,连接前后楸板,两端呈伞状的硬木连接件。
墙　牵	连接墙与柱的构件。
撑　杆	工地上支撑屋架的棒,交叉使用的叫"剪刀撑"。
鹰　架	建亭造塔时先搭起的脚手架子。
套(讨)照	木工测算柱上各榫孔上下左右四点与柱中线间差距的操作法。
照　签	木工在套照时用以记录的竹签子,每个榫孔一根照签。
量　方	丈量木、土、石方量。
中对中	指中线对(到)中线,也作计算建筑面积时量至墙体中间的计量法。
外　包	墙皮与墙皮间的尺寸叫外包。
出　道	学艺初成。
搭　桥	在业务或人际来往中穿针引线。
荐　头	引荐、推荐他人者。
排　头	依附的靠山。
吃排头	挨指责。
搭　界	有关系。
杀猢狲爷	抢揽师傅的工程。
三脚猫	似懂非懂者。
寿　头	过于老实,随人摆布,易受骗者。
拆烂污	不负责任。
夹尾巴	小心谨慎。
三角眼	奸诈的人。
硬头颈	傲慢不讲理的人。
骆　驼	低能者。
油　条	做事马虎、吊儿郎当者。
老　手	内行里手,做事资格老的人。
十三点	轻浮不入眼者。
轻骨头	举止轻浮者。
弄　松	捉弄、欺辱别人。
吃　瘪	理亏,无言以对。
开　销	矛盾公开化,干一场。
黄　鱼	外快收入。
红鲤鱼	东家赏赐工匠的红包。

揩　油　　占小便宜。

活　络　　灵活，适应性强。

眼　热　　眼红。

下　作　　做事不择手段。

眼　贴　　佩服、顺从。

结　棍　　身体强壮，干活勤快。

卖关子　　知晓且有能力，却故意不说不做。

门槛紧　　很精明，不轻易表态。

吃生活　　挨打、挨骂。

擦屁股　　扫尾、收场。

轧一脚　　介入、插手。

掼纱帽　　摺挑子。

捋顺毛　　顺着对方脾气说话。

戳壁脚　　挑拨、说人坏话。

宕（荡）账　　拖延不还的欠账。

附录［2］ 调查资料

一、中国建筑科学研究院对东阳传统民居的调查报告

  浙江省东阳县位于浙江省中部，境内山川起伏，风景秀丽，土地肥沃，物产丰富，在历史上封建文化得到较高的发展。东阳县志的记载是："东阳为县，其山川景物之胜，土田贡赋之饶，非他处可比焉。""唐以后，人才蔚兴，宋之南迁，理学弥盛……邑中士类骈集，才气学术项背相望，诗书讲诵相闻，旁郡，他邑不及焉。"

  东阳木雕是中外驰名的手工艺，在东阳大中型住宅中木雕被大量地运用在建筑的梁架及装修上，这些木雕雕工的精细，采用的广泛与花样的繁盛，都达到了惊人的程度，是构成东阳传统大中型住宅的主要特点。

  在封建社会里，这里的文化得到较高的发展，文风较盛，宗族观念极强，在建筑上得到很清楚的反映。一村一镇往往就是一姓所居，不少村镇即以"某宅"命名，如卢宅、李宅等等。直到现在这些村镇仍只有很少的外姓居民。祠堂、大厅、台门等建筑占有很重要的地位。当地谚语："李宅的祠堂、卢宅的厅"。说明李宅、卢宅分别以祠堂、大厅为最好，最著名。一幢大住宅内，居于中轴线上的房屋多用作大厅、祖堂等，尤其是前几进的正房，全不是为了住人的。卧室多设在厢房或后几进院的正房里，明显地表现了尊重祖先的观念。住宅内外大小门券口上都有文字横批，有的用雕砖的，有的是白灰地写黑字的，所取文字多为"鸣谦贞吉"、"扬芳飞文"、"俭而有度"之类。这些都在一定程度上反映了当时的社会思想意识。

  东阳从事泥水、木工的人极多，技术水平也较高，常常是一个村的居民都是学木工的，或都是学泥水工的。他们不仅在本地做工，也大量地到浙江省其他地方乃至于出省到邻近的大城市中去做工。东阳木工师傅在很多地方留下了他们的成绩，极负盛名。劳动人民由于自己掌握建筑技术，在修建自己住宅时就表现出了高度的智慧。有许多小型住宅虽然在材料和基地上都受到很大限制，但通过他们巧妙的设计与熟练的建造技巧，不论从功能使用上，从建筑造型上都达到了较高的水平，因地制宜、因材致用地解决了他们的居住问题。

  过去东阳有很多居民以养猪，制火腿为副业。著名的金华火腿的主要产地就在东阳。东阳的许多中型住宅都附设有菜园和猪舍，厨房面积较大，更有很多的存贮用的房间。生活用房间与厨房、菜园猪舍的关系在平面处理上有较周到的考虑，也成为东阳民居的一个特点。

  东阳的气候，夏季较热，雨量也较大，冬季日间有太阳时，室外较室内反而暖和，反映在建筑上，为了夏季荫凉，房屋出檐较深，进深大，大厅多做敞口厅；多数建筑设有楼层，但楼上较热，很少做居住用，而当做存贮用，同时起了隔热层的作用；有小天井，注意到空气流通和利用穿堂风等。

东阳民居，从农民、工匠的竹篱茅舍到过去地主豪绅的大型住宅都有，形形色色，非常丰富。大体上一般小型住宅多从功能出发，平面空间布局因需要而定，不受一定格局的限制，所形成的建筑外观轻巧朴实。例如卢宅村外的几个小宅，傍水依桥，因地形而建，从规正的格局中解放出来，表现为很自由的外形。像高台门钱宅，由于烧火需要，就在灶后凸出一块来；为了保护泥墙，在楼层高度伸出雨披，形成很生动活泼的建筑外观（图　）。卢宅溪上小屋和巍山镇振义巷某宅，是跨建在水渠之上的住宅。这种做法在东阳屡见不鲜。巧妙地利用地形，借流水取得凉气，取水方便，波光水影更给建筑物增添不少风光。（图　）巍山镇木工赵松如的住宅，在体形基本为方形的住屋中，以楼梯、隔墙等按需要适当分隔，空间上很活动，颇适于居住，按层挑出部分楼厢，不仅加大了使用面积，并且由于山墙面上有很好的处理，还使得建筑外观不单调。类似这种在大房间内灵活隔断成功的例子很多，下列几处都是（图　）。

在较密集的颇受局限的基地上的住宅，相当于把一个固定的空间分隔成室内、室外、半室内等来满足生活需要。有的也解决得较好。如西街某宅（图　）。围绕在里面的一个绿化小天井与外廊、起居室、厨房的关系，处理得很适用。巍山镇某宅（图　）两个凵字形的平面住宅，从现在要求的居住建筑条件上看，存在的缺点是多的，但在当时的局限条件之下，这样分配的确解决了生活上的需要，从这一角度上看是有其成就的。

存在数量最大的住宅，还是以三或五开间为基础，随着生活需要而有发展的一种半正规半自由的住宅。这种住宅的主体多是两层楼房，有中轴，左右均齐，而其余的附属房间，包括厨房、厕所和增加的住室等就多数为平房，相互组成院落，在功能上有所分工。如东阳川堂弄口吴宅（图　）从实用上较合理地分配了起居院子和生活杂用院子，使得居住环境清静安适，工作方便。这种住宅多数附有菜园和猪圈，从生活与副业生产的分隔与联系上看，也处理得较好。厨房、厕所与猪圈、菜园、水井的相互供需关系，在建筑平面上得到了一定的安排。

东阳传统住宅中最具地方特色的是东阳的"十三间头"，这是组成东阳大中型住宅的基本单元。所谓"十三间头"即是像水阁庄叶宅这样的一个组合体。正厅三间之外有厢楼，每边各五间，共合十三间，外廊形成双十字形。这种单元可以纵向或横向连接组合，例如白坦乡福兴堂即是由四组这样的单元另加大门及一斜形前院而成的（图　）。白坦乡的德润堂是有纵有横的组合的例子（图　），外廊前后左右可连通，楼上也设走马廊，全宅可以走通。东阳城关镇东门外卢宅，是一处规模宏伟，历史颇久的大型住宅，（图　）但分析它的组成，除了前几进有特殊的大厅和宽广的大庭院之外，也基本上是由十三间头组合而成的。

主轴高大的厅堂多做祠堂，客厅等用，楼房底层两侧做居室。厢房多做二层，卧室设在底层，楼层多做存贮用。

由于这种住宅面积较大，互相接连，又大量地袒露木材构件，所以防火问题比较重要。每个十三间头单元之间都设有防火山墙来分隔，一单元之内，正厅以防火山墙保护，并与两厅之间也拉开一个窄天井，当然这也解决了部分排雨水问题，这是在长时期经验教训下所采取的措施。

规正的大型住宅的天井多用平正的石块铺地面，四周设明沟。庭院排水的

处理很考究。（图　　）

东阳民居建筑在木构架和木装修上取得的成就是较高的，普遍采用穿斗式屋架，一般落地的柱子有檐步、前廊步、前大步、栋步、后大步、后小步等，通常喜欢用"千柱落地"来形容某住宅规模之大，是与这种结构方法有关的，小宅所用梁柱就是一般的直木，中大住宅就多数用月梁，并在梁枋与柱交搭处加设许多雕饰繁复的构件，如马（牛）腿，斗栱等。一般木柱，都不砌在墙内，甚至与墙壁脱离开几十厘米，这从木材防腐上讲，是合理的。

雕饰在建筑上大量施用是东阳民居的一个特色，东阳木雕有着久远的历史，匠师人数又多，所以留存的作品也很多，从这些作品上看，木雕匠师中有很多人，具有很高的艺术素养，有些雕刻作品，从构图到人物刻画都表现出了作者对生活的仔细观察，有着较深的绘画根底。例如有些门窗槅心上的木雕就是很好的艺术创作（图　　）。

木雕在建筑上施用的位置与繁简的程度是有一定分寸的。在建筑的主立面上，人眼所易于见到的地方，大做文章，次要的立面上，简化一些，构件相交接的地方大施雕琢加上饰件。这样，大厅的前檐就成了木雕装饰的集中之处，如梁枋、柱头马腿等无不施以木雕，这种原为结构上所需要的撑栱，几经变化，由一根曲臂形的撑木逐渐雕出"z"形的、回纹形的撑栱，而后竟雕成狮子、大象、鹿等兽形，屈蹲在梁头下，再进一步刻成人物群像，甚至于有亭台山水为背景的人物山水木雕（照片　　）。

前檐廊下的天花，也是施以装饰的重要地方，花样变化也是较多的（照片　　），在刻工上很细致，有些是木板镂空成花纹贴上去的，有的里面还以青绿色石板衬底，这是法式上"贴洛华纹"的做法的实例。这种装饰手段在大量生产方面有发展余地，值得注意。天花所取的形式，也与当前某些大型公共建筑上用的天花顶灯有类似之处，也值得参考。

内檐在柱头与梁交接处，做成大斗及花饰构件，弄得很繁复，但线条较粗犷，厢房的外檐也大量施用木雕。厢房做楼房，分层处有的做腰檐，有的不做腰檐，楼上有走马廊，楼下转角处有时做垂珠吊柱，花样变化很多，但比正厅要简略一些。

单层大厅多数为敞口厅，没有门窗装饰，室内外空间连成一片，厢房则使用门窗上也是木雕的展出位置，槅心上常常雕刻成套的纹样，有仕女图、花草、博古，更有成套大本的二十四耕织图，十八学士等等的作品；达到了较高的艺术造诣（照片　　）。门窗的小五金有铜质的小双鱼、小花瓶、小花篮等，很富画意。

窗棂的纹样与檐口的花牙子等纹样都是相呼应的。窗棂花样的变化也很丰富，除常见的万字饰纹等外，还有罕见的水波纹等，如（照片　　）所示的一种窗棂，当人的位置移动时，窗棂的光影就发生变化，看上去真像有水波流动之感。窗下半部多设窗栅（照片　　），外廊在檐柱位置也常设有可随时装折的廊栅（照片　　）。图案的组成也很丰富，对建筑的使用与外观上都有一定作用。

东阳住宅的木装修多数就袒露木材的本色，多数用樟木。卢宅的肃雍堂，施用了彩画是个例外。

小住宅用简洁的本色木板装修，与白粉墙或黄泥墙相配在一起，色调是调和的。有的建筑在外墙的木框骨涂上黑油，虽然是为了防虫防腐，但也取得了明快动人的色彩效果（照片　）。

东阳住宅中也常使用石刻与水磨砖。卢宅的有些基石的纹样，对研究建筑史有参考价值，许多大住宅的大厅、大门的内壁上的水磨砖，施工精细程度达到了较高水平（照片　）。

某些大型住宅在采用木雕、石刻、砖工等传统装饰手段时，能够发挥出各自的特点，并且互相配合起来，造成一种繁华富丽的气氛，这是它的成功之点，不过有时流于过分繁复，而不免令人眼花缭乱，不能适应人的居住要求了。

过去东阳每逢年节，大地主、官僚人家则在大厅祖堂内悬灯结彩。现在的一些大宅仍存有不少灯笼。在东阳挂灯的讲究很多，按不同季节，不同意义而挂不同的灯，有羊皮灯，牛角灯，纱灯等等。灯的边框、镶心等构件，用精细的木雕竹编（照片　）。在建筑的天花，梁底等部位，都设有专为挂灯用的铜制挂钩。

由于东阳木雕发达，东阳的家具也有它的特点，不论床、柜大都施雕刻（照片　）竹编器皿较普遍，外形也较优美（照片　）。有一种挂在门外的竹帘，编织精细，且编有花卉和"松竹梅"、"满庭芳"、"松茂"等文字，挂于门口，既可挡住外面视线，且采光、通风效果很好，这是适应当地的材料条件、气候条件、风俗习惯等条件而产生的，所采取的装饰题材也反映了过去当地一定的社会思想意识（照片　）。

最后，综览一下东阳的住宅，可以看到这样一个现象：中小型自由式的住宅在适应地形、利用材料及满足生活需要等方面是"斤斤较量"的，做到寸土必争，物尽其用，结构简单灵巧，外观生动。中型住宅在支配空间上有所分工，做到居住、休息与家务操作的初步分隔，仍保持一定的"规矩"的体形，主次有区分，能满足生活及副业生产的功能要求。大中型传统住宅，则表现出很大程度的局限性，不是从人的角度出发，而是从尊重祖先，讲究排场等方面着眼，这正反映了它的时代的社会思想意识。

东阳民居中建筑装饰很值得注意，有不少木雕作品可以当作艺术品予以珍视、保护。在具体手法上，如布置雕饰的位置，纹样构图上的有主有次，简繁有度，各种装饰手法的互相配合，装饰和建筑的配合呼应等等都是工匠们长期经验的积累，可作为我们的学习参考。

在建筑技术处理方面，如防火墙的分布，排水系统的处理，木柱离墙独立的防潮防腐措施，用楼层做隔热层，大厅做成敞口厅而解决夏季炎热的问题等等，都是长期经验的积累，虽然从今天的技术水平来看，这些都已不算先进了，但我们从在当时的条件下能创造出这些办法的角度，可以看到劳动人民的智慧，对于我们还是有一定的鼓励与启示作用的。

注：此件存于中国建筑技术研究院建筑历史研究所档案室，是1962年建筑科学研究院建筑理论及历史研究室到东阳卢宅、白坦、巍山、水阁庄、高城和金华赤松、永康等地实地调查后所做报告文字部分的油印件，原附照片已无存。

二、祠堂文化选粹

祠堂文化是家族文化的渊薮，其楹联、祠诗、祖训、祖诫、家规、祭规、社约等，均为祠堂文化的集中体现。宗祠楹联虽为短制，却多妙文，寥寥数字中有宗族历史、家族辉煌、祖功宗德、理想情操，词约而意丰。并不多见的祠诗，犹如一幅幅山水画，展现秀美风光、先贤情怀。每族皆有的训、诫、规、约，千百年来，无疑是一部部民间法律，起到规范族人行为的作用。兹辑录其中的一小部分，以觇其概。

（一）祠堂楹联选粹

祖德与香山并寿，
宗功偕雅水长流。

孝友名家诗书望族，
将相华胄道学儒宗。

家居瀼水廉泉溪曾称雅，
庙傍洞天福地山亦名香。

支衍驮山龙蟠伏虎，
谋诒燕翼凤翥香鸾。

睹日常存望诸弟星月共亮，
澹汉如在念厥子源渊同清。

派衍一塘第高司马，
图傅九老秀振香鸾。

列祖列宗千秋俎豆，
文孙文子百代冠裳。

子孙贤族乃大，
兄弟睦家之肥。

道学二名辉煌氏族，
忠勋七代垂裕孙谋。

红杏紫薇簪缨世胄，
黄门青琐鼎绂名家。

国族盛先由家族盛，
前人贤犹望后人贤。

凤哕梧冈鹰乃睇，
鹿眠芳草燕来栖。

忠孝传家千秋俎豆，
诗书继世万代荣宗。

忠孝传家枝荣八叶，
文章名世鉴献千秋。

孝友观诗忠贞读史，
星辰列汉河海寻源。

作忠作孝一济其美，
有典有则肆觐厥成。

四勿勒心箴父书可读，
二铭遗手泽祖训难忘。

五士观光尚书门第，
八行砥节道学渊源。

百忍遗芳一团和气，
十歌劝善八行家风。

致身君父，忠孝堂额并禹山永峙。
训俗农桑，都督堰泽偕荆水长流。

登第赏缑山，紫府参差传妙句。
摩岩书蟠谷，清潭掩隐溯仙踪。

匿迹销声，罗昭谏高风未邈。
埋胔掩骼，同知公恺泽犹存。

萧岭将军，明禋千载。
毗陵博士，竞爽一门。

溯侍御之诗名，月明缑岭。
述中郎之武烈，尘靖安丰。

花树萋萋，四海九州放异彩。
一经朗朗，三江五岳展新颜。

一代完人，大节至今留止水。
三章绝命，浩歌终古颂文山。

义事蛟峰沾化雨，
德潜龙谷仰高风。

起人文两朝义塾，
绳祖武百世云礽。

从姑篾以分支，春山豹隐。
溯参军而拜爵，碧水鲲传。

汇三溪于两岘之间，川原奥衍。
翘一凤于八龙之列，精彩飞腾。

五百口同炊，北宋榜间旌孝义。
十三居分派，西田聚族焕人文。

烟树晨青，毓仙掌秀。
晴岚晚翠，增淑玉光。

继祖宗一脉真传，克勤克俭。
教子孙两行正路，惟读惟耕。

钟山练水，山川佳色照明月。
南园古柏，松竹清明静读书。

紫气东来，云雾扫开天地憾。
大江西去，波涛洗尽古今愁。

妆五夜银灯，辉映银汉。
绉一池春水，光漾春宵。

石塔除奸，两淮颂德。
兰亭遗刻，玉石流芳。

庙别义忠礼乐千秋垂燕翼，
堂开敦睦诗书百代荷龙光。

勉后裔士读农耕只此两行正路，
念先人臣忠子孝无忘四字家箴。

累代簪缨渊源麟史，
历朝科甲煜耀鸿编。

一塘衍双清子孝臣忠两字渊源传家学。
八行师百世顽廉懦立十歌奕叶诵先芬。

观恩禄全图最难得鹿卧鹰鸣天留佳兆。
钟山川秀气试一览鸾翔凤翥地启人文。

得氏焕天文亘古张星光满郭。
靖忠沈止水於今世泽衍方塘。

开国溯侯封，偕马葛何乔，称荣五府。
兴黉设庠序，与姚刘李贾，济美三唐。

宗庙之礼何为非徒春韭秋菘奉行故事，
祖训所垂亦恕只要孙贤子孝无忝于生。

堂接古时春，远追化里千家，后先媲美。
灯交会夜月，近映方塘一镜，上下增光。

辨五谷性情，锄雨犁云，最为天地间乐事。
究百家奥旨，慕贤希圣，方做古今内完人。

背盘曲水，溪流川逝，西东尚觉，宗支是式。
面绕屏山，凤舞龙飞，南北堆云，灵爽无凭。

花萼溯名楼，玉叶金枝卅一传，齐登简册。
桂坡标望族，瓜绵瓞衍五百岁，共祝冈陵。

至孝炳千秋，即令埋鹿峰前，犹焕天章铭此德。
名贤师百世，自昔迎华亭畔，常留道脉淑后人。

文献绍中原统绪，史笔昭垂，姓氏禀书元处士。
春秋享奕代馨香，皇恩不逮，丝纶特褒许先生。

由石井以分支，义率祖，仁率亲，远绍西岐瓜瓞。
自碧溪而作庙，偶有箖，奇有俎，遥分南国蘋蘩。

万物有本源登此堂也当思忾气乎闻僾乎见，
百行首孝悌入兹庙者无忘睦爱所亲敬所尊。

食四朝恩波，戚畹木天，八百簪缨绵谱牒。
酌两湖明水，溯源夹涧，二千辑蛰荐溪毛。

祖仁掌兵，履祥理学，竟成金氏千万载显赫。
高祖斩蛇，光武除蟒，终使汉室六百年风光。

开帐绛而谈经，教授北裔，俨沾化雨。
驾车骢以问俗，思深东粤，宛载光天。

祖宗缔造维艰念先人作孝作忠只是一诚报其鉴。
子孙守成不易原后裔克勤克俭无忘百忍绍箕裘。

苏水流清，绕白钰而作前环，支派悠长源可溯。
虎峰从翠，映新城而成后障，桂兰馥郁力能培。

族望著千年，缅将军武库，工部文章，共仰遥遥华胄。
宗满原一本，道派衍荷出，支分竹涧，当思密密连枝。

赤心报国，铁面当朝，豸绣著威灵，祖德宗功光史册。
派衍双泉，祥凝七叶，燕贻昭佑殿，春花秋月接功名。

诰褒忠义，作梁宋之干城，捐躯报国，剿蕉寇于金衢。
策著贤良，抱董刘之气节，正式立朝，斥佞臣于殿阶。

缅创业艰难，由临海而来，宅卜再三绵统绪。
溯发祥久远，自后唐以始，宗传十四展箕裘。

设惠仓，开义市，辟广陌，浚长渠，不少仁人善士。
丰马鬣，庐兔沙，斥狐奸，靖鸮寇，恒多孝子忠臣。

仰处士，操景西山，厕寂逃庐，不愧采薇介节。
缅将军，惠遗北岭，生侯没祀，俨瞻逐鹿英姿。

贞观都督第，御史乘骢，资政封府，状元进士，科甲联荣光先哲。
永乐兵部郎，同知东郡，都谏黄门，州牧贡员，新旧续启佑后昆。

郡启延陵，羡祖德宗功，累朝著绩，玺诰金函传后嗣，提醒处式灵钟鼓。
统承康肃，喜臣忠子孝，奕世象贤，奎联璧合振先声，对越时受祉几筵。

烈山肇姓，世历唐宋元明，里御史，郡齐国，乡乘骢，聿著南朝望族。
禹麓奠居，派分文行忠信，坊状元，堰都督，第刺史，恪承东海雄风。

四掌谏垣五登台辅逮总戎十镇翰苑三驰武达文通不惟隐逸儒林纷纶史牒。
六褒纯孝七表贞忠暨义行卅旌名贤八祀国恩家庆永守官箴庭诰炳焕图书。

（二）南岑吴大宗祠咏景诗 16 首并序

庙貌宏开，近对南山之秀；人文蔚起，长连东壁之光。耳孙昌骏业，共仰荫于名宗；鼻祖锡鸿庥，常效灵于胜地。岁当甲戌，会订风云。得偕华胄之英，借处清祠之宇。望气郁葱，卜云仍之龙跃；惜阴黾勉，课日就之鸿章。因对景而快心，乃捻须以寄咏。聊代介福之占，以鼓同人之兴。

青峦列嶂

南山环胜概，积翠近当庭。两岘长为伍，三台永作屏。
日华连黛绿，雨过缀岚青。更喜通佳气，钟灵世籍灵。

绿野铺裀

大地芸生簇，奇观次第开。铺裀邀日丽，翻锦借风裁。
绣陌烟光起，青郊淑气回。悬知万顷绿，一岁几收来。

长松环翠

青葱凝翠盖，傍宇喜环松。风蔼惊涛至，天开藉荫浓。
虬枝千尺概，鳞干百年容。试卜苍髯叟，还瞻若个封。

古柏垂芳

庭前垂柏永，几度织莺梭。历岁芳弥蔼，分枝韵转和。
离披香翠实，清荫藉修河。茂继如山祝，应沾雨露多。

碧溪流雨

一泓由洞出，值雨更潺潺。碧映笼堤霭，清幽照水天。
随濡长漱玉，人坎细鸣弦。为有蛟龙窟，流膏不记年。

高阁凌云

翚飞长拥翠，高傍乔云浮。开牖千峰列，凭栏万籁收。
藜燃丹阁夜，星聚碧天秋。羡有龙章集，辉光贯斗牛。

桂枝竞秀

芳根钟瑞气，奕奕蔼青芬。鹫岭吟堪合，蟾宫种不群。
珠英多浥露，琼树迥连云。长喜秋风起，天香处处闻。

栖鸟联鸣

翩翩多劲翮，欲矫暂栖身。择木开桑户，衔花作锦裀。
倦飞霞带晚，清啭日初寅。为促嘤鸣者，同游上苑春。

双岘排青

何年削就两峰奇，竹坞兰并挂碧澌。
残碣苔痕烟雨后，叫人翘首说当时。

一泓流碧

脉脉清泉午岭来，墨池流出浪襟洄。
溪山春雨千源合，应有龙鳞起蛰雷。

乔松拂翠

朱檐偃盖起虬松，傲雪凝霜鲁岱封。
漫说千年何苍古，疑来风雨化为龙。

飞瀑含虹

绝壁苍岩走白虹，青山劈破界西东。
非通湖海分秋水，也断银河挂碧空。

三邱积雪

天寒气肃絮乘风，玉立三邱千仞嵩。

半揭珠帘凭眺望，恍如身在水晶宫。

画浦朝云

长川漠漠草芊芊，曲岩回沙映远天。

山霭溪云笼晓树，轻鸥白鹭弄寒烟。

甑山夕照

高揭湘帘暮霭收，戈挥返照御书楼。

千邨烟火家家起，牛笛声声出垄头。

别院书声

空山寂历意萧萧，何处书声入耳遥。

知是草庐沿道脉，鹍鹏变化早昂霄。

（三）南岑吴氏祖训

忠君亲上以报国恩；孝亲敬长以笃人伦；

尊祖敬宗以遡源本；教子训弟以守典型；

兄友弟恭以重手足；夫义妇顺以正家道；

敬老慈幼以睦宗族；尊师重道以培书香；

崇正黜邪以端学术；持廉立节以敦品行；

力耕勤织以趋本务；作工行商以正事业；

致敬尽诚以奉祭祀；急公奉上以完钱粮；

安分守己以保身家；忍忿思难以释怨仇；

周贫恤乏以厚族谊；好义行善以绵世德。

积善馀庆，不善馀殃。用期后嗣，俾炽而昌。

因垂家训，教以义方。凡我子孙，不愆不忘。

（四）南岑吴氏祖诫

毋为臣不忠；毋为子不孝；毋莅官不敬；毋战阵无勇；

毋临丧不哀；毋祭祀不诚；毋兄弟操戈；毋夫妇反目；

毋尊卑罔序；毋族党失和；毋师长不尊；毋朋友不信；

毋国课不急；毋官长不敬；毋诵读不勤；毋农桑不力；

毋滥用不节；毋为富不仁；毋僭礼越分；毋失节亡名；

毋异姓为后；毋以妾为妻；毋子弟是纵；毋婢仆是宠；

毋帷薄不修；毋闺门不谨；毋犯伦败俗；毋奸淫伤化；

毋流入差役；毋甘为盗贼；毋赌博破家；毋斗狠忘身；

毋崇信邪教；毋乱挥拳棒；毋陷良诬善；毋党恶比匪；

毋为非生事；毋扛唆健讼；毋凌虐贫贱；毋谄媚富贵。

我既垂训，复为立诫，凡四十条，诚以天道福善祸淫理不或爽。书曰："惠迪吉，从逆凶，惟影响。"凡尔子孙，慎之凛之。

（五）家规十六则

敦崇孝弟

孝子悌弟，史册褒旌，而宗族之称扬为首。本族贤肖，如有事亲敬长、行谊无瑕、可方古人者，合族公举以俟特旌。即一节可录，谱中不妨明书其事，以式来兹。

推让斯文

稽古之荣，不独在彼一身也。乌衣巷，鸣珂里，岂不脍炙人口？故于笃志下帷者，家老须另具只眼。其甘贫力学，文行足称，于族有光，且为他日扬名显亲之地，族中大宜礼待。

褒励贤能

序事辨贤，宗庙必行巨典。有长才子弟，优于干理、习于仪节者，举之任事，当必有光俎豆。家老宜优待，庶为尊贤使能之劝。

表扬节义

义民节妇，青史流芳者，千百世下谁不起敬？族有节操过人、生死不渝者，合族举呈旌表。即守志不坏，谱中宜纪其事实，以待采风。

扶持正气

凡人居祠长，果系侃侃不阿，直言必多取怨。如被怀恨仇害者，公常助财，贤者助力，必使正直之气常伸，否则家法不饶。

保庇善良

凡人持身清白，有瑜无瑕，忽无端而遭横逆，合族中必齐心保护，勿使善良挫志。

教训子弟

子弟不教，父兄之过。其有天资敏达或家贫不能延师，宗祠给助脩仪，使有造子弟不致无聊自弃，正以导其向上之心。倘能奋发，族与有荣。否则，通文理，习威仪，亦不玷吾族之名。

周济贫乏

凡族里生平敦行，或年老无依而困于饥寒者，量出公帑赈之，以延残喘，死则资其棺木衣衾。

矜恤孤寡

幼而无父，老而无夫，此等人皆最可怜悯者，家老须格外相看。上代有遗产，富家不许捎价婪买。预绝唆哄欺骗等弊，以慰无告之苦心。

呈治盗贼

盗贼为地方大害者，送官治罪。其盗田野之物及鸡犬之类情轻者，告祠责戒，计赃议罚。一则禁止非为，一则安靖地境。

惩抑凶横

凡族有狂徒，倚恃强暴，纵酒撒泼，动辄斗殴生非，甚为不法，众当惩戒，以免纵肆。如不遵依，呈送公廷，兼或因事怀恨不释，控人隐税私当等项，作地棍论治，法同前。

劝解争讼

凡事以和为贵，今人只因口头语言不相洽，动辄争论，造端滋事，便经官府费钱受辱，皆所不顾。今后如有不平，当从公处妥，以清讼源。

革除诈伪

诈伪繁兴，浇风日炽，合宜重惩，以敦风化。如有用假银欺骗商贾，问曰："谁家子弟？"岂不大玷辱乎？鸣鼓重责，不服者送官究治。

禁戒嫖赌

嫖赌二事，良家子弟往往陷此倾家。地方有歇妓窝赌者，禀官治法。其子弟犯者，责在父兄。

酌定婚姻

婚姻固不必攀援高亲，亦宜故家大族，须由纳彩而来。若通婚生育，名不正则言不顺，伤风败族已甚，削而不载。

录庇风水

坟墓住宅，栽植树木，系风水所关。须知今之柴薪，即他日之乔木也。一切立约申禁，以为荫蔽久远之计。如有犯者，悉依禁例行罚。

（六）祭祀条规

每年春分冬至举行祭祀各一次；

主祭一人，东西配或用分献二人，推选较有德望者，先期定之，早日斋戒；

主祭及礼生所司职事，祭前榜示；

有相当资望及年在六十以上者皆得陪祭；

凡预祭者服通用礼服，冠履如仪；

凡预祭者馂余、助祭者馂余另规；

凡遇祭祀，凡有远道嗣孙祭扫上祖坟墓，道经本祠，二十里以上者与预祭者同馂余，四十里以上者加款一宿两餐，与在祠办祭人同；

祭品仪注另规。

（七）其他遗训社约

1.庐江何氏太师惠国公遗训前两条

（1）欲知立身不陷过恶，须熟读《童蒙训》，并《名臣言行录》，并晦庵小学之书。欲习举业，进取功名，须熟读《古文关键》、《苏文进策节》、《史记》、西汉八书诸志事实及其间文之雅丽者记诵之。又看《丽泽集》文，熟此诸文，则出笔自然，远过于人。

（2）宁可欠饭食，不可不每岁请先生，或往就师。若不读书，非但无功名之望，亦不知礼义，失身为非，难保饭碗。宁可无钱使苦涩，不可开封头、动产业。盖才开此门，便思此路，终至于尽。须是痛守此戒，方保永无饥寒。

古人造士，不出德行、文艺两端。吾人藏修，本末兼重，综其大略，厘为数条，愿诸贤共勉之。

2.雅溪卢氏社约

慎履操

士人裋（shì，使端正）躬当如处子之守身，不正之言，不可一出于口；非礼之事，不可一涉于身。若或驰逐声色，狎昵匪人；或纵酒放恣，纵情游荡；或入操同室之戈；或出构乡邻之斗，有一于斯，皆为嘉谷中之稂莠。诸子遵贤父兄约束，必无坠此坑堑者。然不可不存此戒，圣如舜而戒之曰："毋慢游傲处，朋淫殄世。"因知杞人忧天非谬也。

体亲心

为人子者，当以父母之心为心。父母所望于子者二：一欲其修身慎行，为世之端人；一欲其勤学立名，为世之显人。人子宜深体此意，饮食寝兴，必思父母蓬矢桑弧之望;明窗净几,必思父母栉风沐雨之劳。兢兢业业,思之又思。持身则执玉捧盈,学问则破釜沉船。此即所谓无形声之视听也。

戒纵酒

凡人酒后失德,醒时自解,辄谓无知。夫人在梦中,尚不忘醒时心事,岂有青天白日为酒所使而不自知者?总为一念放恣,不自简束,遂成习惯。凡遇酣饮时,早提起一点灵心,在内作主,无量不乱,万世一人,未令糟邱借口也。

戒餐烟

烟之为物,能乱德丧仪,又能耗神损性。且非食非饮,不酒不酱,横筒长啜,殊失儒者气象,而世乃视之如饴,良可怪也。已习者不可复禁,未习者慎勿开端。一入其中,将如淫声美色之不可解也。

惜寸阴

一日之计在于晨夜,微躯衰朽,为病魔所缠,不能宿馆中,诸贤幸各自励。黎明之顷,在天则旦气方清,在人则朝气正锐,早起加功,乃习勤练性第一义。夜则掩关下帏,毋聚谈,毋醵饮,毋浪游篝灯,朗诵必完本日课程乃已。月沉花睡,万籁无声,烹茗润肠,心弥灿此,亦寒窗佳致也。

三、清代康熙前期东阳土著乡民分布表

清康熙前期东阳土著乡民分布表

北宋咸平四 (1001) 年前的 34 个乡	北宋咸平四年划定的 14 个乡	"民国"二十四年 (1935 年) 划定的 2 镇 68 都		"民国"三十三年 (1944 年) 11 月至 1950 年 6 月间的 44 个乡镇	1988 年底划定的 56 个乡、镇、办事处	清康熙二十年 (1681 年)《东阳新志》载土著分布	
		都镇	代表村名			处数	族居姓数
	县城	东南镇 西北镇		吴宁镇	吴宁镇		
昇苏乡 石室乡	昇苏乡	一都	河头、卢宅、成家里	卢宅镇	吴宁镇	40 余	6
		二都	上卢、蟾院	锦溪乡	上卢乡、亭塘办事处	22	8
		三都	和堂、斯村	岘南、泗溪乡	罗屏乡、塘西办事处	40 余	6
通义乡 东场乡 斯孝乡	斯孝乡	四都	六石口、湖沧	长松 (社姆)	六石镇、上卢乡	50 余	8
		五都	单良、塘西、堂鹤	泗溪乡	塘西办事处、李宅镇	40 余	4
		六都	樟村、后里	蟠松 (金鸡)	樟村乡、六石镇	50 余	7
		七都	怀鲁、王村	大怀乡	怀鲁、樟村乡	50 余	6
梵德乡 孝德乡	孝德乡	八都	李宅、上蒋	李宅乡	李宅镇、红旗乡	40 余	6
		九都	圳干、大里、王村光	练溪乡	红旗乡	20 余	7
		十都	楼西宅、西宅	练溪乡	凤山乡	40 余	5
		十一都	歌山、林头	歌山乡	歌山乡	20 余	5
怀惠乡 清俗乡 永宁乡	永宁乡	十二都	吴良、岩口、莘塘下、泮田	吴良乡	樟村、怀鲁、红旗乡、六石镇	30 余	2
		十三都	古渊头、白坦、绣屏院	古渊乡	古光、巍屏办事处、虎鹿镇	40 余	4
		十四都	大爽、罗店	大怀乡	罗山乡	50 余	4
		十五都	厦程里、沈良	虎鹿乡	虎鹿、巍山镇	30 余	3
		十六都	蔡宅、葛宅	虎鹿乡	虎鹿镇	20 余	4
		十七都	溪口、白溪	东白乡	东白、白溪办事处	38 余	6
		十八都	蒋村桥、周村	东白乡	东白办事处	7	
永泰乡 万岁乡	万岁乡后改万年乡、宋宣和二年改名永寿乡	十九都	巍山、茶场	巍山镇	巍山镇、巍屏办事处	33	4
		二十都	象岗、应宅、斯村	象岗乡	象岗办事处、巍山镇	30 余	4
		二十一都	谷岱、恒坑、流贵塘	谷岱乡	上村、罗峰、宅口乡	30 余	3
		二十二都	桑梓、佐村、下林口	梓溪乡	佐村、宅口乡、象岗办事处	30 余	2
		二十三都	胡村、玠溪、宅口	梓溪乡	胡村、宅口乡、嵊县玠溪乡	20 余	2
		二十四都	前田、珍溪	东新乡	三单、玉溪、磐安县岭口乡	20 余	3

北宋咸平四（1001）年前的34个乡	北宋咸平四年划定的14个乡	"民国"二十四年（1935年）划定的2镇68都		"民国"三十三年（1944年）11月至1950年6月间的44个乡镇	1988年底划定的56个乡、镇、办事处	清康熙二十年（1681年）《东阳新志》载土著分布	
		都镇	代表村名			处数	族居姓数
灵泉乡 玉山乡	玉山乡	二十五都	岭口、西营	岭口乡	西营乡、磐安县岭口乡	20余	4
		二十六都	张村、马塘	岭口乡	磐安县玉峰乡	20余	3
		二十七都	里光洋、胡宅	尖山乡	磐安县尖山镇、胡宅乡	20余	2
		二十八都	雅庄、山宅	划磐安县	磐安县万苍乡、尚湖镇	20余	2
		二十九都	尚湖、南坑	划磐安县	磐安县尚湖镇、九和乡	20余	2
		三十都	王村、上路研	划磐安县	磐安县山环乡	20余	3
		三十一都	尖山、新宅	尖山乡	磐安县尖山镇	10余	2
瑞山乡	瑞山乡	三十二都	徐宅、泗泽里	圣武乡	徐宅、山店乡	20余	4
		三十三都	史姆、墨林	划磐安县	磐安县双溪、窈川、墨林乡	30余	3
		三十四都	马宅、雅坑	永昌乡	马宅镇、青联乡	30余	5
		三十五都	安文、中田、岗头	划磐安县	磐安县安文镇、云山、墨林乡	10余	1（陈姓）
		三十六都	大盘	划磐安县	磐安县大盘乡		2
招贤乡 孝顺乡	孝顺乡	三十七都	浦川、岭下施、木杓湾	合浦乡	八达、罗峰乡	20余	2
		三十八都	八达、鹤洲、新城	合浦乡	八达、东门乡	30余	5
		三十九都	白水口、茜畸	湖溪镇、石洞乡	东阳江镇、郭宅乡	30余	4
		四十都	郭宅、罗青郭、下街头	石洞乡	湖溪镇、郭宅乡	10余	5
		四十一都	湖溪、西堆	湖溪镇	湖溪镇、南江乡	40余	3
惠化乡 怀风乡 乘驷乡	乘驷乡	四十二都	王潭、后鲁、湖田	永昌乡	马宅镇、青联乡、湖溪镇	25	8
		四十三都	南上湖、后山店、罗青	兰亭乡	南上湖、湖溪镇	30余	6
		四十四都	湖头、沈坎头、夏溪滩	横店镇	横店镇、南上湖乡	30余	6
		四十五都	横店、良渡、前田	横店镇	横店镇	30余	8
		四十六都	后岑山、半爿山	凤坡乡	屏岩乡、南上湖乡	30余	
孝义乡 龙池乡 兴贤乡	兴贤乡	四十七都	降祥、下甘棠	益智乡	三联乡	53	3
		四十八都	千祥、林甘	三源乡、千祥镇	千祥镇、民主乡	15	5
		四十九都	石门、隔塘	三源乡	民主、三联乡	30余	3
		五十都	礼村、大厦、金村	千祥镇、防军乡	千祥、南马、防军镇	16	4
		五十一都	东陈、凌头	千祥镇	千祥镇	20余	6
		五十二都	防军、东湖	防军乡	防军镇	35	
载初乡 灵岩乡 仁寿乡	仁寿乡	五十三都	官桥、柏塔	明德乡	明德乡	30余	6
		五十四都	莲塘、米塘	大莲乡	维风乡	26	12
		五十五都	大田头、殿下	大莲乡	大联镇、维风乡	28	3
		五十六都	南马、紫溪	南马镇	南马、大联镇	30余	6
		五十七都	安恬、下格	南马镇	大阳乡、南马镇	30余	6
桐山乡 惟中乡 双支乡 怀德乡	怀德乡	五十八都	陆宅、上泉	画水乡	黄田畈镇、画溪乡	20余	3
		五十九都	洪塘、梅岘	黄钱畈镇	黄田畈镇、洪塘办事处	40余	2
		六十都	黄钱畈	黄钱畈镇	黄田畈镇	10余	3
		六十一都	王坎头、上朱	画水乡	画溪、南溪乡	20余	3
		六十二都	南溪沿、安儒	南溪乡	南溪乡	30余	4
		六十三都	槐堂、廿里牌	岘南乡	槐堂乡	20余	5
甄山乡 西部乡	西部乡	六十四都	甘井、金村	白云乡	白云办事处	50余	5
		六十五都	十里头、河头	白云乡	白云办事处、吴宁镇	40余	3
太平乡 甘泉乡	甘泉乡	六十六都	湖田、锦坊	甘溪乡	亭塘办事处	30余	3
		六十七都	岭北周	岭北乡	1967年划归诸暨县	40余	5
		六十八都	亭塘、新塘里	甘溪乡	亭塘办事处	40	6

四、建筑名称对照

婺州基本方言及文字书写与普通话的对比

普通话	婺州文字书写	婺州基本方言	普通话	婺州文字书写	婺州基本方言
房子	房屋	屋	盖房子	造屋	竖屋
正房	正屋	正屋	厢房	厢屋	厢屋
装修		构接	柱子	柱脚	屋柱
山墙	火墙	金字头墙	马头墙	金字马头	金字马头
单步枋		（倒挂龙、象鼻架）	木隔断	隔间	板壁
工匠师傅		老司	工具	工具	零赛
锯子	锯	构	墨斗	墨斗	沫斗
瓦工		泥水	泥塑匠		佛匠
桌子	桌子	台桌	椅子	椅子	交椅
长板凳	四尺凳	四尺凳	矮板凳	纺车凳	纺车凳
方凳		钵头凳	立柜	大橱	大橱
砍柴刀	钩刀	钩刀	镰刀	镰刀	索戟
人家	人家	侬家	外出打工者		出门侬
落难者	落难人	跌鼓	全福人	利市浓	利市浓
回来	回来	转来、居来	姑娘回门	女儿回门	转面
毁坏了	坏了	出脱了	蚂蚁	蚂蚁	火岸（眼）
这样？		鼓hei	在哪里？		劳蛮？
在那里！		偌！	太阳	太阳	聂（热）头、聂头孔
一幢幢		一退退	一层层		一毕毕（读皮）
吃早饭	吃早饭	食五更饭	吃晚饭	吃晚饭	食夜饭
加餐		食点心	吃下去		食落扣
菜肴丰盛		体面	洗一洗	洗洗	汏一汏
再见	再会	康沫起	慢走	慢走	康沫
慢慢走	慢慢走	康慢竿	合适		道地
彩虹	虹	鲎			

鲎　吴越方言称虹为鲎，谚语："东鲎聂（热）头西鲎雨"即指东方出虹天晴有太阳，西方出虹天要下雨。

建筑名称对照

东阳民居建筑	宋《营造法式》	清《营造则例》	苏南《营造法原》	东阳民居建筑	宋《营造法式》	清《营造则例》	苏南《营造法原》
开间	面阔	面阔	开间	檐口橼	飞子	飞头	飞橼
间深	进深	进深	进深	弓（斗栱）	铺作	斗栱	牌科
堂屋、中央间	当心间	明间	正间	间牌栱	补间铺作	平身科	柱间牌科
大房间	次间	次间	次间	柱牌栱	柱头铺作	柱头科	柱头牌科
榀（缝）	缝	缝	贴	转角栱	转角铺作	角科	角科
橙（步）	椽栿	步架	界	琵琶弓（栱）	挑杆斗栱	溜金斗栱	琵琶科
弄堂				大斗	栌斗	坐斗	坐斗
阶沿	副阶	廊	廊	下弓（栱）	泥道栱	正心瓜栱	栱
阶沿石	压阑石	台明石	阶沿石	上弓（抄栱）	华栱	翘	十字栱
阶沿柱（前小步）	外柱、副阶檐柱	檐柱、廊柱	檐柱	象鼻头	飞昂	昂	昂
前（后）大步	内柱	金柱	步柱	小斗	散斗	升	升
栋柱	内柱	中柱（山柱）	脊柱	牛腿（马腿）	斜撑	撑栱	斜撑
骑栋（童柱）	侏儒柱（蜀柱）	童柱、瓜柱	童柱、矮柱	梁下巴、梁垫	棹木	雀替	梁垫

东阳民居建筑	宋《营造法式》	清《营造则例》	苏南《营造法原》	东阳民居建筑	宋《营造法式》	清《营造则例》	苏南《营造法原》
大梁	梁栿	五架梁、大梁（柁）	大梁	挠水（水顺）	举折	举架	提线
二梁	乳栿	三架梁（二柁）	山界梁	明塘（天井）	天井	院	天井
月梁、木鱼梁	月梁	挑檐梁、抱头梁	轩梁、荷包梁	围墙（照墙）		院墙	围墙
门前楸、楣楸	额、阑额	额枋	廊坊	大台门		院门、大门	将军门、石库门
桁		檩	桁	小台门（旁门）			廊门
仔桁	撩檐枋	挑檐檩	梓桁	金字、金字马头墙	山墙	山墙	屏风墙、山墙
前小步桁	牛脊枋	檐檩、正心檩	廊桁	后壁墙		后檐墙	包檐墙
前（后）大步桁	下平枋	金檩、老檐檩	步桁	隔间	隔断	隔断墙	
前（后）金桁	上平枋	上金檩	金桁	磉盘、柱子	柱櫍柱础	柱顶石	鼓磴、磉石
栋桁	脊枋	脊檩	脊桁	牌坊	乌头门、阀阅	牌楼	牌楼
栋椽	脊椽	脑椽	头停椽	披（披屋）			
金椽	平椽	花架椽	花架椽	门臼	荷叶墩	门枕石	
出檐椽	檐椽	檐椽	出檐椽	碾杠		转轴	摇梗

五、婺州营造鲁班尺与公制（厘米）换算表

婺州营造鲁班尺与公制（厘米）换算表

尺＼寸（厘米）	0	1	2	3	4	5	6	7	8	9
0	通论	2.80	5.60	8.40	11.20	14.00	16.80	19.60	22.40	25.20
0	实际	2.778	5.56	8.33	11.11	13.89	16.67	19.45	22.22	25.00
1	28.00	30.80	33.60	36.40	39.20	42.00	44.80	47.60	50.40	53.20
1	27.78	30.56	33.34	36.11	38.89	41.67	44.45	47.23	50.00	52.78
2	56.00	58.80	61.60	64.40	67.20	70.00	72.80	75.60	78.40	81.20
2	55.56	58.34	61.12	63.89	66.67	69.45	72.23	75.01	77.78	80.56
3	84.00	86.80	89.60	92.40	95.20	98.00	100.80	103.60	106.40	109.20
3	85.34	86.12	88.90	91.67	94.45	97.23	100.00	102.79	105.56	108.34
4	112.00	114.80	117.60	120.40	123.20	126.00	128.80	131.60	134.40	137.20
4	111.12	113.90	116.68	119.45	122.23	125.01	127.79	130.57	133.34	136.12
5	140.00	142.80	145.60	148.40	151.20	154.00	156.80	159.60	162.40	156.20
5	138.90	141.68	144.46	147.23	150.01	152.79	155.57	158.35	161.12	163.90
6	168.00	170.80	173.60	176.40	179.20	182.00	184.80	187.60	190.40	193.20
6	166.68	169.46	172.24	175.01	177.79	180.57	183.35	186.13	188.90	191.68
7	196.00	198.80	201.60	204.40	207.20	210.00	212.80	215.60	218.40	221.20
7	194.46	197.24	200.02	202.79	205.57	208.35	211.13	213.91	216.68	219.46
8	224.00	226.80	229.60	232.40	235.20	238.00	240.80	243.60	246.40	249.20
8	222.24	225.02	227.80	230.57	233.35	236.13	238.91	241.69	244.46	247.24
9	252.00	254.80	257.60	260.40	263.20	266.00	268.80	271.60	274.40	277.20
9	250.02	252.80	255.58	258.35	261.13	263.91	266.69	269.47	272.24	275.02

注：换算标准是1米＝3.6婺州营造鲁班尺，即1尺＝27.77厘米，按四舍五入原则本表按27.78厘米（实际）计算。通论按28.00计算。均保留小数点后2位列表

六、婺州民居建筑体系单体建筑数据调查表

婺州居民建筑体系建筑数据调查表

序号	正屋 面阔 明间	次1	次2	梢间	弄间	进深 下沿出	廊	前大	后大	后檐	层高 底层	楼层	柱径 小步	大步	柱础 径	高	厢屋 面阔 明间	次间	梢间	进深 下沿出	廊	前大	后大	后檐	柱径 小步	大步	柱础 径	高	合门 大合门 高	宽	小合门 高	宽	附注
1	4.56	3.70				1.30	1.75	3.06	1.75	1.75	3.42	2.47	0.22	0.22																			清道光年间造
2	4.22	3.40		(18间头)			1.74	2.13	2.13	1.74							3.70	3.40	3.00	1.20	1.45	1.96	1.96	1.45									清嘉庆年间造
3	4.40	3.80				1.00	1.68	2.00	2.26	1.74	3.20	2.08	0.22	0.20	0.42	0.32	3.42	3.20		0.92	1.42	1.70	1.70	1.16					2.46	1.60	2.20	1.06	清后期建
4	4.50	4.00				0.86	1.60	3.30	2.10	1.20							3.90	3.50	3.30	0.86	1.60	2.20	2.20	1.75					2.56	1.70	2.20	1.15	清嘉庆年间
5	4.60	4.00				1.20	1.80		2.20	1.40							4.00	3.80	3.55	1.20	1.80	2.20	2.20	1.90					2.55	1.70	2.20	1.15	清嘉庆年间
6	4.36	3.75				1.05	1.70	2.20	2.20	1.20	3.07	1.86	0.46	0.46	0.66	0.42	3.98	3.38	3.55	1.05	1.60	2.20	2.20	1.10						1.56		1.10	清中期建
7	4.76	4.10				1.30	2.06	2.34	2.34	2.06							3.70	3.38		1.00	1.75	2.65	2.00	1.43									民国时期建
8	4.53	3.86				1.15	2.06	2.55	2.55	1.56	3.02		0.27			0.30	3.68	3.46	3.33	0.80	1.70	2.00	2.00	1.95									清中晚期建
9	4.64	4.18				1.20	2.23	2.54	2.92	1.68							3.96	3.66		0.90	1.50	2.00	2.14	1.68									民国时期建
10	5.06	3.96					2.40	2.40	2.40	2.40																							明前期建
11	5.65	4.70																															清前期建
12	4.46	3.88		3.62	1.36	0.86	1.66	2.20	2.20	2.0	3.18	1.96	0.22	0.20		0.26					1.52								2.46	1.36			民国时期建
13	4.20	3.78									3.28																						清中晚期建
14	4.50	3.60			1.91	1.00	1.91	2.25	2.25	1.50	3.62		0.28			0.32	3.60	3.30	3.60	1.00	1.40	2.10	2.10	1.20				0.32					清末民初建
15	4.50	3.96		2.00		1.20	2.25	2.25	2.25	2×1.50	4.06	1.96	0.35		0.33	0.33	3.96	3.49	3.75	1.00	1.60	2.20	2.20	1.60		0.24		0.24					清末民初建
16	4.60	4.00				1.25	2.00	2.30	2.30	2.00						0.25			3.30	1.15		2.00											清咸丰十年建
17	4.46 / 4.12	3.74 / 4.08		(18间头)		0.78	1.52	(4×1.40)			3.40 / 2.92		0.20	0.18	0.28	0.20	0.60		3.24	0.80	1.52	(4×1.40)			0.18	0.18	0.28	0.20	2.44	1.58	2.20	1.12	清中后期建
18	4.50 / 4.14	3.56 / 3.92		(18间头)		0.76	1.70	(4×1.40)			3.16	1.90	0.22		0.24	0.24	3.60			0.78	1.40	(4×1.35)			0.20		0.30	0.22	2.44	1.56	2.20	1.12	清中后期建
19	4.55	2.52				0.56	1.60	(4×1.30)			2.70	1.80	0.20	0.18	0.25	0.25													2.30	1.42			明前期建
20	4.05	3.66				0.80	1.52	2.08	1.88	1.28	4.00	2.20	0.25	0.26	0.40	0.28	4.00			0.80	1.46	1.70	1.70	1.26	0.22	0.22	0.38	0.26	2.46	1.25	1.25	1.10	明末清初建
21	4.50	4.05				0.80	1.35	1.55	1.55	1.35	3.38	1.98	0.22	0.40	0.26	0.26	3.56		3.18	0.80	1.85	1.20	2.70	1.20	0.17	0.19	0.32	0.26			2.30	1.32	元代1355年建
22	3.82	3.22	3.35			0.68	1.30	1.92	2.00	1.16	2.68	1.98	0.20	0.22	0.28	0.22	3.55	3.50	2.25	0.45		2.05	2.05	1.98	0.17	0.20	0.21	0.15	2.38	1.56			明后期建
23	4.30	3.65		4.05		0.92	1.40	2.00	2.00	1.40	3.18	2.24	0.35				3.66	3.30		0.92	1.38	1.50	1.50	1.05									清代
24	5.00 / 4.76	4.08 / 3.80			1.40	1.20	1.60	1.40	4.40	1.40											1.40	2.10	2.10	1.20									清中后期建
25	4.50	3.30		3.28	1.20	0.72	1.48	2.08	2.08	1.25			0.22	0.22			3.38			1.10	1.00	1.12	1.12	1.00	0.22	0.22			2.64	1.56	2.20	0.72	清后期建
26	4.50	4.00			2.00	1.50	1.20	2.00	2.00	1.20							3.80	3.00	2.25														清末建

七、婺州传统民居建筑开间比例调查表

婺州民居建筑开间比例调查表

序次	大型厅堂			普通十三间头							廊（阶沿）	下檐出
	中央间	比	边间	堂屋	比	大房间	小堂屋	比	厢房	洞头屋		
1	5.80（20.88）	1：0.9	5.23（18.83）				4.80（17.28）	1：0.7	3.40（12.24）		1.79（6.44）	
2	5.58（20.09）	1：0.8	4.46（16.06）				3.62（13.03）	1：0.89	3.32（11.95）		2.25（8.10）	
3	5.65（20.18）	1：0.8	4.70（16.92）									
4	5.24（18.86）	1：0.83	4.12（14.83）								2.02（7.29）	
5	5.10（18.36）	1：0.9	4.60（16.56）				4.03（14.51）	1：0.9	3.66（13.18）	3.45（12.42）	2.58（9.29）	
6	5.06（18.21）	1：0.8	3.96（14.26）								2.40（8.64）	
7				4.76（17.13）	1：0.86	4.10（14.76）	3.70（12.17）▲		3.38（12.13）	3.37（12.13）	2.06（7.42）▲	1.28（4.61）
8				4.60（16.56）	1：0.87	4.00（14.40）▲	4.00	1：0.95	3.80（13.68）	3.56（12.81）	1.80（6.48）	1.20（4.32）▲
9				4.56（16.41）	1：0.81	3.70（13.32）	3.70	1：0.9	3.40（12.24）	3.55（12.78）	1.68（6.05）	1.00（3.60）
10				4.55（16.38）	1：0.6	2.52（9.07）					1.60（5.76）	0.56（2.02）
11				4.53（16.31）	1：0.85	3.86（13.89）	3.86	1：0.9	3.46（12.46）	3.33（11.99）	2.06（7.42）	1.15（4.14）
12				4.50（16.19）	1：0.9	4.05（14.06）	4.00（14.40）				1.85（6.66）	0.80（2.88）
13				4.50	1：0.88	3.96（14.26）	3.96	1：0.88	3.50（12.60）	3.30（11.88）	1.66（5.98）	0.86（3.10）
14				4.50	1：0.88	3.96（14.26）	3.96	1：0.88	3.49（12.56）	3.75（13.50）▲	2.25（8.10）	1.20（4.32）
15				4.50	1：0.8	3.60（12.96）	3.60	1：0.91	3.30（11.88）	3.30	1.90（6.84）	1.00（3.60）
16				4.50		3.60（12.96）	3.60	1：0.97	3.50（12.60）	3.30	1.70（6.12）	0.76（2.74）▲
17				4.46（16.06）	1：0.87	3.88（13.97）	3.96	1：0.88	3.50（12.60）	3.30（11.88）	1.66（5.98）	0.72（2.59）
18				4.46	1：0.84	3.74（13.46）	3.60（12.96）				1.52（5.47）▲	0.78（2.81）
19				4.40（15.80）	1：0.86	3.80（13.68）	3.80	1：0.93	3.55（12.78）	3.55	1.68（6.05）	1.00（3.60）
20				4.36（15.69）	1：0.86	3.75（13.50）	3.55（12.78）	1：0.9	3.20（11.52）	3.20	1.66（5.98）	1.05（3.78）
21				4.22（15.19）	1：0.87	3.40（12.24）▲						
22				4.20（15.12）	1：0.9	3.78（13.61）						
23				4.05（14.58）	1：0.9	3.66（13.18）					1.52（5.47）	0.80（2.88）
24				3.80（13.68）	1：0.85	3.22（11.59）	3.56（12.81）	1：0.9	3.24（11.66）		1.30（4.68）	0.68（2.45）

附注：（1）表中数据括弧外对应公制米，括弧内为东阳鲁班尺（一尺合27.78厘米）例如：5.80（20.88）即为公制5.8米，折合东阳鲁班尺20尺8寸8分。

（2）表中除划▲的9个数据外，其余的尾数寸或分都符合紫白尺。其他的也基本近似。说明东阳帮在选定尺寸时都遵循紫白要求。

（3）此表说明大型厅堂的中央间和边间的开间之比多为1：0.8左右，少数为1：0.9。普通的堂屋和大房间的开间之比多在1：（0.8~0.9）之间，尤以1：0.88左右更多，此比值正与明清时期《牌楼算例》中所列的牌楼明次间之比值完全一致，也与北京地区现存牌楼的实例明次间之比1：（0.8~0.9）相吻合。

（4）调查对象普及东阳民居建筑体系所属范围

八、婺州地区宗祠建筑开间、间深尺寸调查表

婺州地区宗祠建筑开间、间深调查表

序次	开间				间深						殿
	中央间	边间1	边间2	边间3	下檐出	廊步	前大步	后大步	后檐步1	后檐步2	
1	4.05 (14.58)	3.66 (13.18)			0.8 (2.88)	1.52 (5.47)	2.08 (7.49)	1.88 (6.77)	1.28 (4.61)		
2	4.03 (14.51)	3.96 (14.26)	2.40 (8.64)		0.9 (3.24)	1.70 (6.12) 2.83 (10.19)	2.24 (8.06) 1.91 (6.88)	2.24 1.91	3.38 (12.17) 2.00 (7.20)	4.78 (17.21)	拜殿 享殿
3	4.6 (16.56)	3.96	3.69 (13.28)		1.20 (4.32) 0.9	2.00 (7.20) 1.80 (6.48)	2.30 (8.28) 230	2.30 2.30	1.70 1.68 (6.05)	1.42 (5.11)	拜殿 享殿
4	4.54 (16.34)	3.86 (13.68)	3.90 (14.03)	3.5 (12.60)	1.2 0.9	2.00 1.50 (5.40)	2.28 (8.21) 1.60 (5.76)	2.28 1.60	2.00 1.60		拜殿 享殿
5	5.56 (20.01) 4.68 (16.85) 4.20 (15.12)	4.81 (17.31) 4.48 (16.13) 3.90	4.81 4.48 3.90	4.81 3.66 (13.18)	1.5 0.7 (2.52)	2.85 (10.26) 2.50 (9.00)	3.00 (10.8) 2.80 (10.08)	3.00 2.80	2.50 (9.00) 2.5		前殿 拜殿 享殿

注：4.05（14.58）中 4.05 为公制 4.05 米，（14.58）为东阳鲁班尺 14.58 尺（以每尺为 27.78 厘米换算）。

九、婺州民居建筑体系砖瓦尺寸调查表

婺州民居建筑体系砖瓦尺寸调查表　　　　　　　　　　计算单位：东阳鲁班尺

窑砖			条砖			开砖			脊砖 栋砖			脊砖 花砖			望砖			瓦 普通瓦			瓦 大凹瓦			附注
长	宽	厚	长	宽	厚	长	宽	厚	长	宽	厚	长	宽	厚	长	宽	厚	长	宽	厚	长	宽	厚	
1.1	0.65	0.4	1.2	0.6	0.27	1.2	0.6	0.15	0.93	0.68	0.27	1.0	0.6	0.3	0.7	0.65	0.13	0.7	大头0.65 小头0.5	0.04	1.0	大头0.95 小头0.9	0.06	明代以前建筑为主
1.1	0.75	0.35	1.2	0.5	0.25	1.2	0.5	0.15	0.86	0.63	0.25				0.7	0.57	0.09	0.65	大头0.68 小头0.55	0.036				
1.0	1	0.3	1.1	0.6	0.4	1.1	0.58	0.11	0.93	0.57	0.25	0.9	0.6	0.3				0.65	大头0.65 小头0.55	0.03				
1.0	0.85	0.3	1.1	0.6	0.22	1.1	0.55	0.11																清代以来建筑为主
1.0	0.75	0.3	1.1	0.55	0.22	1.1	0.5	0.11																
0.95	0.8	0.3	1.0	0.6	0.15	1.0	0.5	0.1																
			1.0	0.5	0.22	1.0	0.57	0.14																
			1.0	0.5	0.18	1.0	0.46	0.11																
			0.96	0.57	0.29																			

十、传统民居营建定额工时参考表

工种	加工项目名称	单位	参考定额工数（不含精雕）		工种	加工项目名称	单位	参考定额工数（不含精雕）	
			厅堂豪宅	普通民宅				厅堂豪宅	普通民宅
木作	栋（脊）柱	根	3~4	1	泥水作	砌毛石墙基（高3尺）	丈	3	2~3
	前后大步（金）柱	根	2~3	1		砌毛石墙（高1尺）	丈	1~1.5	1
	前后小步（檐）柱	根	2	1		砌砖墙（高1尺计）	丈	1/3~1/2	1/4~1/3
	楼廊（走马廊）柱	根	1	1/2		砖砌大门框	个	6~8	3~5
	骑栋（短柱）	根	1	1/4~1/3		砖券旁门框	个	3~4	2~3
	大（五架）梁	根	5~8			铺瓦	丈	2~3	2
	二（三架）梁	根	3~6			砖砌马头墙	个	3~4	2~3
	廊步木鱼梁	根	3~4	2~3		砖墙刮白	丈	1~1.5	1
	梁下巴（替木）	个	1/4~1/2			泥板墙刮白	丈		1.5~2
	蝴蝶头（柱头）	个	1/2	1/3~1/2		打三合土地面	丈	2~3	2
	花篮斗栱	组	3~4						
	一斗三升斗栱	组	2~3						
	象鼻架（剳牵）	组	1						
	上楸	橧	1	1/2	石作	阶沿石（台明石）加	丈	6~8	4
	下楸	橧	2	1		安装阶沿石	丈	1~1.5	1
	榀楸	橧	2~4	1~2		石地栿制安	丈	4~6	4
	后堂楸	橧	4~5	2		柱子（础）	个	3~5	1~2
	穿栅	根	1	1/2		磉盘	个	2~4	1
	搁栅	根	1	1/2		八件套石库门	套	12~15	8~10
	桁	根	1	1/2		六件套石库门	套	10~12	6~8
	椽	根	1/8~1/10	1/36~1/50		四件套石库门	套	8~10	5~6
	楼板	丈	2	1~2					
	楼梯	架	3~5	2~3					
	地栿	丈	2~3	2					
	门面构折（装修）	间	15~20	13~15					
	隔间（八尺橧）	橧	4~6	3~4					
	太师壁（1.6丈计）	橧	18~20						
	走马廊杆	丈	3~5						
	楼上外墙窗	套	1	1					
	楼下外墙窗	套	1.5~2	1.5					

注：实际产生工时数与作业场地、材料质地、搬运条件、匠师技能、酬劳标准、季节气候、东家的要求及膳食好坏等条件有关，所以婺州百姓不太计较工时数，没有严格的定额标准。此表的工数仅是参考。

后　记

　　2008年初，建筑界泰斗、两院院士吴良镛先生题写书名的《东方住宅明珠·浙江东阳民居》出版后，吴院士问我："下一步有什么计划？"我说："目前还没有计划，准备先休整休整再说。"他说："我希望你趁现在腿脚还利索，再扩大范围把周边四邻的也总结总结，写一写。"我说："我离休后的理想追求是想做点对社会、对后人有益、有用的事，搞点调查，收集些一手资料，写点东西。可是，我是单枪匹马行动，常被人误认是为偷盗文物者踩点的，不让拍照，不让测绘。有时为拍一张珍贵照片急得没办法，只得打电话向文物管理部门求援。写完了，出版又是一关，难呀！"他说："你写好了，出版没问题。"吴院士的热情鼓励使我感动。

　　2010年，中国传统民居建筑专业委员会主任委员、民居建筑研究所所长、建筑大师陆元鼎教授同我说，出版"中国传统民居建筑营建技术"丛书问题，已和中国建筑工业出版社研究确定首批先出版扬州、苏州、婺州、泉州、潮州、广州等六个地区的，用国际16开开本，以州分卷，要我负责婺州卷的撰写。为弘扬婺州建筑文化，为使营建婺州传统民居建筑的主力军"东阳帮"的营建技术得以传承，为婺州传统民居建筑今后的修缮或重建提供设计、施工技术资料，实际操作程序，工艺规范要求，提供各类建筑的典型图例及实例照片，在吴、陆二老精神的感动鼓励下，我接受了完成婺州卷的任务。受此重任后，顾不得自己已是耄耋年华，又两次到婺州各地，深入山野农村，对古旧民居进行实地考察并拍照、测绘，拜访老工匠、老艺人、知情老者。在考察、寻访、搜集资料过程中深得东阳政协、兰溪人大、武义人大和王其明教授、王章明、蒋锦萌、王庸华、黄美燕、楼屿岚、厉艳平、陶德福、楼天良、金柏松、俞劭平、刘浪、单国炉、陈林旭、郑余良、徐松涛、何誉熬、施德法、丁俊清、葛华表、楼震旦、何贤君、应有周、王松来先生等的热心支持和帮助，还有外甥、外甥女婿、女儿、女婿和贤妻的长期多方面的支持，除精神鼓励、生活照顾外，还帮助抄写制表，提供时间、物力、财力的保证。今天《婺州民居营建技术》分卷结稿付梓，为弘扬、传承、保护非物质文化遗产尽了微薄之力，备感欣慰！特向对本书的写作出版给予支持和帮助的老师、学者、老师傅、亲友、女士们、先生们致以崇高的敬意、衷心的感谢！并望方家斧正。

2013年2月26日

313

参考文献

［1］李诚．营造法式．北京：中国书店，1995.

［2］明鲁般营造正式．上海：上海科学技术出版社，1985.

［3］梁思成．清式营造则例．北京：中国建筑工业出版社，1981.

［4］姚承祖．营造法原．北京：中国建筑工业出版社，1986.

［5］中国建筑史编写组．中国建筑史（第二版）．北京：中国建筑工业出版社，1986.

［6］刘敦桢．中国住宅概说．北京：建筑工程出版社，1957.

［7］中国建筑科学研究院建筑理论及历史研究室．东阳民居调查报告（油印本）.1962.

［8］刘敦祯，王其明等．浙江民居．北京：中国建筑工业出版社，1984.

［9］刘奇俊．中国古木雕.1988.

［10］阎崇年．中国市县大辞典．北京：中共中央党校出版社，1991.

［11］东阳县志（宋宝祐、咸淳，元至治，明弘治、嘉靖、成化，清康熙、乾隆、道光年间）.

［12］金华府志（明万历、清宣统元年）.

［13］刘大可．中国古建筑瓦石营法．北京：中国建筑工业出版社，1993.

［14］王庸华．东阳市志．上海：上海汉语大辞典出版社，1993.

［15］周君言．明清民居木雕精粹．上海：上海古籍出版社，1998.

［16］许秀堂，刘浪．东阳古民居写真集.2000.

［17］华德韩．中国东阳木雕．杭州：浙江摄影出版社，2001.

［18］东阳市政协．东阳文史资料选辑．北京：中国文史出版社.

［19］武义县政协．武义文史资料.

［20］浙江建筑业志编辑部．浙江省建筑业志．北京：北京方志出版社，2001.

［21］武义县风景旅游管理局等．八百年熟溪桥．梵时代广告公司，2001.

［22］陆元鼎等．中国民居建筑．广州：华南理工大学出版社，2002.

［23］张书恒，杨新平．江南古村落长乐．杭州：浙江摄影出版社，2002.

［24］（明代）午荣．鲁班经．海南：海南出版社，2002.

［25］建筑历史（研究）专辑．华中建筑.2004.

［26］孙大章．中国民居研究．北京：中国建筑工业出版社，2004.

［27］卢启源．卢宅．北京：中国摄影出版社，2006.

［28］王仲奋．东方住宅明珠·浙江东阳民居．天津：天津大学出版社，2008.

［29］丁俊清，杨新平．浙江民居．北京：中国建筑工业出版社，2009.

［30］吴高彬．（义乌）黄山八面厅．北京：文物出版社，2010.

［31］俞劭平．东阳祠堂．杭州：中国美术学院出版社，2010.

［32］黄美燕．义乌家园文化．杭州：浙江人民出版社，2010.

［33］吴丽娃．义乌古建筑．上海：上海交通大学出版社，2010.

［34］金柏松．东阳木雕教程．杭州：西泠印社出版社，2011.